辽宁省高水平特色专业群校企合作开发系列教材

不动产测绘与管理

刘丹丹　主编

中国林业出版社

内容简介

本教材内容共分七个教学项目。项目一绪论，包括五个教学任务：不动产的定义，不动产管理概念、管理职能与模式及管理特征，不动产管理的内容及作用，我国不动产管理的体制，不动产登记概述。项目二地籍测量，包括四个教学任务：概述、地籍控制测量、地籍图的测绘、地籍界址点的测量。项目三房产测量，包括五个教学任务：房产测量概述、房产控制测量、房产图的测绘、地籍测量与房产测量的关系、房产面积测算、房产测量相关的术语解释。项目四不动产产权产籍管理，包括五个教学任务：不动产产权产籍管理概述、土地产权产籍管理、房屋产权产籍管理。项目五不动产开发利用管理，包括三个教学任务：不动产开发利用管理、土地开发利用管理、房地产开发利用管理。项目六不动产交易市场管理，包括四个教学任务：不动产交易概述、不动产交易市场的特点、不动产交易市场的功能、不动产交易市场管理的内容。项目七不动产权籍调查测绘软件操作说明。

本教材可作为职业教育工程测量技术专业教学参考用书，也可作为测绘人员培训教材。

图书在版编目(CIP)数据

不动产测绘与管理 / 刘丹丹主编. —北京：中国林业出版社，2021.3
辽宁省高水平特色专业群校企合作开发系列教材
ISBN 978-7-5219-1044-5

Ⅰ. ①不… Ⅱ. ①刘… Ⅲ. ①不动产–测绘–高等职业教育–教材②不动产–管理–高等职业教育–教材 Ⅳ. ①F293.3

中国版本图书馆 CIP 数据核字(2021)第 034183 号

中国林业出版社教育分社

策划编辑：肖基浒 范立鹏 高兴荣　　　责任编辑：高兴荣 田娟
电　话：(010)83143634　　　　　　　　传　真：(010)83143516

出版发行	中国林业出版社(100009　北京市西城区德内大街刘海胡同7号)
	E-mail：jiaocaipublic@163.com　电话：(010)83143500
	http：//www.forestry.gov.cn/lycb.html
印　刷	河北京平诚乾印刷有限公司
版　次	2021年3月第1版
印　次	2021年3月第1次印刷
开　本	787mm×1092mm　1/16
印　张	17.75
字　数	418千字
定　价	55.00元

未经许可，不得以任何方式复制或抄袭本书之部分或全部内容。

版权所有　侵权必究

《不动产测绘与管理》
编写人员

主　　编　刘丹丹

副主编　赵　静　王　瑞　王　军

编写人员(按姓氏拼音排序)

　　　　　李英会(辽宁生态工程职业学院)

　　　　　刘丹丹(辽宁生态工程职业学院)

　　　　　娄安颖(辽宁生态工程职业学院)

　　　　　王　军(辽宁测达环保工程有限公司)

　　　　　王　瑞(大连九成测绘信息有限公司)

　　　　　王　旭(辽宁生态工程职业学院)

　　　　　赵　静(辽宁生态工程职业学院)

前　言

不动产测绘是测绘学科的重要部分，其测绘成果具有法律效力。从行业就业人数来看，从事不动产测绘与管理的部门和人员最多。不动产测绘所采用的理论、技术与方法和工程测量学基本相同。不动产测绘是不动产登记的重要组成部分，与人民群众的不动产权益息息相关，在不动产领域中经济地位最高。随着《不动产登记暂行条例》的实施，不动产统一登记对不动产测绘提出了更高要求，不动产测绘因其数字化、信息化、网络化特点，更能适应不动产统一登记的需求而变得更加重要。如何更深入、更广泛地发挥测绘工作在不动产统一登记中的作用，为社会提供更高效的经济效率和更便捷手段是测绘工作者需要深刻思考的问题。

本教材由辽宁生态工程职业学院刘丹丹担任主编。各项目编写分工如下：项目一绪论、项目二地籍测量、项目三房产测量、项目七不动产权籍调查测绘软件操作说明由刘丹丹编写，项目四不动产产权产籍管理由王旭、李英会编写，项目五不动产开发利用管理由赵静、王瑞编写，项目六不动产交易市场管理由娄安颖、王军编写。教材在编写过程中得到了辽宁生态工程职业学院有关专家和领导的悉心指导和大力支持，在此一并表示诚挚的谢意。

由于时间仓促，加之编写人员水平有限，书中不当之处在所难免，敬请各位同仁及广大读者提出宝贵意见。

编　者

2019 年 10 月

目 录

前言

项目一 绪论 (1)
任务1 不动产的定义 (1)
1.1 不动产概念 (2)
1.2 动产不动产概念界定与区别 (3)
1.3 不动产范围界定 (5)
1.4 不动产测绘的作用 (6)
1.5 所有权、他物权定义 (6)
1.6 不动产分类 (7)

任务2 不动产管理概念、管理职能与模式及管理特征 (9)
2.1 不动产管理概念 (9)
2.2 不动产管理职能与模式 (11)
2.3 不动产管理的特征 (13)

任务3 不动产管理的内容及作用 (14)
3.1 土地管理的基本内容 (15)
3.2 房产管理的基本内容 (15)
3.3 不动产产权产籍管理 (15)
3.4 不动产资源的规划管理 (20)
3.5 不动产交易市场管理 (21)
3.6 不动产税收管理 (23)
3.7 不动产经营管理 (25)
3.8 不动产综合服务管理 (30)

任务4 我国不动产管理的体制 (34)
4.1 土地管理部门 (35)
4.2 房产管理部门 (35)

任务5 不动产登记概述 (36)
5.1 不动产登记制度 (36)
5.2 不动产登记常用术语 (37)
5.3 不动产登记类别 (37)

项目二 地籍测量 (39)

任务1 概述 (39)
- 1.1 地籍测量的定义 (40)
- 1.2 地籍测量的特点 (41)
- 1.3 地籍测量的发展概况 (42)
- 1.4 现代技术在地籍测量中的应用 (44)
- 1.5 地籍的种类 (44)
- 1.6 地籍的功能 (46)

任务2 地籍控制测量 (47)
- 2.1 地籍控制测量简介 (47)
- 2.2 地籍控制测量的原则 (48)
- 2.3 地籍控制测量精度 (48)
- 2.4 地籍控制测量特点 (48)

任务3 地籍图的测绘 (49)
- 3.1 地籍图的概念 (49)
- 3.2 地籍图的种类 (50)
- 3.3 地籍图的比例尺 (50)
- 3.4 地籍图的分幅与编号 (51)
- 3.5 地籍图的基本内容 (52)
- 3.6 地籍图测绘的基本要求 (55)
- 3.7 地籍图测绘的方法 (56)
- 3.8 宗地图测绘 (58)
- 3.9 农村居民地地籍图测绘 (61)
- 3.10 土地利用现状图测绘 (62)
- 3.11 土地权属界线图的编制 (63)

任务4 地籍界址点的测量 (64)
- 4.1 界线测量的技术要求 (65)
- 4.2 界址线标定 (68)
- 4.3 界线测量的方法 (69)
- 4.4 成果整理与检查 (70)

项目三 房产测量 (71)

任务1 房产测量概述 (71)
- 1.1 房产测量的定义 (72)
- 1.2 房产测量的分类 (72)
- 1.3 房产测量的目的和任务 (72)
- 1.4 房产测量的内容和特点 (73)
- 1.5 房产测量的作用 (76)

任务2 房产控制测量 (77)
- 2.1 房产平面控制测量概述 (77)
- 2.2 房产平面控制测量的目的和作用 (78)

2.3 房产平面控制测量的一般规定 …………………………………………… (78)
  2.4 房产平面控制测量外业工作的一般过程 ………………………………… (79)
  2.5 房产平面控制测量的内业计算 …………………………………………… (80)
 任务3 房产图的测绘 ………………………………………………………………… (80)
  3.1 房产图的分类 …………………………………………………………… (81)
  3.2 房产图的作用 …………………………………………………………… (81)
  3.3 房产图测绘的范围 ……………………………………………………… (82)
  3.4 房产图的坐标系统与测图比例尺 ………………………………………… (82)
  3.5 房产图的分幅与编号 …………………………………………………… (83)
  3.6 房产图的精度要求 ……………………………………………………… (84)
  3.7 房产图测绘内容与要求 ………………………………………………… (85)
 任务4 房产面积测算 ………………………………………………………………… (87)
  4.1 房产面积测算的意义 …………………………………………………… (88)
  4.2 房产面积测算的内容 …………………………………………………… (88)
  4.3 房产面积测算的一般规定 ……………………………………………… (88)
  4.4 房屋建筑结构的分类 …………………………………………………… (89)
  4.5 房产面积测算的方法 …………………………………………………… (89)
  4.6 房屋建筑面积测算的基本知识 …………………………………………… (91)
  4.7 计算建筑面积的有关规定 ……………………………………………… (91)
  4.8 成套房屋建筑面积的计算 ……………………………………………… (93)
  4.9 房屋用地面积测量的精度分析 …………………………………………… (94)
 任务5 房产测量相关的术语解释 …………………………………………………… (97)
  5.1 房屋方面 ………………………………………………………………… (97)
  5.2 用地方面 ………………………………………………………………… (97)
  5.3 结构方面 ………………………………………………………………… (97)

项目四 不动产产权产籍管理 …………………………………………………… (100)
 任务1 不动产产权产籍管理概述 …………………………………………………… (100)
  1.1 产权、产籍的概念 ……………………………………………………… (101)
  1.2 不动产产权与产籍组成 ………………………………………………… (101)
  1.3 不动产产权产籍管理 …………………………………………………… (105)
 任务2 土地产权产籍管理 …………………………………………………………… (105)
  2.1 土地产权制度 …………………………………………………………… (105)
  2.2 土地征收制度 …………………………………………………………… (110)
 任务3 房屋产权产籍管理 …………………………………………………………… (124)
  3.1 房屋产权 ………………………………………………………………… (125)
  3.2 房屋产籍调查 …………………………………………………………… (125)
  3.3 房屋产权登记 …………………………………………………………… (125)
  3.4 房地产档案 ……………………………………………………………… (127)
  3.5 房地产产权产籍管理信息系统 …………………………………………… (129)

项目五　不动产开发利用管理 (131)
任务1　不动产开发利用管理 (131)
1.1　不动产利用的概念 (131)
1.2　不动产交易 (133)
任务2　土地开发利用管理 (133)
2.1　土地资源分类与评价 (133)
2.2　土地利用规划 (136)
2.3　土地利用计划 (138)
2.4　土地用途管制 (139)
2.5　土地开发整理 (139)
2.6　土地利用动态监测 (140)
任务3　房地产开发利用管理 (142)
3.1　房地产开发利用管理概述 (142)
3.2　房地产开发机构资质管理 (142)
3.3　质量、资金和成本管理 (145)
3.4　住宅小区物业管理 (146)
3.5　房屋修缮管理 (148)
3.6　房屋拆迁管理 (149)

项目六　不动产交易市场管理 (151)
任务1　不动产交易概述 (151)
任务2　不动产交易市场的特点 (152)
任务3　不动产交易市场的功能 (154)
任务4　不动产交易市场管理的内容 (154)
4.1　不动产交易市场管理的范围 (155)
4.2　不动产交易市场管理的内容 (155)
4.3　不动产交易市场管理的任务 (156)

项目七　不动产权籍调查测绘软件操作说明 (158)
1　文件菜单 (158)
1.1　文档与数据加载 (158)
1.2　打印与地图输出 (161)
1.3　文档 (161)
1.4　系统 (162)
2　编辑菜单 (162)
2.1　编辑 (162)
2.2　剪切板 (165)
2.3　编辑二 (166)
2.4　清除 (167)
2.5　捕捉设置 (168)
3　高级编辑 (169)

3.1 编辑操作一 …………………………………………………… (169)
3.2 编辑操作二 …………………………………………………… (171)
3.3 编辑操作三 …………………………………………………… (172)
3.4 编辑操作四 …………………………………………………… (174)
3.5 编辑计算操作 ………………………………………………… (175)
4 视图 ………………………………………………………………… (177)
　4.1 地图操作一 …………………………………………………… (177)
　4.2 地图操作二 …………………………………………………… (178)
　4.3 选项 …………………………………………………………… (179)
　4.4 旋转地图 ……………………………………………………… (180)
　4.5 书签 …………………………………………………………… (180)
5 选择 ………………………………………………………………… (181)
　5.1 旋转 …………………………………………………………… (181)
　5.2 选择统计 ……………………………………………………… (182)
　5.3 设置选项 ……………………………………………………… (183)
　5.4 不动产选择 …………………………………………………… (184)
6 基础采集 …………………………………………………………… (186)
　6.1 地类图斑 ……………………………………………………… (186)
　6.2 等高线 ………………………………………………………… (189)
　6.3 地形一 ………………………………………………………… (190)
　6.4 导入数据 ……………………………………………………… (191)
7 不动产采集 ………………………………………………………… (192)
　7.1 查询 …………………………………………………………… (192)
　7.2 选择 …………………………………………………………… (193)
　7.3 界址点 ………………………………………………………… (193)
　7.4 宗地 …………………………………………………………… (194)
　7.5 自然幢 ………………………………………………………… (199)
　7.6 预测自然幢 …………………………………………………… (216)
8 房产采集 …………………………………………………………… (220)
　8.1 单产权房操作步骤 …………………………………………… (220)
　8.2 多产权房操作步骤 …………………………………………… (224)
　8.3 宗地查询 ……………………………………………………… (230)
　8.4 户数据录入 …………………………………………………… (230)
　8.5 保存编辑 ……………………………………………………… (231)
9 图形 ………………………………………………………………… (231)
　9.1 分组解散 ……………………………………………………… (231)
　9.2 对齐 …………………………………………………………… (239)
　9.3 大小与间隔 …………………………………………………… (241)
　9.4 旋转 …………………………………………………………… (242)
10 插入 ……………………………………………………………… (243)
　10.1 图形操作 ……………………………………………………… (243)

10.2　绘制元素 …………………………………………………………（243）
　　10.3　字体设置 …………………………………………………………（245）
　　10.4　绘制 ………………………………………………………………（245）
11　报表与制图 ………………………………………………………………（248）
　　11.1　报表 ………………………………………………………………（248）
　　11.2　专题图 ……………………………………………………………（250）
12　房产报表与制图 …………………………………………………………（253）
　　12.1　生成注记和地图整理 ……………………………………………（253）
　　12.2　输出地图 …………………………………………………………（254）
　　12.3　打印报表 …………………………………………………………（257）
13　数据操作 …………………………………………………………………（260）
　　13.1　修复数据和默认值设置 …………………………………………（260）
　　13.2　图形移动 …………………………………………………………（266）
　　13.3　数据检查 …………………………………………………………（266）
14　系统 ………………………………………………………………………（267）
　　14.1　符号管理器 ………………………………………………………（267）
　　14.2　系统设置项 ………………………………………………………（271）
　　14.3　帮助 ………………………………………………………………（271）

参考文献 ………………………………………………………………………（272）

项目一 绪论

○ **项目描述：**

绪论部分主要介绍了不动产的相关概念，包括五个教学任务：不动产的定义，不动产管理概念、管理职能与模式及管理特征，不动产管理的内容及作用，我国不动产管理的体制，不动产登记概述。

○ **知识目标：**

1. 掌握不动产的相关概念。
2. 掌握不动产管理的概念。
3. 了解不动产管理的内容及作用。
4. 理解我国的不动产管理体制。
5. 熟悉不动产登记。

○ **能力目标：**

1. 会不动产管理。
2. 会不动产登记。

任务1　不动产的定义

本任务介绍不动产概念，动产不动产概念界定与区别，不动产范围界定，不动产测绘的作用，所有权、他物权定义，不动产分类六方面的内容。

能力目标：

(1) 能够正确区分不动产和动产；
(2) 能够正确描述不动产的特点；
(3) 能够正确对不动产进行分类。

知识目标：

(1) 掌握动产、不动产的定义；
(2) 了解动产与不动产的区别；
(3) 了解不动产的由来；
(4) 掌握不动产的特点和作用；
(5) 掌握不动产的分类。

1.1 不动产概念

不动产，是指依照其物理性质不能移动或者移动将严重损害其经济价值的有体物。正确了解不动产，可以更好地进行不动产管理和不动产登记。

1.1.1 动产定义

动产主要指移动且移动后不改变性质、性状的财产。动产可分为实物形态的有形动产和不具有实物形态的财产。动产的种类很多，如黄金珠宝、钞票、机器设备、商标、各种生活日用品等都属于动产。

1.1.2 不动产定义

不动产的特点是与土地不能分离或者不可移动，一旦与土地分离或者移动，将改变其性质或者大大降低其价值。例如，建筑物一旦移动或离开土地，就不称其为建筑物，其价值将大大降低。而动产则可以随意移动，其价值不受影响。

所谓不动产，是指依照其物理性质不能移动或者移动将严重损害其经济价值的有体物，如土地以及房屋、林木等地上附着物。不动产有实物和非实物形态，不动产的实物形态是土地和附着于土地上的改良物，包括附着于地面或位于地上和地下的附属物；不动产也有非实物形态，如探矿权和采矿权等。因此，依自然性质或法律规定不可移动的土地、土地定着物、与土地尚未脱离的土地生成物、因自然或者人力添附于土地并且不能分离的其他物的实体和依托于物质实体上的权益都属于不动产的范畴。

美国教科书《现代不动产》中对不动产的描述是：不动产是指拥有所有权的事物——所有者可以使用、控制或处置的事物。不动产包括有形土地、建筑物和附属于土地的改良工事，从学术意义上讲，不动产是指内生于不动产所有权的法律权利、权益和利润。也就是说，拥有土地不仅是拥有自然土地，而是拥有在一定限制条件下使用、处置和使用土地的权利。通过立法程序和法庭司法、社会来具体确定这一系列权利，而且随着时间的推移改变这些权利。比如《分区规划法令》规定，作为住宅的用地就限制其土地主人在这块土地上建立工厂的权利。

我国教科书中对不动产也有相似的定义。在任纪军编写的《不动产经营》一书中认为不动产又称房地产(real estate)，是指土地以及土地上的永久性的附着物，及其所有者权利。在牛建高主编的《不动产投资分析》一书中认为不动产是相对于动产而言的，它强调的是财产和权利载体在地理位置上的相对固定性(非移动性)，具体是指土地以及建筑物等土地定着物，是实物、权益、区位三者的综合体，具有自然和经济双重属性。

从上述各定义中，我们可以看到，不动产包含以下三层含义。其一，不动产是一种财产，它可能是自然财富，如土地、土壤与植物资源，也可能是人力创造的财富，如建筑物。其二，这种财产的位置是不能移动的。土地作为不动产的基础，总是固定于地球的某一位置。这类财产一旦移动位置就不是原来意义上的财产，因为这类财产一旦移动位置后，就会引起性质、形状的改变或者会降低其价值。即便如此，该财产的属性可能就此发生了变化。其三，这种财产以法权形式进行交易，其管理有异于其他的一般动产，是通过系列的衍生物进行经营与管理的。

1.1.3 不动产的由来

在国外不动产一词常用 real propety 和 real estate，我国把不动产译为 immovable property。不动产一词最早源于英文"不动产"(real estate)，这个词实际上产生于西班牙语"真实的"一词，含义是"皇室的"。EI Camino Real 就是指皇室的马路，而不动产是指皇室的资产。公元 1500 年左右，农业时代结束，工业时代开始，权力不再基于土地和农业，君主们认识到必须实行土地改革法案，允许农民拥有土地。为此，皇室创造了对土地所有权的"纳税"和"抵押贷款"两种衍生工具，成为让平民融资并获得土地的一种方式。税收和抵押贷款就是不动产的衍生工具。当皇室认识到，金钱不再产生于土地而是产生于土地的"衍生工具"时，君主们建立了银行，在管理银行的过程中新增加了不动产管理事务。

关于不动产的定义及其范围，各国较多地从民法的角度进行界定。《法国民法典》第 516 条就规定"一切财产，或为动产，或为不动产"。第 518 条将不动产定义为："土地及其建筑物依其性质为不动产。"《瑞士民法》将不动产定义为："不动产登记簿上已登记的独立且持续的权利、矿山、土地的共有关系的所有部分。"《德国民法典》中并没有使用"不动产"一词，而是使用"不可动之物"，其通行的解释是"地产"。在《德国民法典》的第 96 条规定，"土地的主要组成部分，为定着于土地的物，特别是建筑物及与土地尚未分离的出产物"。可见，房屋等建筑物是地产的必要组成部分，与土地不可分割，突出了土地作为不动产核心的观念。《意大利民法典》第 812 条的规定："土地、泉水、河流、树木、房屋和其他建筑物，即使是临时附着于土地上的建筑物以及在一般情况下那些或是自然或是人为地与土地结为一体的物品是不动产。固定河岩或者河床之上并且为永久使用而建造的磨坊、浴场以及其他漂浮在水面上的建筑视为不动产。"在英国的法律中，不动产与广义的土地等同，是指包括地面、地下和土地上空的一切财产。这里地面上的财产除主要指房屋外，还包括定着其上的物，如生长着的植物等任何有意置于地表或埋在地下，认为应永远定着于土地上的东西，有的国家法律规定，不动产中包括农作物，有的则不包括，有的对于农作物还区别对待。如在美国法律中，关于植物为动产与不动产的划分标准是：按年计算并以人力生产的各类植物为动产，包括水果、苗圃花卉、短时期内将伐树木及已转卖土地上的已收割或已成熟的农作物。而常年生并立于土壤中的天然植物为不动产，包括乔木和灌木、已转卖土地上生长的树木和无保留条件转卖土地上生长期中的农作物。所以，对不动产和动产的区别，要依据国家、地方法律的规定而确定。尽管各国对不动产的表述不同，但都包含了土地、建筑物及土地上的定着物等基本要素。

1.2 动产不动产概念界定与区别

国际上，现代民法体系关于不动产的概念界定有两种，一种是指不能被移动或移动后会毁损其经济价值的物，如土地、建筑物。此种界定为《德国民法典》《日本民法典》《中华人民共和国民法典》和《意大利民法典》所采用。另一种是指其性质、用途、权利客体以及法律规定不能移动的财产，如房产、地产。此体例以《法国民法典》为代表。这两种分类标准的根本区别在于：前者认为，不动产归根到底是物，是不可动之物；而后者认为，不动产归根到底是权利,是不可动之物上的支配权利。

不动产是一种特殊的商品,除具有一般商品的共性外,还具有许多自身的特征。

(1) 地理位置的固定性

土地和建筑物是不动产,具有不可移动性。在交易市场中,流动的不是土地和房屋实体,而是其相关的权益(或权利)。不可移动性是不动产与其他商品最大的区别,因而地理位置的交通通达性、用地性质等对不动产质量、功能和价格的影响均比其他商品更为显著。这也就决定了不动产商品的异质性和市场的地域性。

(2) 不可替代性

由于不动产地理位置的不可移动以及地形、地势、周边环境的差异性,因此,每一件不动产商品都是唯一的、独特的、异质的产品,具有不可替代性。相比之下,粮食、煤炭、石油等有形商品或者股票这种无形商品都具有同质性,都是可替代商品,对于购买者来说,得到一批同质商品中的任何一份都是没有任何区别的。不动产交易形态多属个别产品议价成交,不像其他商品(如股票、债券或黄金)有集中交易价格指标,并且这种异质性和一定时期内各个分割市场的小量交易导致信息不畅有关。

(3) 消费品和投资品兼备的双重性

消费品即购买者以消费、使用为主要目的的商品,如面包、衣服等;资本品则不直接用于消费,它可作为未来生产其他财货的中间投入,如机器、设备等。房地产既可用于居住、生活等消费活动,又可成为投资的工具,随着人口的增长,房地产需求总量在不断增长,而土地总量却是固定的,因此,从宏观来看,房地产的价格会不断上升,使房地产具有保值、增值的功能,是现代社会防止通货膨胀及货物贬值的重要工具。由于现实中难以区分房地产的消费性和投资性,人们购买房地产的目的往往两者兼而有之。可见,除黄金及珠宝等外,不动产也是少数兼具消费品与投资品双重特性的资产。

(4) 使用功能的多样性

土地和房屋就其本身的性质来说,可以有多种不同的功能,而相同功能用途的房地产,利用方式也可以不尽相同,如一块用于盖房的土地,既可以盖平房、别墅,也可以盖多层建筑。同样,对于房屋而言,也具有功能的多样性,不过其功能的多样性在一定程度上受到土地位置的限制,如位于市中心区的多层商住楼、住宅小区中的洋房与远郊的别墅等。不动产使用功能的多样性,同时也决定了不动产需求的普遍性。引入市场竞争的不动产市场开发,更有利于不动产资源的优化配置与功能多样化。

(5) 使用寿命的长期性与永续性

不动产具有不易损坏、经久耐用的特点,如土地是一种不易毁灭的自然资源。在适当的条件下,通过开发和再开发,具有生产能力的永续性。如房屋与建筑体的寿命在 70~100 年甚至更长,随着建筑技术水平的提高,不动产的寿命年限会更长。从理论上来讲,在资本的参与下,不动产的权益将可以被无限地交易下去,尤其当房屋的需求与使用过程中的物业管理联系在一起时,不动产的经济寿命将会被延长,由此衍生的整个权利体系,特别是所有权与使用权有可能分离并分开运作,从而产生如出售、出租、抵押、典当等不同的交换方式也具有永续性。

（6）市场信息的不对称性

由于不动产的不可移动性，缺乏集中交易市场，信息来源有限，且其透明度及流通度均比其他商品差，在价格为少数卖方决定的情况下，不动产市场可谓是"不完全竞争市场"。由于这一特性，市场上对于不动产的评价一直无法产生基本价值的共识，民间也习惯于在通货膨胀时期视不动产为良好的保值工具。但类似1997年东南亚金融风暴、2008年国际金融风暴与不动产市场不景气的周期性变动，传统上"有土斯有财"的观念也因此面临前所未有的挑战。

（7）市场开放的不完整性

不动产市场的开放程度是不同的。如个人住房不动产市场开放度较高，而国有、集体或企业所有的其他不动产资源的开放性受政策影响大。

（8）短期供给较无弹性

由于土地供给有限，建设周期较长。因此，在需求突然增加的情况下，短期的供给变化并不明显，即短期的供给曲线较为陡峭。正因如此，在需求递增的情况下不动产价格的涨幅通常也较大。

（9）不动产价值的相关性

不动产的价格除与其本身条件有直接关系外，往往还受周围环境的影响，其价格呈现出很大的相关性。例如，一般情况下，坐落于旧宅区中的新住宅，在其他各种条件相同时，其价格往往低于新宅区的房地产。房地产的这种价值的相关性，使相同区域的房地产价格具有一定的可比性。

（10）不动产的可合并性及可分性

土地及房屋可在一定的条件下进行合并或分割，实现功能的扩大或改变，因而在价格上呈现出较大的变化。如较小的两块相邻土地合并后可提高其利用程度，导致地价上升；闹市区将较大的商铺分隔，可以提高利用率，增加租金收入。房地产开发企业可利用不动产的这一特征，做好不动产资源的规划与布局，充分发挥不动产的功能，实现资源的优化配置。

1.3 不动产范围界定

对不动产范围界定的标准有两种。第一种是自然标准，即根据其不能移动或移动有损于其价值，如土地、建筑物。第二种是添附标准，添附是指由自然或人为原因使一物附着于另一物结合而成为不可分物或难以分割物。注意，难以分割物并非绝对不能分离，而是说分离会影响其社会效用，在经济上不合算。

作为特殊商品的不动产具有自然属性和经济属性双重属性。

从自然属性的角度来考察不动产时，不动产包括土地、建筑物及其他附着物。土地是包含地面、地上空间和地下空间的三维立体空间。建筑物是一种土地定着物，具体是指人工建筑而成，由建筑材料、建筑构配件和建筑设备等组成的整体物，包括房屋和构筑物两大类。其他附着物是建筑物以外的土地定着物，具体是指固定在土地或建筑物上，与土地、建筑物不可分离的物；或者虽然可以分离，但是分离不经济，或者分离后会破坏土地建筑物的完整性，使用价值或功能或者会使土地、建筑物的价值明显受到损害的物。例如，排水管道、电力、热力系统、地上建造的庭院、花园、假山、栅栏等。不动产虽然包括土地和建筑物等部分，但并不意味着只有土地与建筑物合成物体时才被称为不动产，单纯的土地或者单纯的建筑物都属于不动产，是不动产的一种存在形态。但在总体上，土地是不动产的主要存在形态。

从经济属性的角度来考察不动产时，不动产作为生产力的组成部分，是一种重要的资产，它总是在一定的社会关系中存在。这时，不动产不仅仅表现为一种物，更表现为一种权益。权益是不动产自然体的衍生物，是无形的、不可触摸的部分，不动产权益一般包括不动产权、用益权等核心内容。权利，即人们拥有的财产权利，目前在我国主要有所有权、使用权、抵押权、租赁权等各种不动产产权。不动产的各种经济活动的实质就是其权属（即产权）的运行过程。用益物权是指对他人所有物在一定范围内进行占有、使用、收益、处分的他物权。其特征为：标的物主要是不动产，以占有为前提，是他物权、期限物权、限制物权，是以使用、收益为目的的独立物权。

从不动产的整体概念来看，不动产交易的标的物是不动的土地、土地上的房屋及不可移动的资源物产，而交易的载体是产权及其属性或权利关系。因此，不动产的"产"实质体现的是一种权利关系，即产权。其中"房产"与"地产"是不动产涵盖的主要内容或两种形式，所以不动产在国内通常称为房地产，并且以一种产业业态的形式广泛用于经济领域。"地产"一旦作为房地产业开发对象，也必然包括"房产"在内或与房产相联系，任何房地产经济活动最终会形成一定的不动产形式，必然与一定的权利关系或产权关系联系在一起。

综上所述，不动产是指不可移动或者如果移动就会改变性质、损害其价值的有形财产，包括土地及其定着物，包括物质实体及其相关权益。如建筑物及土地上生长的植物。动产是指能够移动而不损害其经济用途和经济价值的物，一般指金钱、器物等。与不动产相对。得失变更上，动产是交付主义，不动产需登记。诉讼管辖及涉外法律适用上，动产是属人主义，不动产是属物主义。

1.4 不动产测绘的作用

不动产测绘有地理性功能经济功能、产权保护功能、土地利用规划和管理功能、决策与管理功能。

1.5 所有权、他物权定义

所有权是指土地所有者对其拥有的土地所享有的占有、使用、收益、处分的权利。

他物权是指土地使用者对其使用的土地所享有的利用、取得收益的权利。其中，他物权又包括使用权、租赁权、抵押权、转让权、地役权等。

1.6 不动产分类

不动产是指实物形态的土地和附着于土地上的改良物，包括附着于地面或位于地上和地下的附属物。最为核心的就是地产和房产。根据管理的对象、目标和内容等不同，不动产又可以进行不同的分类。

（1）按不动产的自然属性分类

不动产可分为土地、林木、草原、河流、湖泊及其他土地附着物，并且以土地为基础。

（2）按不动产的利用方式分类

国外土地分类开始较早，到20世纪六七十年代就出现了各种土地分类系统，多数以土地利用现状作为分类的依据，具体到各国又有差异。如美国主要以土地功能作为分类的依据，英国和德国以土地覆盖（是否开发用于建设用地）作为分类的主要依据，俄罗斯、乌克兰和日本以土地用途作为分类的主要依据，印度则以土地覆盖情况（自然属性）作为分类依据。

我国土地分类研究起步较晚，主要是在中华人民共和国成立以后。我国土地分类原则与国外基本相同，也是以土地利用现状作为分类依据。如土地利用现状调查采用以土地用途、经营特点利用方式和覆盖特征为分类依据，城镇地籍调查以土地用途为分类依据等。20世纪80年代以来，我国相继开展了大规模的土地利用分类系统研究。80年代初启动了土地调查工作试点，1986年成立国家土地管理局，颁布《中华人民共和国土地管理法》之后全面开展地籍调查工作。迄今为止，最具代表性和影响力的有5个全国土地利用分类标准，如下：

①1984年9月由全国农业委员会制定的《土地利用现状调查技术规程》中的"土地利用现状分类及含义"。

②1989年由国家土地管理局发布，并于1993年6月修订的《城镇地籍调查规程》中的"城镇土地分类及含义"。

③2001年8月由国土资源部发布的《全国土地分类（试行）》。

④2002年1月为保证新旧土地分类体系衔接，由国土资源部颁布施行《全国土地分类（过渡期间适用）》。

⑤2007年8月10日，中华人民共和国质量监督检验检疫总局、中国标准化管理委员会正式发布《土地利用现状分类》（GB/T 21010—2007）国家标准。

2017年11月1日，经国家质检总局、国家标准化管理委员会批准，发布并实施了新版《土地利用现状分类》（GB/T 21010—2017）。

新版标准秉持满足生态用地保护需求、明确新兴产业用地类型、兼顾监管部门管理需求的思路，完善了地类含义，细化了二级类划分，调整了地类名称，增加了湿地归类，将在第三次全国土地调查中全面应用。新版标准规定了土地利用的类型、含义，将土地利用类型分为耕地、园地、林地、草地、商服用地、工矿仓储用地、住宅用地、公共管理与公共服务用地、特殊用地、交通运输用地、水域及水利设施用地、其他用地12个一级类、

72个二级类，适用于土地调查、规划、审批、供应、整治、执法、评价、统计、登记及信息化管理等。

(3) 按不动产的使用功能分类

不动产可分为住宅用、工业用、商业用、农业用和综合开发区用等，具体到每一使用功能的不动产还可进行细分。

住宅用不动产是指提供人类居住功能的不动产，也是一般人对土地的最基本需求。良好的住宅用地应兼具"行"的功能，即对外交通能力；除此之外，应具有与生活功能相关的服务设施或环境，如就业机会、学校、医疗设施、商业设施、水电供应设施、怡人的气候及自然环境等，均是构成良好住宅用地的重要因素。住宅用不动产通常分为高档住宅、普通住宅、公寓式住宅、别墅等。

工业用不动产大多位于工业发达区域，随着我国工业园区的大规模兴建和物流园区、自贸区、保税区等功能区的建设，促进了具有综合配套功能的工业类不动产的出售和出租等管理业务的发展。

农业用不动产是指因城乡二元化结构，除城镇不动产以外的用于大农业生产的土地、林地、草地、水域及其农用设施等。决定土地为农业使用的限制要素为土壤、降水量、地形、地势及气候等因素，因此，适合农业使用的土地要求较多。一旦农用地变更为他项用途土地，经开发后，将难以恢复原来的农业用途。近年来，随着农用地流转政策的出台，活跃了农用土地市场，但为保护农业生态，国家坚持保护18亿亩(1亩=0.0667公顷)耕地不变的国策。

(4) 按不动产的权属主体分类

不动产按权属主体不同可分为国家所有不动产、集体所有不动产、农民所有不动产、城镇个人所有不动产、企业法人拥有不动产、社会团体依法所有不动产(如国外的教会、福利机构拥有的不动产)、企业法人以外拥有的不动产等。

(5) 按不动产的使用形态分类

不动产按使用形态不同可分为城镇不动产和非城镇不动产。根据我国城乡规划相关法规，在每一区域的发展规划背景下，不动产的使用形态分为城市与乡镇土地利用。城市规划范围内的土地划分为住宅、商业、工业、农业、保护、行政、文教及风景绿化等使用性质与使用容量的管制；而乡镇土地的管制结构乃由县市相关部门编定农业保护区、工业区、居住区、森林、山坡及风景区等区域之建筑容积管制，以及农业、牧业、林业、养殖业、盐矿业及水利等用地规范的制约。

(6) 按不动产的特殊用途分类

随着不动产市场的发展，为满足社会经济发展及不断增长的人民物质生活的需要，不断产生经济技术开发区、自由贸易区、旅游地产开发区、养老地产开发区等特殊用途的不动产形态。

任务 2　不动产管理概念、管理职能与模式及管理特征

本任务介绍不动产管理概念，不动产管理职能与模式、不动产管理的特征三方面的内容。

能力目标：
（1）能够正确描述不动产管理；
（2）能够正确区分不动产管理的模式；
（3）能够正确描述不动产管理的特征。

知识目标：
（1）掌握不动产管理概念；
（2）掌握不动产管理模式；
（3）掌握不动产管理特征。

2.1　不动产管理概念

根据现代管理学过程论的观点，不动产管理是组织（包括政府）或个人以不动产为对象进行的计划、组织、控制等，以达到对不动产资源有效利用目的的过程。从管理的具体内容来看，不动产管理是指对不动产的利用规划、开发建设、交易营销、权属登记、估价、金融融资（证券化）、资产经营与管理（增值）、收益分配（税收）等经济活动，进行计划、组织、监督和控制的系列活动。在地理学与资源学上，不动产管理注重研究土地作为生产要素的空间分布特征和分类等级，对土地及其附属物的资源要素市场分析较少。而在经济学上则重点体现在对不动产资源的价值管理，因此，不动产管理可理解为对不可移动资产的区位管理、资源管理和价值管理的综合管理。正是如此，在今天地理学的应用领域，在高校的人文地理与城乡规划管理专业，应关注不动产商品的自然属性和经济属性，以及其在市场上发挥的经济效益，将不动产资源及其管理作为应用研究的一个主要对象。

随着社会经济的快速发展，我国不动产管理的概念也在不断深化和发展，总结起来包括以下六个方面。

（1）不动产的专业化、市场化管理

在由美国查尔斯·H·温茨巴奇等编著的《现代不动产》（2001）一书中提出：不动产管理是监管不动产的经营和维护，以实现不动产所有者的目标的过程。传统上普遍认为，对不动产的日常管理远不如不动产融资管理更具挑战性。然而随着不动产资产总量的不断提高，在一个成本不断上升的年代，不动产所有者得出了良好的不动产管理是控制剩余现金流（或者最后所有者得到的美元）的一个重要结论。的确，租金率和经营成本在很大程度上是由任何不动产所有人都不能控制的市场因素所决定的。但是也有在相同的区域内，类似的不动产在租金收入和经营费用上存在显著差异的现象。仔细分析发现，原因在于高于平均水平的经营费用和低于平均水平的租金导致了不恰当的不动产管理。

（2）不动产的企业化管理

美国的格里克普是房地产理论界公认的最具有创新精神的思想家，他最早提出把不动产视为一个企业，并建立了积极的管理模式。长期以来，格里克普一直致力于将砖头和水泥的不动产概念转变为一个经营实体的概念，也就是将不动产视为与其经营企业相类似的同样具有现金流的一个活生生的企业。将不动产资产看成企业的概念是理性的，因为企业必须不断变化才能生存。尽管房地产项目的生命周期很长，而且所处的地段是固定的，但必须意识到对房地产项目的需求是随着时间变化而变化的。如果房地产开发商意识到他们正在创造一个可持续运营的企业，而不只是砖头和水泥，他们就更可能在建筑设计中加入灵活性，这样才能满足在一个变化的环境中能够长期成功运营的要求。成功的关键是将不动产作为一个经营的企业来看待，要让市场满意就需要广泛的管理。因此，以质量为基础的服务和创造性管理可以使不动产成为一个成功的企业。

（3）不动产日常化管理

不动产管理是指传统的不动产日常化管理，通常称为物业管理或物业服务。"物业管理"一词源自香港，逐渐被内地所接受，渐成日常用语。所谓物业，是指已建成并投入使用的各类房屋、配套设施及相关场地。而物业服务是指业主通过选聘物业服务企业，由业主和物业服务企业按照物业服务合同约定，对房屋及配套的设施设备和相关场地进行维修、养护、管理，维护物业管理区域内环境和相关秩序的活动，以达到物业保值与升值的目的。

（4）不动产的资产管理

我国不动产市场真正的起步阶段是在 20 世纪 90 年代。经过 20 多年的发展与积累，不动产开发与投资市场发展迅猛，在为国家经济贡献了大量 GDP（约 1/10）的同时，也造就了空前繁荣和庞大的不动产存量资产市场。所谓不动产的资产管理是指不动产管理者接受资产委托人的委托，依照委托人的意愿或请求，对委托不动产资产进行管理与运作，以实现特定目标的行为。这一特定的目标就是对不动产资产的升值与保值。不动产资产管理包括多个不同层次的管理，如物业管理设施管理资产管理和组合投资管理等。然而传统的不动产管理的职能主要是物业管理，目前资产管理和投资组合管理已经扩展了广义的不动产管理职能的范围，以迎接更大范围的挑战，来适应经济的变化和社会对建筑空间需求的变化。

对于大型的不动产组合投资而言，物业管理者、资产管理者和组合投资管理者彼此之间是有关联的，物业管理关注的是资产的日常管理，资产管理通常需要按照不动产的类型区位位置等分类组合原则来管理不动产。资产管理者往往通过监控物业的市场表现来确定聘用、解聘或调配物业管理者。资产管理者通常进行不动产的经营并监控物业管理者的行为，指导物业管理者的投入来实现不动产的战略规划。

（5）不动产的资源管理

不动产的资源管理重点是土地资源的管理，包括地籍管理、地权管理、地价管理和用地管理等，并且主要体现在政府行政管理的层面。可见，凡是以拥有不动产资源如国家级公园、文物、大型中心等为主的公共事业机构、公司，如果重视不动产资源管理，则可增加其价值乃至收益。目前关于不动产资源管理的提法并不普遍。1998年国家体制改革，由地质矿产部、国家土地管理局、国家海洋局和国家测绘局共同组建国土资源部，保留国家海洋局和国家测绘局(后更名为"国家测绘地理信息局")作为国土资源部的部管国家局。各省(自治区、直辖市)、市、区县均建有国土资源管理行政部门，以及不动产资源管理机构。2018年3月，中华人民共和国第十三届全国人民代表大会第一次会议表决通过了《关于国务院机构改革方案的决定》，批准成立中华人民共和国自然资源部。统一行使全民所有自然资源资产所有者职责，统一行使所有国土空间用途管制和生态保护修复职责，着力解决自然资源所有者不到位、空间规划重叠等问题，实现山水林田湖草整体保护、系统修复、综合治理，方案提出，将国土资源部的职责，国家发展和改革委员会的组织编制主体功能区规划职责，住房和城乡建设部的城乡规划管理职责，水利部的水资源调查和确权登记管理职责，农业部的草原资源调查和确权登记管理职责，国家林业局的森林、湿地等资源调查和确权登记管理职责，国家海洋局的职责，国家测绘地理信息局的职责整合，组建自然资源部，作为国务院组成部门。自然资源部对外保留国家海洋局牌子。

（6）不动产的信息化管理

不动产的信息化管理是指采用先进的地理信息系统技术和网络管理信息系统技术，建立一套完整的土地房产预售、登记、交易、查询、房地产市场分析统计信息系统，重点通过"以图管房"的核心理念，实现房地产各项业务的内部联动，以及房管部门和开发单位、广大市民的内外联动，提高不动产管理的效率，实现良好的经济和社会效益。目前主要利用现代遥感技术、GPS技术和土地信息系统技术，来提高不动产利用动态监测的效率和适时性。

从以上的分析可概括出不动产管理的概念为：不动产管理是指对不动产资源的规划与开发利用，不动产的占有、权属登记、交易营销、估价、金融融资(证券化)、资产经营与管理(增值)收益分配(税收)等经济活动，进行计划、组织、监督和控制，目的是为了获取不动产价值最大化的系列企业化(组织化)的管理活动。不动产管理包括对不动产的日常管理、资产管理、企业化和信息化管理等现代化管理。

2.2 不动产管理职能与模式

2.2.1 不动产管理职能

不动产管理都是为了一个共同的目标——为提升物业的价值而协同工作。总的来说，不动产管理职能可概括为以下四个方面。

（1）不动产的规划职能

该职能主要包括土地资源的分类、调查、评价、利用、规划等。

（2）不动产的价值管理职能

该职能主要包括建立企业不动产战略规划，进行持有或销售分析，物业翻新改造及其费用支出的决策，监控物业绩效，与子市场其他同类物业的绩效比较，管理和评价物业管理者，协调客户关系等，以此提高不动产的价值。

(3)不动产的综合服务职能

该职能主要指在不动产管理中的物业管理中,包括联系租户收取租金,控制运营成本,保存财务报告和记录,物业维护,编制资本性支出计划,危机管理,安全管理,公共关系(租户关系)维护等。

(4)不动产管理中的组合投资管理职能

该职能主要指与投资者沟通,制定组合投资的目标和投资准则;确定和执行组织投资战略;监督获取、处置、资产管理的再投资管理;对组合投资的绩效负责;客户报告与现金管理等。

2.2.2 不动产管理模式

(1)行政管理模式

行政管理是运用国家权力对社会事务进行管理的一种活动,也可以泛指一切企事业单位的行政事务管理工作。现代行政管理多应用系统工程的思想和方法,以减少人力、物力、财力和时间的支出和浪费,提高行政管理的效能和效率。不动产管理中部分由政府职能部门行使职责的,如土地规划利用管理、产权产籍管理等均需要政府的行政管理全面推行。

(2)资本运营模式

所谓资本运营是指以利润最大化和资本增值为目的,以价值管理为特征,将本企业的各类资本,不断地与其他企业、部门的资本进行流动与重组,实现生产要素的优化配置和产业结构的动态重组,以达到本企业自有资本不断增值这一最终目的的运作行为。目前一些大型企业为实现不动产资产增值和利润最大化,成立资源或物业部门,甚至将该业务剥离,由市场专业化的不动产企业进行管理。

(3)服务经营管理模式

服务经营管理模式是指不动产行业中的物业管理企业和房地产经纪企业等均以提供市场服务,满足消费者服务需求为目的的管理模式。如广州怡城物业管理有限公司成立于1997年,是越秀城建地产旗下从事写字楼、商业广场(购物中心)、城市广场等经营管理的专业公司。目前怡城物业接受在香港上市的越秀房地产信托基金委托,为其在广州的上市房地产项目城建大厦、财富广场、维多利广场等物业提供经营管理服务,同时受越秀城建地产委托,经营管理其下属的宏城商业广场越秀新都会等15个项目,直接经营管理面积逾80万m^2,并先后为锦汉大厦等项目提供物业管理顾问服务,为目前广州市高端商业物业管理规模最大的企业。

(4)企业化运营管理模式

企业化不动产管理是指企事业单位因为主营业务而涉及的不动产经营与管理,并以不动产保值增值为目的的经营活动,主要包括不动产选址、不动产投资、不动产取得方式、不动产处置、不动产证券化、不动产服务等相关活动。如以满足物流业发展需要的物流园区,为了真正达到物流园区开发建设的预期目标,避免建成后无人进驻有场无市的现象而造成资源浪费,必须运用不动产企业化运营的管理模式,优化物流园区的布局,设计不动产管理营运方案,以吸引广大的物流企业或企业物流入驻园区。

2.3 不动产管理的特征

改革开放40多年来,不动产管理从非市场化逐步向市场化转变,从政策缺位到逐步健全,随着相关制度的不断完善,不动产管理的特征也日益突显。

(1)不动产的权属特征决定了其管理的基本特征

不动产管理的基本特征受权属特征影响较大。在我国,土地是公有的,土地的使用受制于国家对土地使用的规划,而不是土地使用价值的高低,土地利用方式的改变需要进行行政审批。而在美国,土地是私有的,对一个地块用途的定位遵从土地价值最高、最好的原则,至于土地利用方式的变化,往往要通过听证的过程。

(2)不动产管理实现价值链发展

随着经济的不断增长,不动产业的价值链正在发生变化,根据不动产管理的层次与定位,以价值实现为最终目标的政府服务或不动产运营商的市场选择贯穿不动产生命的全过程。最上游是不动产战略规划,中游是不动产开发与经营,下游是不动产的综合服务,其中,投融资服务可贯穿不动产生命周期的全过程。政府的功能主要体现在规范和监控市场,提供政策与咨询服务,且贯穿于不动产营运与价值链实现的全过程。

(3)不动产管理主体的多方性

与土地有关的权利和利益主体主要有:中央政府、地方政府、农民、开发商、城市居民、工商企业。在目前的制度下,工业与城市住宅用地等建设用地由地方政府,通常是县市级政府独家供应。地方政府获得土地的途径主要有两个:拆迁旧城区或向农民征用土地。中央政府主要监管地方政府征用土地、出让土地的活动。

(4)不动产管理属于第三产业

从不动产产业本身来看,严格来说,它是一个特殊的产业链。不动产之房屋生产的建筑业属于第二产业,而目前房地产业主要从事开发与经营管理,就其本身而言,主要归属于第三产业的服务业。在不动产从自然形态向经济形态的转变过程中,往往处于该产业链的两端。前端是不动产资源市场的管理,主要是不动产资源的调查、利用规划与评估、服务咨询等职能;后端则是不动产开发建设后进入使用周期的交易、评估、权属、税费、投融资等的不动产服务管理。

(5)不动产管理的政府介入

纵观世界各国的城市管理与不动产管理,政府在一定程度上比较深入地介入不动产管理活动。首先,不动产的资源稀缺性和不可移动性,决定了所有政府均在一定程度上对部分或特定的不动产资源进行统一管控;其次,不动产中的住宅房屋是影响民生的重要资源,房地产资源与供求价格的宏观调控是政府作为一只有形之手;再者,不动产的发展与当今社会关注的一些方面,如住房、环境及有害废物等问题相关,故政府的介入是必要的。

（6）不动产管理需要跨学科的人才

不动产涉及的产业链较长，管理范畴较广，必然涉及金融、营销、行政管理、人际关系、政府政策财税信息化管理等多方面的问题。不动产管理是要求包括资源管理、行政管理、企业管理、经济管理等各种理论与综合知识体系的一个应用领域，需要跨学科的复合型人才。

任务3　不动产管理的内容及作用

本任务介绍不动产管理的内容和作用。主要介绍土地管理的基本内容、房产管理的基本内容、不动产产权产籍管理、不动产资源的规划、不动产交易市场管理、不动产税收管理、不动产经营管理和及不动产综合服务管理八方面的内容。

能力目标：

(1)能够正确描述不动产管理；

(2)能够正确描述不动产产权产籍管理；

(3)能够正确描述不动产交易管理。

知识目标：

(1)掌握不动产管理的定义；

(2)了解土地与房产管理；

(3)了解不动产税收管理。

我国出台了不动产统一登记条例，为全面开展不动产统一登记提供法规依据。国土资源部及有关部门建立统一登记信息平台，制定统一登记簿证。逐步以全国土地登记信息动态监管查询系统为基础，整合推进不动产统一登记信息管理基础平台和查询服务系统建设，推进信息共享。抓紧制定统一的登记簿和证书等登记文书，研究编制不动产产权产籍调查规程和相关标准。进一步加快农村地籍调查和农村土地确权登记颁证，完善确权政策，落实所有者和使用者的土地权益，与不动产统一登记做好衔接，同时积极推进农村土地产权制度改革，引导土地股份制改革。

不动产管理的具体内容包括：

一是维护不动产所有制，保护不动产所有者和使用者的合法权益；

二是将不动产充分合理地利用；

三是贯彻、执行不动产的相关法律法规。

不动产统一登记制度就是不动产物权的确认和保护制度，明晰不动产物权是市场经济的前提和基础。建立和实施不动产统一登记制度，有利于保护不动产权利人合法的财产权。通过不动产统一登记，将进一步提高登记质量，避免产权交叉或冲突，保证各类不动产物权归属和内容得到最全面、统一、准确的明晰和确认，以不动产登记较强的公示力和公信力为基础，有效保护权利人合法的不动产财产权。

不动产统一登记有利于保障不动产交易安全。不动产统一登记，将促进不动产登记信息更加完备、准确、可靠,根据准确有效的信息来进行不动产交易,保障交易安全,为建立健全社会征信体系创造条件;不动产统一登记有利于提高政府治理效率和水平,更加便民利民;不动产统一登记,将最大限度地整合资源,减少政府行政成本,进一步厘清政府与市场的关系,完善政府运行机制,发挥市场的积极作用。

3.1 土地管理的基本内容

土地管理是国家为调整土地关系,组织和监督土地的开发利用,保护和合理利用土地资源,而采取的行政、经济、法律和技术的综合性措施。土地管理的各项内容都要用地权管理来保障其顺利实施,因此,土地管理的核心就是权属管理。

主要包括以下几方面的内容:

①建立健全土地法规体系。

②土地资源的调查和统计,按照国家制定的土地分类标准和技术规程,查清土地的数量、质量、分布及其在各部门、各使用单位的分配利用情况,及时、准确地反映土地数量、质量、地类的变化,定期更新土地统计数据。

③权属管理。划定地界、确定权属、核发证书,做好土地权属变更登记工作,掌握土地的权属变化情况,会同有关部门处理土地纠纷。

④承办城市建设用地审批,合理分配土地资源,保证土地的合理利用。

⑤土地利用管理。合同有关部门制定土地利用总体规划,编制城市各项建设占用土地的年度控制指数,监督监察各类土地利用情况,查处制止各种违法占地浪费土地行为。

3.2 房产管理的基本内容

房产管理是行政管理和经济管理的整合体。房产管理包括房地产开发管理、房地产档案管理、房产物业管理等内容。

3.3 不动产产权产籍管理

3.3.1 产权、产籍的概念

产权,也叫财产权,被简称为财产,是指有金钱价值的权利所构成的集合体。

产权是人们享有其他权利的基础,也是社会的基础。近代以后,在法律上建立一个产权体系,成为一个国家法治化必须完成的使命,产权在某些国家受到宪法保护。2004年3月,我国全国人大通过的《〈宪法〉修正案》第13条规定:"公民的合法的私有财产不受侵犯。国家依照法律规定保护公民的私有财产权和继承权。"

产权是经济所有制关系的法律表现形式,它包括财产的所有权、占有权、支配权、使用权、收益权和处置权。首先,产权是指财产所有权,即所有权人依法对自己的财产享有占有、使用、收益和处分的权利。其次,产权还指与财产所有权有关的财产权。这种财产权是在所有权部分权能与所有人发生分离的基础上产生的,是指非所有人在所有人财产上享有占有、使用以及在一定程度上依法享有收益或处分的权利。也就是说,所有权是产权的核心。

《牛津法律大辞典》对产权的解释为：产权亦称财产所有权，是指存在于任何客体之中或之上的完全权利，它包括占有权、使用权、出借权、转让权、用尽权、消费权和其他与财产相关的权利。把产权等同于所有权，进而把所有权解释为包括广泛的、因财产而发生的、人们之间社会关系的权利约束。

目前对产权存在两种不同的看法，即产权的核心到底是所有权还是使用权。从目前各自实际的操作来看，还是侧重于产权的所有权。相对于动产，不动产对人们生活有重大的影响，且具有耐久性、稀缺性、不可隐匿性和不可移动性等特点，故许多国家法律对其均有特殊规定。针对不动产产权的归属进行调查，并记录而形成的图册，即不动产的产权产籍。

3.3.2 不动产产权与产籍组成

（1）不动产所有权

不动产所有权是动产所有权的对称，是以不动产为标的物的所有权。不动产所有权的特点在于其移转必须采取特定的方式。

所有权，又称完全物权，是指民法上权利人对标的物可以直接全面排他性支配特定标的物的物权。全面支配意味着支配范围的全面性和支配时间的无限性。符合这一特征的物权，只有所有权一种。

法律意义上的所有权，是在一定的历史阶段以所有（支配）为基础的技术概念。也就是说，在商品交换占主导地位的近代社会在交换的主体之间，必须互相承认对方对于商品这种财富的固有的支配（私有）。这种社会需要的法律形态，就是所有权。因此，普通意义上的所有权是以排他的支配为内容的一种权利。不同的民事实体法对于所有权具体内容的规定也有着一定的差异，所有权也受到法律的一定限制。

相对于动产，不动产的产权类型大致可以分为两类：一是土地的所有权；二是土地上建筑物的所有权。

①土地所有权　土地所有权是指土地所有者依法对自己的土地所享有的占有、使用、收益和处分的权利。土地所有者这种占有、使用、收益和处分的权利，是土地所有制在法律上的体现。在我国，土地所有权的权利主体只能是国家和农民集体，其他任何组织和公民个人都不享有土地所有权，即在我国不存在土地所有权的私有形式。

国家土地所有权是指国家对国有土地占有、使用、收益和处分的权利。国家土地所有权的四项权利的实现是通过法律规定的形式将其中占有、使用、收益的权利让渡给使用者，从而与土地的所有权分离，国家仅保留最终的处分权。在一般情况下，由于国家本身不使用土地，因此，除了未利用的土地以外，占有和使用国有土地的权利一般由具体的单位和个人取得。国有土地的收益权利一部分由土地使用者享有，一部分由国家通过收取土地使用税（费）和土地使用权有偿出让的形式来实现。国有土地的处分权主要由国家来行使。由于我国法律禁止土地买卖，国家土地所有权不能流转（与集体所有的土地交换除外），因而国家对国有土地的处分权主要针对土地的使用权而言。

农民集体土地所有权是指农民集体依法对其所有的土地占有、使用、收益和处分的权利。集体土地所有权的主体是农村集体经济组织的农民集体。集体土地所有权是由各个独立的集体组织享有的对其所有的土地的独占性支配权利。根据我国《土地管理法》第八条的规定，城市市区的土地属于国家所有。农村和城市郊区的土地，除由法律规定属于国家所有的以外，属于农民集体所有；宅基地和自留地、自留山，属于农民集体所有。

农民集体土地所有权的各项权能可以结合，也可以独立。集体土地所有者有权依法使用自己拥有的土地，集占有、使用、收益和处分的权能于一身。集体土地所有者也可以依法把土地划拨给集体内部成员使用，还可以用土地使用权作为条件与全民所有制或城市集体所有制企业联营办企业等，使土地的所有权与使用权分离。集体所有的土地在国家征用或其他农民集体依法使用时，集体土地的所有者有要求依法得到补偿的权利。从某种意义上来说，这就是土地所有权中处分权能的实现。

②土地上建筑物的所有权　建筑物所有权不可能凭空孤立存在。自《罗马法》颁布以来，法律奉行土地吸收地上物的原则，尚未收割的农作物、生长于土地上的树木、构建于土地上的建筑物都属于土地的成分，甚至于落在土地上的小鸟都要如此认定。这固然较好地保护了土地所有权人的利益，但同时也阻碍了人们投资于他人的土地且保有建筑物所有权的热情和行为，平衡和协调土地所有权人和投资于土地的非所有权人之间的利益，让土地所有权人仅仅取得非所有权人利用土地的对价，使非所有权人保有建造在他人土地上的建筑物的所有权。法律创设了地上权制度，只要非所有权人在他人的土地上取得地上权，建筑物便不被土地所吸收，而是与地上权相结合，成为地上权人的所有物，即土地的所有权和其上的建筑物所有权可以相互分离。

我国对土地上建筑物的"地上权"，使用了"宅基地使用权""集体土地使用权""国有土地使用权""建设用地使用权"等概念。其中，宅基地使用权作为农户在集体所有的土地上建造住房并保有住房所有权的正当根据，集体土地使用权作为乡镇企业建造建筑物并保有所有权的正当根据，国有土地使用权作为在国有土地上建造建筑物并保有所有权的正当根据。我国《物权法》则放弃了国有土地使用权的称谓，改称建设用地使用权，其目的及功能没有发生变化。所以"建设用地使用权""宅基地使用权"等，这些专有名词中"使用权"所指的是权属，属物权范围；而其他使用权在一般意义上对不动产所享有的"使用权"，其法律性质是债权，这其中大有区别，但却时常被混淆。

③建筑物区分所有权　随着我国经济和工商业的发展和繁荣，城市人口急剧增加，居住问题日趋突出，对建筑面积增长的需求和土地面积的有限性，都促使建筑物不断向高空立体化发展，产生了诸多居民集中居住于同一高层建筑物内而又分别拥有其单元住宅的情况，而出现一种复杂且特殊的不动产所有权现象。与之相应地出现了"建筑物区分所有权"这一概念。这种所有权，既不是建筑物之全部的单独所有权，也不是按份共有或共同共有的建筑物之共同共有权，而是既非单独所有又非共有的区分所有制度。建筑物区分所有权是指业主对建筑物内的住宅、经营性用房等专有部分享有所有权，对专有部分以外的共有部分享有共有和共同管理的权利。建筑物区分所有权属于全体业主共有，主张权利时个人无法主张。

（2）不动产使用权

不动产使用权即使用不动产的权利，包括土地使用权和建筑物使用权。一般法律意义上的不动产使用权是债权。不动产使用权是指不动产的使用者(既包括所有权人,又包括非拥有所有权但依法取得不动产使用权的人)对不动产的占有、使用、收益的权利。因此,不动产使用权是广义的使用权,它不仅包括土地使用权,还包括土地、土地上定着物的占有、使用和收益的权利。随着我国土地制度的改革,土地使用权已经成为我国土地权属的重要内容,而农村土地流转政策的出台则意味着农村集体建设用地使用权可上市流转,但土地所有权性质不变。

根据土地所有权的不同,土地的使用权可以分为国有土地使用权和集体土地使用权;按照土地使用权取得的方式不同,土地使用权可以分为以划拨方式取得的土地使用权和以出让方式取得的土地使用权,前者往往是无偿取得,后者则为有偿取得,是改革开放以来市场化土地开发利用的一种新的用地方式。

以出让方式取得土地使用权的土地可以根据不同的用途进行开发和利用。

①利用权　即对享有使用权的土地可以根据不同的用途进行开发和利用。

②出租权　土地使用权人在土地的出让期限内可以将土地出租给他人,将土地连同地上定着物交付给承租人使用,而由承租人向出租人支付租金。

③抵押权　土地使用权人对土地设定抵押,以担保债务的履行。

④转让权　在土地出让的期限内,土地的使用权人可以将土地的使用权转让出去,由受让人支付一定的对价。自此,原土地使用权人丧失对土地的使用权。

(3) 不动产他项权利

所有权非常重要的两个特性是直接支配和排他性处分,这是从所有和使用两个层面来讲的。直接支配反映出所有人对物的绝对权利,而排他处分反映出人们在物使用、流转的过程中所享有的绝对权利。近代以前人们对物是注重所有、占有的,而现在注重的却是流转,重视物在流转过程中所产生的价值利益,在流转过程中就衍生出不动产的他项权利。

不动产他项权利是指由不动产的所有权衍生出来的对不动产进行处分的权利,大致可分为典权、租赁权、抵押权、继承权、地役权等权利。

①典权　指不动产所有权拥有者将其不动产典当给他人以获得利益。不动产典当是指承典人用价款从不动产所有人手中取得使用房屋权利的行为。典权是设立在他人所有权之上的,以占有、使用收益为目的的用益物权。承典人与出典人要订典契,约定回赎期限(即存续期)。到期由出典人还清典价,赎回不动产。典价无利息,房屋无租金。在我国现行法律制度下,国家已规定土地不能作为典权的标的物,典权的标的物仅限于私有房屋而不包括土地(公有土地不得出典)。

②租赁权　指不动产所有权人有将其不动产租赁给他人的权利。不动产租赁,是指不动产所有人作为出租人将其不动产出租给承租人使用,由承租人支付租金的行为。承租人取得不动产使用权后除租赁合同另有规定外,未经出租人同意不得随便处置所承租的不动产。

③抵押权　指在不转移不动产所有权的前提下,将标的物的权利置于他人控制之下,作为担保的一种方式。抵押人仍享有标的物使用与收益的权利,但无权处置。抵押权人也不可以随意处置抵押物。当合同到期时,若抵押人未能履行合同约定,抵押权人可以将抵押物拍卖,并优先获得补偿。

④继承权　指不动产作为遗产由继承人按照合法遗嘱或法定继承程序取得的权利。不

动产继承同其他遗产继承一样，是指依照法定程序把被继承人遗留的不动产使用权转移归继承人所有的法律行为。不动产继承是所有权及使用权继受取得方式的一种。主要分为两种形式：一种是法定继承，即死者生前没有交代或立下遗嘱，因此继承的顺序以法律规定的程序进行；另一种是遗嘱继承，即死者在生前留有明确的意愿和指示，指示把自己的遗产死后留给何人继承。不管哪一种继承都需要进行产权转移登记。同时，若分割不动产遗产在客观上可行，且不损害其效用，不影响生产、生活，则可以分割。

⑤地役权　指为了自己使用土地的需要而使用他人土地的权利。构成地役权应有两块地相邻，一为供役地，另一为需役地。地役权可分为：通行地役权，用水、引水地役权，电线架设地役权，观望地役权，日照地役权等。地役权有以下三个特点：地役权不能离开需役地而独立存在，地役权随需役地所有权而产生或消灭；地役权可以有偿设立，也可以无偿设立；地役权因相邻关系中的需要及习惯形成，地役权不得与需役地分离转让，或者作为其他权利（如租赁权抵押权）的标的物。由于我国实行土地公有制，不存在土地私有，因而不存在为自己的土地便利而使用他人土地的问题，因此未确立地役权。

(4) 不动产产籍

不动产产籍包括房籍和地籍的有机组成。由于房产和地产的不可侵害性，房籍和地籍是构成房地产产籍制度的统一整体。房籍以地籍为基础，由地籍发展而来。地籍包括土地产权的登记和土地分类面积记录等内容，是土地的自然状况、社会经济状况和法律状况的调查记录和登记。

不动产资料由图、档、卡、册组成。它通过图形文字记录，反映不动产产权状况（包括产权权属、交易次数、流转方式等）、使用状况等。随着我国不动产管理信息化建设和不动产登记制度的完善，不动产新的内涵形式会更加丰富与规范。

(5) 不动产产权和产籍管理

产权管理和产籍管理是不动产权属管理中紧密联系的两项工作。如果没有科学系统的产籍资料，产权管理就无法进行。

产权管理是对权属及其变化的管理，产籍管理是对产权资料档案的管理，两者对象不同，工作程序与方法也不同，但是它们之间有着密不可分的联系。一般来讲，产籍管理是产权管理的组成部分，产籍管理部门隶属于产权管理机构，产籍管理应与产权管理协调一致。做好产权管理为产籍管理奠定了基础，而良好的产籍管理又可以保障产权管理工作的顺利开展。

产权管理是产籍管理的基础。产权管理中，首先开展的是产权申报登记、房地产测绘等各项产权管理工作，工作中所积累的大量资料即为产籍资料。因而产籍管理工作需在产权管理的基础上进行。产籍资料质量的好坏在很大程度上取决于产权登记工作的质量。没有产权登记等产权管理工作，就不可能有产籍管理工作。

产籍管理为产权管理提供依据和手段。产籍资料记录了各种产权的来源和演变情况，具有档案性质。它来源于产权管理，又服务于产权管理。在审查确认产权以及处理各种产权纠纷等工作时，必须查询、取证于相应的产籍资料，并以此为依据，按照国家的政策、法规做出处理。

3.4 不动产资源的规划管理

3.4.1 我国当前土地利用规划的实施管理

为加强土地管理,实施土地利用总体规划,控制建设用地总量,引导集约用地,切实保护耕地,保证经济社会的可持续发展,根据《中华人民共和国土地管理法》《国务院关于深化改革严格土地管理的决定》(国发〔2004〕28号)等法律法规文件,土地利用规划按照年度计划、近期规划(或五年规划)、总体规划三个层次实施管理。

①土地利用年度计划　是指县级以上国土资源主管部门根据国家对土地利用年度计划的要求,结合当地社会经济发展的实际情况,对当地计划年度内农用地转用量、土地开发整理、补充耕地量和耕地保有量的具体安排。

②土地利用近期规划　是指县级以上国土资源主管部门根据土地利用总体规划的要求,结合当地实际情况,对近期规划(或五年规划)内农用地转用量、土地开发整理、补充耕地和耕地保有量、交通能源、水利、生态等各级重点建设项目的具体安排。

③土地利用总体规划　是指在一定的规划区域内,各级人民政府根据当地自然和社会经济条件以及国民经济发展的要求,协调土地总供给与总需求,确定或调整土地利用结构和用地布局的宏观战略措施。根据我国土地利用规划相关法规,土地利用近期规划执行完毕,可以开展土地利用规划实施评估,评估结果符合土地利用规划修改的相关规定,可以启动土地利用总体规划的调整完善。

3.4.2 城市总体规划实施管理

城市总体规划编制与报批根据社会经济发展状况及城市建设的需要,提请市政府组织编制城市总体规划。市政府下达规划编制计划,提出总体要求,拟定城市总体规划编制任务书,择优委托规划设计单位,签订项目合同书,开展总体规划编制工作。针对编制中的重大问题,由市政府组织有关部门进行综合协调和论证。提请建设部组织召开总体规划纲要审查会,审查规划大纲。提请建设部组织召开总体规划论证会,审查规划方案。报请市城市规划委员会对总体规划方案进行审议,提请市人大审查同意后,依照有关规定上报审批。城市总体规划经上级政府或主管部门批准后,将成果印制、公布、归档并组织宣传和实施。

(1)分区规划的编制与报批

市级以下规划局拟定分区规划编制任务书,择优委托规划设计单位,签订项目合同书,提供相关基础资料。组织相关部门对规划设计单位提交的分区规划方案进行初审,形成初审意见。修改完善后形成中间成果。经审核,组织专家及相关部门对中间成果进行评审,形成专家意见和会议纪要。经修改完善后,形成报批成果。报批成果经市规划局审查通过后,拟定上报文件,报市规划委员会审议。经市规划委员会审议通过后,报市政府审批。经市政府批准后,将成果印制、公布、归档并组织宣传和实施。

(2)控制性详细规划的编制与报批

控制性详细规划由市级以下规划局组织编制,必要时可会同有关区政府或业务主管部门共同组织。拟定控制性详细规划编制任务书，择优委托规划设计单位，签订项目合同书，提供相关基础资料。组织相关部门对规划设计单位提交的控制性详细规划方案进行初审，形成初审意见。修改完善后形成中间成果。组织专家及相关部门对规划中间成果进行评审，形成专家意见和会议纪要。经修改完善后，形成报批成果。报批成果经市规划局审查通过后，拟定上报文件，报市规划委员会审议。经市规划委员会审议通过后，报市政府审批。经市政府批准后，将成果印制、公布、归档并组织宣传和实施。

（3）修建性详细规划的编制与报批

市级以下规划局组织编制修建性详细规划，由市级以下规划局拟定修建性详细规划编制任务书，择优委托规划设计单位。签订项目合同书，提供相关基础资料。其他单位委托单独编制的修建性详细规划，由市规划局下达规划设计条件并负责组织审查。组织相关部门对所有单独编制的修建性详细规划成果进行审批，必要时邀请专家进行评审，形成会议纪要和专家意见。经修改完善后，形成报批成果。拟定审批意见报分管局领导审查同意后形成批复意见。经市规划局批准后，将成果印制、公布、归档并组织宣传和实施。

3.5 不动产交易市场管理

3.5.1 不动产交易的概念

不动产由于其不可移动性、独一无二性等特点，使得它与一般商品不同，不能够集中在某个固定的场所看样订货而完成交易。因此，在交易的过程中，不动产本身并不发生流通，而是不动产的所有权、使用权、抵押权等权利在平等主体之间的流转。

不动产交易是指以不动产为商品进行的买卖、租赁抵押等各种经营活动的总称，其实质是不动产权利的交换。

3.5.2 不动产交易市场的分类

现代商品经济社会，商品的交易形式多种多样，并且得以不断创新，形式越来越灵活。不动产交易也不例外，为了更深入了解不动产交易市场，探索不动产交易市场的规律，需要对不动产交易市场进行细分，主要有以下几种划分方式。

（1）根据不动产交易中不动产组成要素的不同划分

①土地使用权交易市场　指国家对城市土地使用权的有偿有期限出让，以及获得土地使用权的使用者将获得的土地进行一定程度的开发后，将经过开发的土地的土地使用权有偿转让的交易市场。

②房屋所有权交易市场　指将房屋通过以支付对价为代价而取得房屋所有权等权利而形成的不动产交易市场，其流转方式主要包括买卖、租赁、抵押等。

③不动产融资市场　是指通过银行等金融机构，用信贷、抵押贷款、住房储蓄、发行股票、债券、期票，以及开发企业运用商品房预售方式融资等形成的市场。

④不动产劳务市场　指为保证不动产项目正常运营而进行物业管理的活动，以及室内外装饰、维修、设计等活动的市场。

⑤不动产中介服务市场　指与不动产项目相关的房地产咨询、可行性论证、房地产估价、土地估价、房地产经纪、土地登记代理等中介服务形成的不动产市场。

(2) 按交易流转次数划分

根据这种划分标准，可将不动产交易市场划分为不动产一级市场、二级市场和三级市场，具体为：

①不动产一级市场　又称土地一级市场(土地出让市场)，是土地使用权出让的市场，即国家通过其指定的政府部门将城镇国有土地或将农村集体土地征收为国有土地后出让给使用者的市场。不动产一级市场是由国家垄断的市场。

②不动产二级市场　又称增量不动产市场，是生产者或者经营者把新建、初次使用的房屋向消费者转移，主要是生产者或者经营者与消费者之间的交易行为。

③不动产三级市场　又称存量不动产市场，是购买不动产的单位和个人，再次将不动产产权转让或租赁的市场，也就是不动产再次进入流通领域进行交易而形成的市场，也包括房屋的交换。

3.5.3　不动产交易市场管理的必要性

(1) 不动产交易市场管理是由不动产市场本身的特性决定的

①不动产交易市场的客体——不动产，是一种稀缺性资源，特别是土地资源，是人类进行各项生产、生活活动必不可少的物质基础，因此，任何一个国家都应对本国的不动产交易市场进行严格管理、监督和调控。

②由于不动产的不可移动性(位置固定性)，在不动产交易市场上流通的不是不动产本身而是其权利，而不动产的产权及其流转必须在国家法律确认和保护下才能充分实现，因此，不动产交易市场的正常运行离不开国家的管理。

③由于不动产尤其是土地具有保值增值特性，不动产交易市场与其他一般商品交易市场相比具有更大的投机性。为此，必须由国家运用各种法律手段、经济手段以及必要的行政手段来抑制各种不动产投机行为，管理不动产交易市场。

(2) 不动产交易市场中出现的问题也要求加强不动产交易市场管理

①不动产资源配置不合理　首先，城市土地"优地劣用"现象普遍，土地利用效率低下，同时，城市规模仍然不断向外扩张，导致城市郊区耕地面积大幅减少，"摊大饼"式的外延扩张与城市内部的低效率土地利用形成鲜明对比。其次，一方面商品房大量空置，而另一方面商品房价格居高不下，刚性需求得不到满足。再次，区域之间无序竞争、低水平的重复建设，导致产业结构趋同，城市不动产宏观配置不合理。这些问题都充分说明当前不动产资源配置尚不合理，需要加强宏观管理和调控。

②不动产收益分配不合理　国有土地收益大量流失，一些地方政府为了尽快吸引更多外资，盲目实行地价优惠政策，有的地价之低不足以补偿征地费用，不仅造成国家巨额土地收益流失，而且由此导致大量"失地农民"的出现，产生了严重的社会问题。目前，尽管我国工业用地出让推行招标、拍卖和挂牌方式，但实际以挂牌方式居多，且通过协议限制，因此，工业用地出让溢价率不高。以广东省工业较发达城市中的中山市和东莞市为

例，2009—2013年工业用地出让溢价率均低于10%，工业物业土地出让成本优势明显。

3.6 不动产税收管理

3.6.1 不动产税收制度及其发展

（1）我国不动产税收的演变

在中国税收史上，长期作为地方税的主要税种并构成主要收入来源的房地产税收有房捐、契税、地价税、土地增值税、市地税和房产税等。

随着国民经济的逐步复苏以及不动产交易的发展，1997年7月，国务院发布《契税暂行条例》并于同年10月1日起开始实施，在全国范围内恢复开展契税征收管理工作，使契税由此成长为颇具增长潜力的地方税种。

1993年12月，国务院发布《营业税暂行条例》，对于转让土地、房屋等不动产的行为征收营业税。同时发布《土地增值税暂行条例》，开始征收土地增值税。2006年12月，国务院发布《城镇土地使用税暂行条例》，对外商投资企业、外国企业征收城镇土地使用税。2007年12月，国务院发布《耕地占用税暂行条例》，对外商投资企业、外国企业征收耕地占用税。至此，我国不动产税收体系得以完善并最终确立。

（2）我国不动产税收制度

财产税是现代税制体系的三大支柱之一，而不动产税则是财产税系中最重要的税种，它是以土地及建筑物等不动产为课税对象的税收。我国现有不动产税主要包括耕地占用税、契税、土地增值税、房产税、城镇土地使用税。从不动产税费体系来看，现行体制主要存在税费繁杂，种类过多，费大于税，房地产各环节之间的税收负担不平衡等问题；从不动产保有环节的税制体系来看，现行体制主要存在税制不统一，房产、地产分设税种，计税依据不合理，税基过窄等问题。

3.6.2 税收制度的构成要素

税收制度的构成要素主要包括课税对象、纳税人、税率、税目、纳税环节、纳税期限和减免税等。其中征税对象、纳税人和税率，是构成税收制度最基本、最主要的因素，称为"税收三要素"。

①课税对象 又称课税客体，是指税法规定的目的物，是征税的根据。通过确定课税对象，解决对什么征税的问题。每一种税都有自己的课税对象，否则，这种税便失去了存在的意义。课税对象随着生产力的发展变化而变化。在自然经济中，土地和人丁是主要的课税对象，在商品经济中，商品的流转额、企业的利润所得和个人所得是主要的课税对象，如我国城市商品房购买流通过程中，房屋建筑或土地就是课税对象。

②纳税人 又称纳税主体，是指税法规定的直接负有纳税义务的单位和个人，纳税人可以是自然人，也可以是法人。自然人是指依法享有民事权利并承担民事义务的公民个人，如我国城市居民首次购买商品房的业主需要按照要求缴纳契税，业主就是商品房契税的纳税人。法人是指依法成立并能独立行使法定权利和承担法定义务的社会组织，主要是

各类企业,如我国国有企业、集体企业、外资企业、民营企业等都是企业所得税的纳税人。

③税率　是税额与征税对象之间的比例。税率的高低,直接关系到国家的财政收入和纳税人的负担。税率可分为比例税率定额税率、累进税率。比例税率即对同一课税对象,不论其数额大小,统一按一个比例征税,同一课税对象的不同纳税人税率相同。比例税率具有鼓励生产、计算简便、便于征管的优点,一般应用于商品课税。如广州市规定,从2016年2月22日起,对于首套住房,90m²以上住房税率是1.5%;对于第二套改善性住房,规定90m²及以下的税率是1%;规定90m²以上的税率是2%。再如企业所得税、增值税等都是按照比例征收的。定额税率是按征税对象的一定计量单位直接规定应纳税额,而不是规定征收比例。按征税对象的计量单位直接规定应纳税额的税率形式。我国现行资源税就属于定额税率,如原油8~30元/t,天然气2~15元/m³等。累进税率是按课税对象数额的大小划分若干等级,每个等级由低到高规定相应的税率。课税对象数额越大,税率越高;数额越小,税率越低。它有利于调节纳税人的收入和财富,通常多用于所得税和财产税,如个人所得税、遗产税等都是累进税率。

④税目　是指在税法中对征税对象分类规定的具体的征税项目,反映具体的征税范围,是对课税对象质的界定。首先,设置税目的目的是明确具体的征税范围,凡列入税目的即为应税项目,未列入税目的则不属于应税项目。其次,划分税目也是贯彻国家税收调节政策的需要,国家可根据不同项目的利润水平以及国家经济政策等制定高低不同的税率,以体现不同的税收政策。税目是经济名词,课税客体具体划分的项目,是税法中规定的应当征税的具体物品、行业或项目,是征税对象的具体化,它规定了一个税种的课税范围,反映了课税的广度。由于同一税目通常适用同一税率,因此,它是适用税率的重要依据。

⑤纳税环节　主要是指税法规定的征税对象在从生产到消费的流转过程中应当缴纳税款的环节。纳税环节有广义和狭义之分。广义的纳税环节指全部课税对象在再生产中的分布情况。狭义的纳税环节特指应税商品在流转过程中应纳税的环节。商品从生产到消费要经历诸多流转环节,各环节都存在销售额,都可能成为纳税环节。但考虑到税收对经济的影响、财政收入的需要以及税收征管的能力等因素,国家常常对在商品流转过程中所征税种规定不同的纳税环节。按照某种税征税环节的多少,可以将税种划分为一次课征制和多次课征制。合理选择纳税环节,对加强税收征管、有效控制税源、保证国家财政收入的及时、稳定、可靠,方便纳税人生产经营活动和财务核算,灵活机动地发挥税收调节经济的作用,具有十分重要的理论和实践意义。

⑥纳税期限　是指纳税单位和个人缴纳税款的期限。规定纳税期限的目的主要是为了保证税款及时入库。比如,企业所得税在月份或者季度终了后15日内预缴,年度终了后5个月内汇算清缴,多退少补;营业税的纳税期限分别为5日、10日、15日或者一个月,纳税人的具体纳税期限,由主管税务机关根据纳税人应纳税额的大小分别核定,不能按照固定期限纳税的,可以按次纳税。纳税期限是税收强制性、固定性在时间上的体现。任何纳税人都必须如期纳税,否则就违反了税法,将会受到法律制裁。根据《中华人民共和国契税法》(2020年8月11日第十三届全国人民代表大会常务委员会第二十一次会议通过)

第九条规定,契税的纳税义务发生时间,为纳税人签订土地、房屋权属转移合同的当日,或者纳税人取得其他具有土地、房屋权属转移合同性质凭证的当日。根据《中华人民共和国契税法》第十条规定,纳税人应当在依法办理土地、房屋权属登记手续前申报缴纳契税。

⑦减免税 是对某些纳税人或课税对象的鼓励或照顾措施。减税是减征部分应纳税款;免税是免征全部应纳税款。减税免税规定是为了解决按税制规定的税率征税时所不能解决的具体问题而采取的一种措施,是在一定时期内给予纳税人的一种税收优惠,同时也是税收的统一性和灵活性相结合的具体体现。纳税人申请享受税收优惠的,根据纳税人的申请或授权,由购房所在地的房地产主管部门出具纳税人家庭住房情况书面查询结果,并将查询结果和相关住房信息及时传递给税务机关。暂不具备查询条件而不能提供家庭住房查询结果的,纳税人应向税务机关提交家庭住房实有套数书面诚信保证,诚信保证不实的,属于虚假纳税申报,按照《中华人民共和国税收征收管理法》的有关规定处理,并将不诚信记录纳入个人征信系统。如广州市规定,自2016年2月22日起,个人将购买超过2年(含2年)的住房对外销售,应持其取得的房屋产权证或契税完税证等证明材料,向地方税务部门申请办理免征营业税手续,凡符合规定条件的,给予免征营业税。

3.7 不动产经营管理

不动产开发经营管理企业根据其自身的不动产状况以及所处的市场竞争环境,对自身的长期发展进行战略性规划部署,制定企业远景目标,并按经营目的,以不动产作为核心,合理地组织运用其他企业资源,获得尽可能多的产出和尽可能高的经济效益,并为社会创造尽可能多的物质财富,这种经营活动就是不动产经营管理。不动产经营是企业(包括非营利性组织)经营管理的重要组成部分。主要内容包括不动产租赁管理、不动产投资管理、不动产融资以及不动产抵押等。

3.7.1 不动产租赁管理

(1)不动产租赁的含义

通常意义的不动产租赁指的是房屋租赁。即房屋所有权人作为出租人将其房屋出租给承租人使用,由承租人向出租人支付租金的行为。房屋租赁是不动产市场中的一种主要交易形式。在租赁市场上,业主或业主的代理人为了某种利益。授权租用者在规定的期限内占用不动产的权利时租赁便产生了。

不动产租赁是商品交换的一种形式,其核心问题是租赁问题,即不动产所有权人作为出租人把标的物在一定时期内的使用权出租给承租人、承租人按照双方约定的期限和数额,向出租人支付作为购买一定时期的不动产使用权的行为。其中,出租人是房屋的供应者,承租人是房屋的需求者,房租是双方商品交换的价格。物业所有权人是为获得经济收入而出让物业的使用权,而使用权人则是为使用物业而以协商租金为代价向所有权人或经营者承租物业。租赁合同规定了业主和租户双方的责任,租户只拥有暂时的物业占有权,而没有所有权。除房屋租赁外,不动产租赁包括对土地、房产和其他不动产的租赁行为。

(2)不动产租赁的分类

①土地租赁 随着土地使用制度改革的深化,我国国有土地有偿使用存在着两种不同

的方式：一种是国有土地租赁；另一种是国有土地使用权出租。国有土地租赁是指某一土地的所有者与土地使用者在一定时期内相分离，土地使用者在使用土地期间向土地所有者支付租金，期满后，土地使用者归还土地的一种经济活动。国有土地使用权出租是指土地使用者将土地使用权单独或者随同地上建筑物、其他附着物租赁给他人使用，由他人向其支付租金的行为。原拥有土地使用权的一方称为出租人，承担土地使用权的一方称为承租人。土地使用权出租不是单一的出租土地，而是出租人将土地使用权连同地上建筑物及其他附着物租赁给承租人使用收益，承租人以支付租金为代价取得对土地及地上建筑物，其他附着物的使用及收益的权利。出租人和承租人的租赁关系由双方通过订立租赁合同确定。土地使用权出租的标的物具有复合性，即不仅包括土地使用权，还包括土地上的建筑物及其他附着物。土地出租一般是同房屋租赁结合在一起的。

②房产租赁　不动产租赁市场需求是指有不动产租赁需求的顾客在一定的地区、一定的时间、一定的市场营销环境和一定的市场营销方案下愿意且能够租赁不动产的数量。行业内普遍有一个共识，住宅租赁市场需求代表房地产市场的真实需求与购买力水平。房屋租赁作为一种特定的商品交易的经济活动形式，它具有以下特征：房屋租赁的标的物是作为特定物的房屋；房屋租赁让渡的是物业使用权，而不是所有权，租赁双方都必须是符合法律规定的责任人；租金的合理确定是物业租赁的核心问题；房屋的租赁关系是一种经济的契约关系。《中华人民共和国合同法》第二百一十四条规定：租赁期限不得超过二十年。超过二十年的，超过部分无效。租赁期限届满，当事人可以续订租赁合同，但约定的租赁期限自续订之日起不得超过二十年。因此，除特别主体以外，其他一般主体订立的合同不得超过二十年，超过二十年的，超过部分无效。房屋租赁期限由租赁合同约定最长租赁期限不得超过法律规定的最高年限。具体来说，房屋租赁的最长期限为二十年，如超过二十年则超出部分为无效合同。

3.7.2　不动产租赁的管理

不动产租赁是一种民事法律行为，不动产租赁的管理具有一定的法律特征，主要表现在以下几个方面。

(1) 不动产租赁的标的物是特定物

不动产租赁的标的物是出租人合法持有的不动产，是租赁双方权利义务共同指向的对象。不动产租赁不同于其他财产租赁，出租人只能向承租人提供特定的不动产，租赁期限届满，承租人必须将原不动产交还出租人。

(2) 不动产租赁的期限性

租赁期限是出租人与承租人权利义务开始与终止的界限，也是区分责任的时间依据。在租赁期限内，出租人不得收回不动产。如有特殊原因要收回不动产，应与承租人协商，并取得承租人同意，承租人有权要求出租人赔偿因提前收回不动产而对其造成的损失。租赁期限届满，房屋租赁关系即行终止。

(3) 不动产租赁是一种双务有偿的债权关系

在不动产租赁关系中，出租人负责如期交付租约所规定的不动产给承租人使用。承租人负有按期交付租金，并不得毁损、转让、转租租赁不动产的责任。

(4) 不动产租赁是一种要式行为

不动产租赁是一种重要的民事法律行为。目前我国还没有出台专门的法律来规范不动产租赁行为。但在《中华人民共和国城市房地产管理法》和各部门规章制度中对此行为进行了严格的法律界定。在党的十八届三中全会之后，国务院常务会议即决定整合不动产登记职责、建立不动产统一登记制度。会议指出，整合不动产登记职责、建立不动产统一登记制度，是国务院机构改革和职能转变方案的重要内容，也是完善社会主义市场经济体制、建设现代市场体系的必然要求。

3.7.3 不动产投资管理

不动产投资，是指投资者为了获取预期不确定的效益而将一定的资本收入转为不动产，以最大限度获得利润的经济经营行为，包括不动产的开发、经营、中介服务、物业管理服务等经济活动。

(1) 不动产投资的特征

与一般投资相比，不动产投资具有以下特征：不动产投资对象的固定性和不可移动性，高成本性，长周期性，低流动性和高保值性，高风险性，强环境约束性。

(2) 不动产投资的优点

与其他项目投资相比，不动产投资具有以下优点：具有不断增值的趋势；投资风险相对较小，具有保值增值作用；改变不动产投资方式可以合理避税。

(3) 不动产投资的缺点

与其他项目投资相比，不动产投资具有以下缺点：流动性差。不动产不同于其他金融产品，可随时变现或较容易变现，一般出售或出租都需要一定的时间，甚至可能要损失收益乃至亏损才能达到快速变现的目的。不动产投资额比较大，而且不动产投资是一项政策性很强的经济活动，如土地政策、城市规划、房地产税收、租金管制等的变化，都可能给不动产投资者带来一定的风险。

(4) 收益性不动产的投资管理

收益性不动产，又称投资性不动产，是指为赚取租金或资本增值，或两者兼有而持有的不动产。收益性不动产应当能够单独计量和出售。投资收益性不动产属于正常经营性活动，形成的租金收入或转让增值收益可以确认为企业的主营业务收入。但对于大部分企业而言，是与经营性活动相关的其他经营活动。

在我国，收益性不动产主要包括：已出租的土地使用权、持有并准备在增值后转让的土地使用权和已出租的建筑物。自用不动产和作为存货的不动产则不属于收益性不动产。

已出租的土地使用权，是指企业通过出让或转让方式取得并以经营租赁方式出租的土地使用权。企业计划用于出租但尚未出租的土地使用权则不属于此类。

持有并准备在增值后转让的土地使用权，是指企业取得的、准备在增值后转让的土地使用权。按照国家有关规定而认定为闲置土地，不属于持有并准备在增值后转让的土地使用权。

已出租的建筑物,是指企业拥有产权的、以经营租赁方式出租的建筑物。包括自行建造或开发活动完成后用于出租的建筑物。企业以经营租赁方式租入再转租的建筑物则不属于此类。

3.7.4 不动产融资管理

(1) 不动产融资的含义与方式

不动产融资是指在不动产开发、流通及消费过程中,通过货币流通和信用渠道所进行的筹资、融资及相关服务的一系列金融活动的总称。包括资金的筹集、运用和清算。这是从宏观广义的角度来定义的。而在实际运作、研究时,我们更倾向于微观狭义概念。从微观狭义概念上来看,不动产融资是指不动产企业及不动产项目直接和间接融资的总和。在市场经济条件下,不动产投资者主要通过金融市场实现资金的融通。金融市场交易的标的物是各种金融合同,金融合同的实质就是将资金的融通关系变成书面形式并通过法律手段予以保证。通常,不动产金融市场的融资方式有两种:直接融资和间接融资。直接融资是指筹资者直接从最终投资者手中筹措资金,双方建立起直接的借贷关系或资本投资关系;间接融资是指筹资者从银行等金融机构手中筹措资金,与金融机构形成债权债务关系或资本投资关系。具体的融资方式主要有以下几种:

①银行信贷 指银行以借款人或第三者拥有的不动产作为抵押物而发放的贷款。抵押物担保的范围包括银行不动产抵押贷款的本金、利息和实现抵押物抵押权的费用及抵押合同规定的其他内容。不动产抵押人在抵押期间不得随意处置受押不动产,受押不动产的贷款银行作为抵押权人有权在抵押期间对抵押物进行必要的监督和检查。

②股票融资 包括上市融资和增发、配股再融资。股票融资额较大,但门槛较高,股票融资在不动产融资中所占的比重较小。

③债券融资 不动产融资的另一条传统途径是发行企业债和公司债。但国家对债券发行主体有严格的条件限制,债券市场规模小,债券融资比例很低,发展也较为缓慢。

④其他融资方式 如项目融资、不动产信托与租赁、不动产证券化等。

(2) 不动产抵押

不动产抵押,顾名思义,是指以其合法的不动产为抵押标的物而设立,以不转移占有的方式向抵押权人提供债务履行担保的抵押行为。它是一种物权担保,抵押人可以不转移不动产的占有即可达到担保的目的,因此经常在融资上运用。但债务人(不动产抵押人)不履行债务时,抵押权人有权依法以抵押的不动产拍卖所得的价款优先受偿。

根据标的物不同,可将不动产抵押大致划分为两种:土地使用权抵押和房屋所有权抵押。以土地使用权作抵押,其地上建筑物,其他附着物随之抵押;以房屋所有权作抵押,其占用范围内的土地使用权也同时抵押。以依法获准尚未建造的或者正在建造中的房屋或者其他建筑物抵押,当事人办理了抵押物登记的,则为不动产抵押权的效力所及。简而言之,即无法将土地和建筑物分开单独进行抵押。所以,基于主物之处分及于从物的原则,实行不动产抵押权拍卖时,其效力自应及于房地产的从物,不动产抵押权的效力也及于从物权利。

(3) 不动产融资新发展——不动产证券化

将不动产的价值形态由实物转化为证券，以投资和回报利率为基本价值杠杆，推动不动产的增值，这就是不动产证券化。

由于当前房地产融资主要渠道还是银行，这种状况在短时间内难以改变。我国投融资是一个高度管制的行业，其中，四大国有商业银行占据了绝大部分的市场份额，是各行业融资的主渠道。目前，中国商业银行资产 280 000 亿元左右，中国的信托机构、证券机构、保险机构所有的资产加起来不到商业银行的 1/10。特别在房地产领域，其他融资方式如上市比较严格，发行企业债也比较困难，产业基金尚未得到法律保护，这对于地产企业急需短期资金的状况来说是难以解决实际问题的。因此，开发企业更是高度依赖于银行信贷发展。

与传统的不动产融资方式相比，不动产证券化金融创新成本低、风险小、流动性大。更重要的是，这种金融创新有助于吸引中、小投资者进行不动产投资，从而为不动产市场的发展获得长期、稳定的资金来源。不动产证券化的重点在于结合不动产市场与资本市场，使不动产价值由固定的资产形式转化为资本形式，使小额投资者可参与不动产投资，而不动产市场本身也可扩大资金来源。

(4) 房地产投资信托基金

房地产投资信托基金是一种以发行收益凭证的方式汇集特定多数投资者的资金，由专门投资机构进行房地产投资经营管理，并将投资综合收益按比例分配给投资者的一种信托基金。

房地产投资信托业务最早起源于美国。房地产投资信托最早的定义为"有多个受托人作为管理者，并持有可转换的收益股份所组成的非公司组织"。由此将房地产投资信托明确界定为专门持有房地产、抵押贷款相关的资产或同时持有两种资产的封闭型投资基金。从国际范围看，房地产投资信托基金(Real Estate Investment Trust，简称REITs)是一种以发行收益凭证的方式汇集特定多数投资者的资金，由专门投资机构进行房地产投资经营管理，并将投资综合收益按比例分配给投资者的一种信托基金。

3.7.5 不动产资本经营

(1) 不动产资本经营的内涵

不动产资本经营，又称不动产资本营运、运作，是指以利润最大化和不动产资本增值为目的，以不动产价值管理为特征，将不动产资本不断地与其他类型的资本进行流动和重组，实现生产要素的优化配置和产业结构的动态重组，以达到自有资本不断增加这一最终目的的运作行为。这一定义包含两层意义：第一，从宏观上讲，不动产资本经营是市场经济条件下社会配置不动产资源的一种重要方式，它通过资本层次上的不动产资源流动来优化社会的资源配置结构；第二，从微观上讲，不动产资本经营是利用市场法则，通过资本本身的技巧性运作，实现不动产资本增值、效益增长的一种经营方式。

不动产资本经营的主体可以是不动产资本的所有者，也可以是不动产资本所有者委托或聘任的经营者，由他们承担不动产资本经营的责任。不动产资本经营往往不单单是其本身，还需要其他各种形态的资本组合参与，同其他生产要素相互组合，优化配置，并投入到某一个或多个经营领域、产业之中，才能发挥资本的功能，有效利用不动产资本的使用价值。

（2）不动产资本经营的目的

不动产资本经营的目的与其他资本经营的目的相似，都是为了实现不动产现存资本最大限度，利润最大化。主要体现在三个方面：利润最大化、股东权益最大化、不动产价值最大化。企业在不动产资本运管过程中，不仅要注重利润和股东权益的最大化，更要重视企业不动产价值的最大化。

（3）不动产资本经营的特征

不动产资本经营与其他类型的资本经营有紧密联系，但也存在区别。具体而言，具有三大特征：低流动性、增值性和风险性。

（4）不动产资本经营的分类

随着我国市场经济的发展和成熟，企业以资本形式优化配置，增强企业核心竞争力，最大限度地实现增值。最常见的两种经营类型有不动产资本扩张型和不动产资本收缩型。

①不动产资本扩张型经营　指在现有的不动产资本结构下，通过内部积累、追加投资、兼并收购等方式，使企业实现不动产资本规模的扩大。

②不动产资本收缩型经营　指企业为了追求企业不动产价值最大化以及提高企业运行效率，把自己拥有的部分不动产转移到公司之外，从而缩小公司不动产的规模。

3.8　不动产综合服务管理

不动产综合服务管理是指为满足不动产之房屋产权人或使用者的服务需求，保证物业正常运转，发挥物业基本功能的公共服务、常规服务和特约服务，包括适应现代物业发展趋势的设施管理。综合服务管理既是不动产管理的基础性服务，又是专业化程度较高的服务，包括物业服务管理、现代设施管理和房地产经纪三大服务内容。物业服务管理涵盖不动产项目的各类日常管理的内容；现代设施管理是楼宇现代化、自动化、智能化建设趋势下的新型服务模式；房地产经纪则是一项历史悠久的不动产管理服务。

3.8.1　物业服务管理的含义

在美国，real property 或 real estate 被称为不动产，我国在房地产服务管理中经常使用物业一词。1994 年，中华人民共和国建设部颁布第 33 号令《城市新建住宅小区管理办法》，在全国范围全面推进物业管理服务。第一部《物业管理条例》于 2003 年颁布。2007 年 3 月 16 日，全国人民代表大会通过了《中华人民共和国物权法》，随后，国务院颁布2007 年第 504 号《国务院关于修改〈物业管理条例〉的决定》，将物业管理政为物业服务。建设部则在 2007 年 164 号令《建设部关于修改〈物业管理企业资质管理办法〉的决定》中明确，"物业服务企业，是指依法设立、具有独立法人资格，从事物业管理服务活动的企业"。从此，物业服务走向市场化和规范化管理。2020 年 5 月 28 日，十三届全国人大三次会议表决通过了《中华人民共和国民法典》，自 2021 年 1 月 1 日起施行。其第九百四十二条规定：物业服务人应当按照约定和物业的使用性质，妥善维修、养护、清洁、绿化和经营管理物业服务区域内的业主共有部分，维护物业服务区域内的基本秩序，采取合理措施保护业主的人身、财产安全。广义的物业服务泛指一切有关房地产开发、租赁、销售及售租后的服务。狭义的物业服务则指建筑物的管理、维修及相关机电设备和公共设施的管护，治安保卫、清洁卫生、绿化等服务内容。

3.8.2 物业服务管理的内容

（1）建筑物管理

建筑物是物业服务的核心对象。传统的房屋管理的主要内容就是建筑物的管理。现代建筑投入大、价值高、功能先进、使用寿命长，在管理上的要求更高。对建筑物的管理包括档案资料管理、质量管理和修缮管理三大部分。

（2）物业设备管理

物业的设备设施包括给排水设备，供配电、照明等用电设备，供暖与燃气设备，消防设备，通信设备和智能化管理系统等。物业设备管理指根据设备的性能，按照一定的科学管理程序和制度，以一定的技术管理要求，对设备进行日常养护、维修与更新。

（3）环境管理

在物业服务管理中，环境管理包括绿化管理、车辆管理和环境卫生管理。

（4）安全管理

安全管理是一个广义的概念，包括日常的治安管理、消防管理和突发事件的处理等。

（5）居住行为管理

居住行为管理包括业主及非业主使用人的信息管理、情感管理和规范管理。

（6）共同事务管理

共同事务管理包括临时管理规约与管理规约、管理规定与《用户手册》、业主投诉与纠纷管理等。

3.8.3 不动产资产管理

（1）不动产资产管理的含义

不动产作为一种有形资产，不仅是人类赖以生存和发展的物质基础，而且通过合理的开发利用，能够为社会带来巨额收益。因此，要从不动产资产的特性出发，对其实施资产化管理。

从国家行政管理的角度来看，不动产资产管理是指国家对不动产资产的占有、开发、利用、流转和收益分配等经济活动，进行计划、组织、监督和控制的一系列活动。对不动产实行资产化管理的实质是对属于国家、集体和个人所有的不动产实施所有权管理，其核心是以产权职能规范政府的管理行为，以合理的产权制度引导不动产使用者的经济行为。从不动产权益的角度看，不动产资产管理是指不动产的资产所有人自己或委托专业机构对其有形的房地产资产进行管理，以实现资产所有人所期望的资产增值目标的行为。

(2) 不动产资产管理的特点

①服务于不动产资产增值的整条产业链　不动产资产管理是一个针对资产进行管理，使其增值的过程，其中包括了一系列密切相关的管理、增值活动，从房地产资产或项目并购前的战略管理到房地产资产或项目并购再开发中的项目咨询，再到房地产资产或项目并购后的市场整合及营销管理，形成了一个严密的服务于房地产资产增值的完整管理链条。

②不动产资产管理是一个系统行为　为区别于传统房地产行业的一次性开发获利行为，不动产资产管理要求在资产管理过程中做好每一环节的工作。不动产资产管理是针对房地产资产进行的一系列收购、转让、经营、管理、开发等管理行为，要求资产管理中的各组织部门要达到有效协调、沟通，充分发挥团队精神及作用。

③不动产资金管理的核心任务是实现不动产资产增值　不动产资产管理过程是以资产增值为核心进行的管理过程，而不动产资产管理企业则是以最大限度地增加股东价值为目标的企业。以资产增值为核心的房地产资产管理行为不仅仅是某些解决方法的简单运用过程，而是通过不动产资产管理使企业建立自身强大的投融资实力、解决经济法律问题的专业能力，为不同形式的不动产提供整体解决方案。

3.8.4　不动产资源信息化管理

(1) 不动产资源信息化管理方法

不动产资源的信息化管理贯穿于不动产形成、利用、变更管理的全过程，目前还无法集中统一在一个企业或部门进行全盘管理，我国各行业和各部门往往根据自己掌握的资料进行分阶段分类管理。不动产统一登记管理就是我国近期准备开展的比较规范的，同时又是多数据源、多尺度的大数据管理。我国不动产统一登记管理，往往采用空间数据组织管理模式。空间数据组织管理主要是采用地理信息系统管理软件(GIS)执行，目前，主要有文件管理、文件与关系数据库混合管理、全关系型数据库管理、面向对象数据库管理和对象关系数据库管理五种数据管理方法。

①文件管理　GIS中的数据分为空间数据和属性数据两类，空间数据描述与空间实体的地理位置及其形状；属性数据则描述与空间实体有关的应用信息。操作系统实现文件组织形式，可以分为顺序文件、索引文件、直接文件和倒排文件。顺序文件是最简单的文件组织形式，对记录按照主关键字的顺序进行组织；索引文件除了存储记录本身以外，还建立了若干索引表，记录关键字和记录在文件中的地址；直接文件存储是根据记录关键字的值，通过某种转换方法得到的一个物理存储位置，然后把记录存储在该位置上；倒排文件是带有索引的文件，其中的索引是按照一些辅助关键字来组织索引的。文件管理是将GIS中所有的数据都存放在自行定义的空间数据结构及操纵工具的一个或者多个文件中，包括非结构化的空间数据、结构化的属性数据等。空间数据和属性数据两者之间通过标识码来建立联系。

②文件与关系数据库混合管理　混合管理模式是目前绝大多数GIS软件使用者所采用的数据管理方案，并且已经得到广泛应用。在早期，几何数据与属性数据在这种管理模式中，除了OID(标识)作为连接的关键字段外，两者几乎各自独立组织、管理和检索。就几何数据而言，GIS系统采用高级语言编程可以直接操纵数据文件，图形用户界面与图形处

理是一体的；而属性的用户界面与图形处理界面是分开的，这种情况下经常需要同时启用两个系统（GIS 图形系统和关系数据库管理系统），给使用者带来很大的不便。随着数据库技术的发展，许多数据库管理系统提供了更高级的接口，在推出开放式数据库连接协议（ODBC）之后大部分数据库厂商都遵循了该标准，GIS 软件商只要开发与 ODBC 相连接的软件，就可以很好地解决属性数据的问题。

③全关系型数据库管理　在全关系型数据库管理方式中，使用统一的关系型数据库管理空间数据和属性数据，用关系型数据库管理系统管理有两种模式：一种是按照关系型数据库组织的基本原则，对变长的几何数据进行关系范式的分解，分解成定长记录的数据表进行存储，该方法比较耗时；另一种是将图形数据的变长部分处理成二进制（binary）块（block）字段。目前，大部分关系数据库管理系统都提供了二进制块的字段域以适应管理多媒体数据或可变长文本字段。在 GIS 软件中，通常把图形的坐标当作一个二元制块交由关系型数据库进行存储管理。这种存储方式虽然省去了大量的关系连接操作，但是二进制块的读写效率比定长的属性字段要低很多。

④面向对象数据库管理　面向对象是指无论怎么复杂的实体都可以准确地由一个对象表示，这个对象是一个包含了数据集和操作集的实体。该方法是分析问题和解决问题的新方法，其基本出发点是尽可能按照人们认识世界的方法和思维方式分析和解决问题。其基本思想是对问题领域进行自然分割，以更接近人类思维的方式建立问题领域的模型，以便对可观的信息实体进行结构模拟和行为模拟，从而使设计出的系统尽可能直接地表现问题求解的过程。为了克服关系型数据库管理空间数据的局限性，提出了面向对象数据模型，并依此建立了面向对象数据库。应用面向对象数据库管理空间数据，可以通过在面向对象数据中增加处理和管理空间数据功能的数据类型以支持空间数据，包括点、线、面等几何体，并且允许定义对于这些几何体的基本操作，包括计算机距离、测量空间关系等，甚至可以进行缓冲区分析、叠加分析等稍微复杂的运算。对象数据库管理系统提供了对于各种数据的一致的访问接口以及部分空间服务模型，不仅实现了数据共享，而且空间模型服务也可以共享，使 GIS 软件将重点放在数据表现以及开发复杂的专业模型上。

⑤对象—关系数据库管理　直接采用通用的关系数据库管理系统的效率不高，而非结构化的空间数据又十分重要，因而许多数据库管理系统的软件商纷纷在关系数据库系统中进行扩展，使之能直接存储和管理非结构化的空间数据。例如，Ingres、Informix 和 Oracle 等都推出了空间数据管理的专用模块，定义了操纵点线、面、圆、长方形等空间对象的 API 函数。这些函数，将空间对象的数据结构进行了预先的定义，用户使用时必须满足它的数据结构要求，用户不能根据 GIS 要求（即使是 GIS 软件商）再定义。例如，这种函数涉及的空间对象一般不带拓扑关系，多边形的数据是直接跟随边界的空间坐标，那么 GIS 的空间对象管理模块主要解决了空间数据变长记录的管理，由于有数据软件商进行拓展，效率要比前面所述的二进制块的管理高得多，但是它仍然没有解决对象的镶嵌问题，空间数据结构也不能由用户任意定义，使用上仍然受到一定限制。

（2）不动产资源信息化系统安全管理

随着信息技术的发展，信息系统在运行操作、管理控制、经营管理计划、战略决策等社会经济活动各个层面的应用范围不断扩大，发挥着越来越大的作用。信息系统中处理和存储的既有日常业务处理信息、技术经济信息，也有涉及企业或政府高层计划、决策的信息，其中有相当一部分是属于极为重要并有保密要求的。信息系统的任何破坏或故障都将对用户以至整个社会产生巨大的影响。

信息系统的九大特性是系统开放性、资源共享性、介质存储高密性、数据互访性、信息聚生性、保密困难性、介质剩磁效应性、电磁泄漏性、通信网络脆弱性。上述特性对信息系统安全构成了潜在的危险。若信息系统的安全性弱点被不法分子利用，则信息系统的资源就将会受到很大损失，甚至关系到社会组织的生死存亡。因此，信息系统的安全日益重要，加强对信息系统的安全管理十分必要。

信息系统安全是指信息系统资源和信息资源不受自然和人为有害因素的威胁和危害。信息系统安全的内容包括系统安全和信息安全两个部分，在此主要简单介绍一下系统安全。

系统安全主要指各种网络设备、操作系统、数据库管理系统和应用软件的安全。信息系统安全的基本要求可归纳为以下五个方面：

①机密性　是指将敏感数据的访问权限制在特定的实体上，确保未授权实体无法查看数据。机密性通常采用加密技术，即使攻击者进入系统，也不明白关键信息的含义。

②可用性　是指得到授权的实体在需要时可以访问信息系统，并按其要求运行的特性；破坏信息网络和信息系统的正常运行就是这种类型的攻击，人们通常采用相应技术措施或网络安全设备来实现这些目标。

③完整性　是指网络信息未经授权不能进行改变的特性，即信息在存储或传输过程中保持不被偶然或蓄意地删除、修改、伪造、插入等破坏和丢失的特性；为了确保数据的完整性，数据的接收方必须能够检测出未经授权的数据修改，从而证实数据没有被改动过。

④可控性　是指对信息的传播及内容具有控制能力，保证信息和信息系统的授权认证和监控管理。

⑤不可否认性　也叫不可抵赖性，即防止实体否认自身的行为，包括接收者不能否认收到了信息，发送者也不能否认发送过信息。

任务4　我国不动产管理的体制

我国的不动产管理主要分为土地管理和房产管理。本任务主要介绍土地管理部门和房产管理部门。

能力目标：

(1)能够正确描述不动产管理体制；

(2)能够正确描述土地管理；

(3)能够正确描述房产管理。

知识目标：

(1)掌握不动产管理；

(2)掌握土地管理的部门；

(3)掌握房产管理的部门及其职能。

4.1 土地管理部门

土地管理部门是依法主管土地保护、开发、利用统一管理工作的政府职能部门。国务院土地管理部门是自然资源部，它主管全国土地的统一管理工作，其主要职责为：拟定和贯彻、执行关于土地的法律、法规与方针、政策；主管全国土地的调查、统计、登记和发证工作；组织有关部门编制土地利用总体规划；管理全国土地征用和划拨工作，负责需要国务院批准的征、拨用地的审查、报批；调查研究，解决土地管理中的重大问题；对各地、各部门的土地利用情况进行检查、监督，并做好协调工作；会同有关部门解决土地纠纷，查处重大违法案件等。县级以上地方人民政府土地管理部门主管本行政区域内土地的统一管理工作，机构设置由省、自治区、直辖市根据实际情况确定。目前，一般都设置了土地管理局，在基层，乡级人民政府负责本行政区域内的土地管理工作。

4.2 房产管理部门

房产管理局（以下简称房管局）是国家的一级行政机构，负责管理房屋产权的确定和发放房屋产权的证明。房管局对于房产纠纷没有义务进行调解或做出行政处罚，只是根据登记的房产证确认房屋产权的归属，办理房屋的过户、交易的手续，对涉及房屋所有权的民事纠纷，只是能根据法院的要求提供真实的房产资料，并不参与有关房屋的邻里纠纷。房产证真伪的确定可以由房管局来确定，但其不能是处理纠纷的裁决人。

房管局的主要职能中，与市民息息相关的除了参与拟定有关房产管理的政策并组织实施，承办市政府和上级房产管理部门交办的其他事项等之外，还包括以下几个方面：

①负责全市房产产权登记管理，核发房产产权证书；负责全市房产产籍登记造册管理；负责全市房产抵押登记管理、商品房银行按揭管理和销售合同管理。

②负责全市房产交易市场管理；受理房产买卖、交换、赠予、租赁的申报，并进行审核、登记和鉴证等工作；监督房产交易行为，查处违法交易。

③负责全市房产中介服务（包括评估、咨询、经纪等）管理；对申报房产中介服务机构进行审批或办理报批手续；负责对房产中介人员的培训和考核；开展房产中介服务行业学术交流活动；拟定房产中介服务管理政策规章，并监督实施。

④负责管理全市物业管理工作；负责物业管理机构审批；负责对物业管理人员的培训和考核；组织参与全国和全省物业管理优秀单位和示范单位考评活动；拟定物业管理政策规章，并监督实施。

⑤负责各单位房改房出售的审核、登记工作；监督管理各单位售房款的使用；审查核准干部职工住房津贴发放和住房差额津贴的发放；检查、指导、监督各单位房改政策的执行情况。

⑥负责出租屋租赁登记备案工作；负责出租屋租赁登记的信息收集和档案管理，调解、处理出租屋租赁纠纷。

⑦负责全市房屋测绘、房屋白蚁防治、工程竣工验收合格后的房屋安全鉴定工作；参与拟定城镇解困房、微利房和福利房以及安居工程发展规划，并负责组织实施。

⑧负责管理市房地产交易所、市房屋租赁管理所、市房产物业估价所。

任务 5　不动产登记概述

不动产登记是指不动产登记机构依法将不动产权利归属和其他法定事项记载于不动产登记簿的行为。通常称为不动产的主要是指海域以及房屋林木等定着物。

本任务介绍不动产登记制度、不动产登记常用术语和不动产登记类别三方面的内容。

能力目标：

(1)能够正确描述不动产登记制度；

(2)能够正确描述不动产登记常用术语；

(3)能够正确对不动产登记进行分类。

知识目标：

(1)掌握不动产登记制度的定义；

(2)掌握不动产登记的分类；

(3)掌握不动产登记常用术语。

5.1　不动产登记制度

《中华人民共和国民法典》第二百零九条规定，不动产物权的设立、变更、转让和消灭，经依法登记，发生效力；未经登记，不发生效力，但是法律另有规定的除外。依法属于国家所有的自然资源，所有权可以不登记。第二百一十条规定，不动产登记，由不动产所在地的登记机构办理。国家对不动产实行统一登记制度。统一登记的范围、登记机构和登记办法，由法律、行政法规规定。

国务院明确要求建立统一登记制度，整合分散在国务院不同部门的不动产登记职责，交由自然资源部承担。并将建立不动产统一登记制度作为我国社会主义市场经济基础性制度建设的重要组成部分。

2013 年 3 月，十二届全国人大一次会议举行第三次全体会议，会议有四项议程，第三项议程为听取国务委员兼国务院秘书长马凯《关于国务院机构改革和职能转变方案》首次提出建立不动产统登记制度，以更好地落实物权法规定，保障不动产交易安全，有效保护不动产权利人的合法财产权。建立以公民身份证号码和组织机构代码为基础的统一社会信用代码等制度，从制度上加强和创新社会管理，并为预防和惩治腐败夯实基础。从此打开了我国不动产统一登记制度的大门。

2014 年 11 月 24 日，国务院总理李克强签署第 656 号国务院令，公布《不动产登记暂行条例》(以下简称《条例》)。《条例》于 2015 年 3 月 1 日起施行。《条例》的出台，标志着不动产登记工作进入全面明晰产权、有效保护权益、维护交易安全、提高交易效率的新阶段。

2015 年 2 月 15 日，中央编办、财政部、住建部等八家不动产登记工作部际联席会议成员单位，在国土部就不动产统一登记工作推进事项展开集中办公，包括研讨不动产登记暂行条例实施细则。

同时，为贯彻落实《国务院机构改革和职能转变方案》，加快建立和实施不动产统一登记制度尽快实现不动产登记机构、登记簿册、登记依据和信息平台"四统一"，确保不动产统一登记工作上下协调联动、积极稳妥实施，国土资源部、中央编办于 2015 年 4 月 13 日出台《国土资源部中央编办关于地方不动产登记职责整合的指导意见》，以推进各级不动产登记职责整合工作。

2019 年 7 月 16 日，中华人民共和国自然资源部修订了《不动产登记暂行条例实施细则》，对集体土地所有权登记、国有建设用地使用权及房屋所有权登记、宅基地使用权及房屋所有权登记各种不动产权利的登记都做出了更为细致的规定。

5.2　不动产登记常用术语

①宗地　土地权属界线封闭的地块或者空间。

②宗海　权属界线封闭的同类型用海单元。

③房屋　独立成栋，有固定界线的封闭空间，以及区分幢、层、套、间等可以独立使用、有固定界线的封闭空间。

④定着物　固定于土地(海域)且不能移动的房屋、森林等有独立使用价值的空间。

⑤不动产　土地(海域)以及房屋、林木等定着物。

⑥不动产单元　权属界线固定封闭，且具有独立使用价值的空间。

⑦不动产单元代码　即不动产单元号，是按一定规则赋予不动产单元的唯一和可识别的标识码。

⑧地籍区　在县级行政辖区内，以乡(镇)、街道办事处为基础，结合明显线性地物划分的不动产管理区域。根据实际情况，可以行政村、街坊为基础将地籍区再划分为若干个地籍子区。

5.3　不动产登记类别

不动产登记遵循严格管理、稳定连续、方便群众的原则。其登记类别主要有不动产首次登记、变更登记、转移登记、注销登记、更正登记、异议登记、预告登记、查封登记等。

5.3.1　不动产首次登记

不动产首次登记，是指不动产权利第一次登记，未办理不动产首次登记的，不再办理不动产其他类型登记，但法律、行政法规另有规定的除外。市、县人民政府可以根据实际情况对本行政区域内未登记的不动产，组织开展集体土地所有权、宅基地使用权、集体建设用地使用权、土地承包经营权的首次登记。

5.3.2　不动产登记类别

(1) 不动产变更登记

①权利人的姓名、名称、身份证明类型或者身份证明号码发生变更的。

②不动产的坐落、界址、用途、面积等状况发生变更的。

③不动产权利期限、来源等状况发生变化的。

④同一权利人分割或者合并不动产的。

⑤抵押担保的范围、主债权数额、债务履行期限、抵押权顺位发生变化的。

⑥最高额抵押担保的债权范围、最高债权额、债权确定期间等发生变化的。

⑦地役权的利用目的、方法等发生变化的。

⑧共有性质发生变更的。

⑨法律、行政法规规定的其他不涉及不动产权利转移的变更情形。

（2）不动产转移登记

①买卖、互换、赠与不动产的。

②以不动产作价出资（入股）的。

③法人或者其他组织因合并、分立等原因致使不动产权利发生转移的。

④不动产分割、合并导致权利发生转移的。

⑤继承、受遗赠导致权利发生转移的。

⑥共有人增加或者减少以及共有不动产份额发生变化的。

⑦因人民法院、仲裁委员会的生效法律文书导致不动产权利发生转移的。

⑧因主债权转移引起不动产抵押权转移的。

⑨因需役地不动产权利转移引起地役权转移的。

⑩法律、行政法规规定的其他不动产权利转移的情形。

（3）不动产注销登记

①不动产灭失的。

②权利人放弃不动产权利的。

③不动产被依法没收、征收或者收回的。

④人民法院仲裁委员会的生效法律文书导致不动产权利消灭的。

⑤法律、行政法规规定的其他情形。

不动产上已经设立抵押权、地役权或者已经办理预告登记，所有权人、使用权人因放弃权利申请注销登记的，申请人应当提供抵押权人、地役权人、预告登记权利人同意的书面材料。

项目二 地籍测量

○ **项目描述：**

地籍测量部分主要介绍了地籍测量的相关内容，包括四个教学任务：概述、地籍控制测量、地籍图的测绘方法、地籍界址点的测量。

○ **知识目标：**

1. 掌握地籍测量的相关概念。
2. 掌握地籍控制测量方法。
3. 掌握地籍图测绘方法。
4. 掌握地籍界址点测量方法。

○ **能力目标：**

1. 会地籍控制测量。
2. 会地籍图测绘。
3. 会界址点测量。

任务1 概述

地籍是人们认识和运用土地的自然属性、社会属性和经济属性的产物，是组织社会生产的客观需要，随着社会生产力和生产关系的发展和完善，地籍不但为土地税收和土地产权保护服务，还要为土地利用规划和管理提供基础资料。地即土地，为地球表面的陆地部分，包括海洋滩涂和内陆水域。籍有簿册、清册、登记之说。地籍一词是沿用我国古代，是中国历代王朝（或政府）登记田亩地产作为征收赋税的根据。

本任务介绍地籍测量的定义、特点、发展概况，现代技术在地籍测量中的应用、地籍的种类和功能六方面的内容。

能力目标：

(1) 能够正确描述地籍测量的定义；
(2) 能够正确描述地籍测量的特点；
(3) 能够正确描述地籍测量的种类和特点。

知识目标：

(1) 掌握地籍测量的定义；

(2) 了解地籍测量的由来；
(3) 掌握地籍测量的特点和种类；
(4) 掌握地籍测量的功能。

1.1 地籍测量的定义

"地籍"一词在国外最早的出处有两种观点：一种观点认为来自拉丁文"caput"和"capitasrtrum"，即"课税对象"和"课税对象登记簿册"；另一种观点认为源于希腊文"kastikhon"，即"征税登记簿册"。在英文、法文、德文、俄文等中，地籍为土地编目册、不动产登记簿册或按地亩征税课目而设的簿册。在美国，地籍是指关于一宗地的位置、四至、类型、所有权、估价和法律状况的公开记录。日本则认为地籍是对每笔土地的位置、地号、地类、面积、所有者的调查与确认的结果加以记载的簿册。国际地籍与土地登记组织提出的地籍含义是：在中央政府控制下根据地籍测量而得的宗地登记图册。

地籍最初是为征税而建立的一种田赋清册或簿册，其主要内容是应纳课税的土地面积、土壤质量及土地税额的登记。随着社会的发展，地籍的概念有了很大的发展。现代地籍已不仅是课税对象的登记清册，还包括了土地产权登记、土地分类面积统计和土地等级地价等内容的登记簿册。可见，地籍的作用从最初的以课税为目的扩大到了产权登记和土地合理利用的范畴。地籍除采用簿册登记之外还编绘地籍图，采用图、册并用的手段。现代地籍又从图册逐步向基于信息技术的地籍信息系统方向发展。

因此，地籍是指国家为一定目的，记载土地的权属、界址、数量、质量(等级)和用途等基本状况(地籍五大要素)的图簿册。地籍测量是在权属调查的基础上运用测绘科学技术测定界址线的位置、形状、数量、质量，计算面积，绘制地籍图，为土地登记、核发证书提供依据，为地籍管理服务的测量工作。

地籍测量是地籍调查的一部分工作内容，地籍调查包括土地权属调查和地籍测量。地籍调查是依照国家规定的法律程序，在土地登记申请的基础上，通过土地权属调查和地籍测量，查清每一宗土地的权属、界线、面积、用途和位置等情况，形成地籍调查的数据、图件等调查资料，为土地注册登记、核发证书做好技术准备。

因此，地籍测量是为获取和表达地籍信息而进行的测绘工作。其基本内容是测定土地及其附着物的权属、位置、数量、质量和利用状况等。具体内容主要有：

①地籍控制测量　测量地籍基本控制点和地籍图根控制点。

②界线测量　测定行政区划界线和土地权属界线的界址点坐标。

③地籍图测绘　测绘分幅地籍图、宗地图、土地利用现状图、地籍房产图等。

④面积测算　测算地块和宗地的面积，进行面积的平差和统计。

⑤地籍变更测量　进行土地信息的动态监测，进行地籍变更测量包括地籍图的修测、重测和地籍簿册的修编，以保证地籍成果资料的现势性与正确性。

⑥地籍测量　根据土地整理、开发与规划的要求，进行有关的测量工作。

同其他测量工作一样，地籍测量也遵循一般的测量原则，即先控制后碎部、由高级到低级、从整体到局部的原则。

1.2 地籍测量的特点

地籍是土地的户籍,但它具有不同于户籍的特点,地籍具有空间性、法律性、精确性和连续性的特点。

①地籍的空间性 是由土地的空间特点所决定的,土地的数量、质量都具有空间分布的特点,土地的坐落和表述必须与其空间位置、界线相联系。在一定的空间范围内,地界的变动必然带来土地使用面积、各种地类界线以及各种地类面积的变化。所以,地籍的内容不仅记载在簿册上,同时还要标绘在图纸上,力求做到图与簿册的一致性。

②地籍的法律性 体现了地籍图册资料的可靠性,如地籍图上的界址点、界址线的位置,地籍簿上权属面积的登记等都应有法律依据,甚至有关的法律凭证也是地籍的必要组成部分。

③地籍的精确性 表现在地籍的原始和变更资料一般要通过实地调查取得,并运用先进的测绘和计算方面的科学技术手段,保证地籍数据的准确性。

④地籍资料的连续性 说明地籍信息不是静态的,社会经济的发展和城镇化进程、土地利用与权属的频繁变更,都会使地籍数据失实,必须经常更新,以保持资料记载和数据统计的连续性,否则难以反映地籍信息的现势性。

与大比例尺地形图测绘相类似,地籍测量也是一项技术性很强的专业工作。因此,地籍测量与土地形测图之间的密切关系,可归纳为以下几点:

①都属于国土基础信息的采集,为国家提供相应的测绘保障,是国家测绘事业中重要的组成部分。

②都需要谋求信息采集的面覆盖(或区域性覆盖)。

③施测的几何技术基础都完全一样,甚至依靠的技术力量主体都相同。

④由于我国经济的飞速发展,目前这两方面的工作都面临着跟不上经济发展需要的问题,都有加快工作进程的迫切要求。

⑤都要依靠国家财政的支持。虽然基础测绘信息要走有偿服务的道路,国土使用要征收土地使用费,但这些费用都应视为国家财政收入,它的支配从根本上说是受国家政策和国民经济计划统筹安排的。

然而,地籍测量与基础测量和专业测量有着明显的不同,基础测量和专业测量一般只注重于技术手段和测量精度,而地籍测量则是测量技术与土地法学的综合利用,涉及土地及其附着物的权利。因此,地籍测量具有以下几个显著的特点:

①地籍测量是一项基础性的具有政府行为的测绘工作,是政府行使土地行政管理职能的具有法律意义的行政技术行为。

②地籍测量为土地管理提供了精确、可靠的地理参考系统。

③地籍测量是在地籍调查的基础上进行的。经过地籍调查,根据现场的实际情况来选择不同的地籍测量技术和方法(如全站仪测图、RTK 测图、遥感影像测量等)。

④地籍测量具有勘验取证的法律特征。无论是产权的初始登记,还是变更登记或他项权利登记,在对土地权利的审查、确认、处分过程中,地籍测量所做的工作就是利用测量技术手段对权属主提出的权利申请进行的现场勘查、验证,为土地权利的法律认定提供准

确、可靠的物权证明材料。

⑤地籍测量的技术标准既要符合测量规范的规定，又要反映土地法律的要求。

⑥地籍测量工作有非常强的现势性。由于社会发展和经济活动使土地的利用和权利经常发生变化，必须对地籍测量成果进行适时更新。所以地籍测量工作比一般基础测绘工作更具有经常性的一面，且不可能人为地固定更新周期，只能及时、准确地反映实际变化情况。地籍测量始终贯穿于建立、变更、终止土地利用和权利关系的动态变化之中，并且是维持地籍资料现势性的主要技术之一。

⑦地籍测量技术和方法是对当今测绘技术和方法的应用集成。地籍测量技术是普通测量、数字测量、摄影测量与遥感、面积测算、误差理论和平差、大地测量、空间定位技术等技术的集成式应用。根据土地管理和房地产管理对图形、数据和表册的综合要求，组合不同的测绘技术和方法。

⑧从事地籍测量的技术人员不但应具备丰富的测绘知识，还应具有不动产法律知识和地籍管理方面的知识。

另外，地籍控制测量是地籍图件的数学基础，是关系到界址点精度的带全局性的技术环节。它是根据界址点和地籍图的精度要求，视测区范围的大小、测区内现存控制点数量和等级等情况，按测量的基本原则和精度要求进行技术设计、选点、埋石、野外观测、数据处理等测量工作。地籍控制测量还具有以下一些特点：

①地籍平面控制测量精度要求高，以保证界址点和图面地籍元素的精度要求。

②城镇地籍测量由于城区街巷纵横交错、房屋密集、视野不开阔，故一般采用导线测量建立平面控制网。

③为了保证实地勘测的需要，基本控制和图根控制点必须有足够的密度，以便满足界址点及地籍图细部测量要求。

④地籍测量规范中规定了界址点的中误差为±5cm，因此，高斯投影的长度变形可以忽略不计。当城市位于3°带的边缘时，则可按城市测量规范采取适当的措施（重新划定投影带）。

⑤地形测量中，图根控制点的精度一般用地形图的比例尺精度来要求（图根控制点的最弱点相对于起算点的点位中误差为 $0.1\text{mm} \times$ 比例尺分母 M）。而在地籍测量中，界址点的坐标精度通常以实地数值来标定，而与地籍图的比例尺精度无关。一般情况下，界址点的坐标精度要等于或高于其地籍图的比例尺精度。

地籍测量与基础测绘和专业测量有着明显不同，其本质的不同表现在于凡涉及土地及其附着物的权利的测量都可视为地籍测量。

1.3 地籍测量的发展概况

一般认为，古代土地测量技术的产生与发展从公元前4000多年便已经开始。公元前3000年左右，古埃及皇家登记的税收记录中，有一部分是以土地测量为基础的。在一些发掘的古墓中也发现了土地测量者正在工作的图画。公元前21世纪尼罗河洪水泛滥时，就曾以测绳为工具测量恢复被冲毁的耕地界线。

1086年，一个著名的土地记录——汤姆时代（*The Domsday Book*）在英格兰问世，英格兰的地籍测量大体完成。

1628年，瑞典为了税收目的对土地进行测量和评价，包括英亩数和生产能力，并绘制成图。

1807年，法国因为征收土地税收而建立地籍，展开了地籍测量；1808年，拿破仑一世颁布了全国土地法令。这项工作最引人注目的是布设了三角控制网作为地籍测量的基础，并采用了统一的地图投影，在1∶2500或1∶2250比例尺的地籍图上定出每一街坊中地块的编号，这样在这个国家中所有的土地都做到了唯一划分。这时的法国已建立起了一整套较完善的地籍测量理论、技术和方法。现在许多国家仍在沿用拿破仑时代的地籍测量思想及其所形成的理论和技术。

作为世界四大文明古国之一，中国的土地测量历史也出现得很早。从出土的商代甲骨文中可以看出，耕地被划分成"井"字形的田块，此时已用"规""矩""弓"等测量工具进行土地测量，具有了地籍测量技术和方法的雏形。

另据古籍载，中国早在春秋战国时期（公元前770—前221年），地籍图作为一个地图品种就已应运而生。《周礼·地官司徒》中记载："大司徒之职，掌建邦之土地之图与其人民之数，以佐王安扰邦国。""小司徒之职，凡民讼以地比正之，地讼以图正之。"这说明了中国在公元前就已经有了国家地图和作为调解土地纠纷的地籍图了。

1387年，中国明代开展了全国范围内的地籍测量，编制了鱼鳞图册，以田地为主，绘有田地图形，分别详列面积、地形、土质以及业主姓名，作为征收田赋的依据。到1393年完成全国地籍测量并进行土地登记，全国田地总计为8 507 523顷。

现藏于西安碑林的《潼关图》，刻石年代为清朝道光二十四年（公元1844年）二月二十五日，是内容完善、幅面较大、记载详尽的灾后地籍图，国内并不多见。《潼关图》反映了以下内容：

①地界 地界以单实线表示，地界之间的土地均注明了长、阔地域的限隔尺寸，以"步"（古代度量制度，一步折算为0.6丈）为单位，数字具体明确，是通过丈量后注出的，作为日后备查之根据。此外，除上述小面积土地注出长、阔尺寸外，对远距离主要界点也单独注明距离，如"自大斜阡中行至教场滩东界共五千七百七十八步三尺""自教场滩南界至河边阔一千三百步"等。

②县城及村名 图上反映了大量村庄名称，注载所表示的村庄位置，外围绘出村庄概略范围框线，主要有潼关城、长兴堡、城隍庙、寺南寨子、田家庄、田村等。

③地界名 在每块地界之间均注有地界名，以便记忆和备查，其载负量很大，但这是必不可少的名称注记，如街头阡、咸水井、田家井、柳家园、上子湾等。

④水系名 图中黄河、渭河等大河流均以双线绘出真实宽度，并注有名称；水渠以直线双线绘出，沙滩采用点状符号，外围框绘制范围线；桥梁、路口均标示得非常详细，注有专有名称注记及符号。图中符号形状及表示方法大体与现代地图相似或一致。

由于历史原因，我国于20世纪80年代中期才开展大规模的地籍测量工作。为适应我国经济发展和改革开放的形势，于1986年成立国家土地管理局，并颁布了《中华人民共和国土地管理法》。至此，地籍测量成为了我国土地管理工作的重要组成部分。国家相继制定了《土地利用现状调查技术规程》（1984）、《城镇地籍调查规程》（1993）、《地籍调查规程》(2012)、《土地利用现状分类》(2007),以及《地籍测量规范》(1987)、《房产测量规范》(1991)、《房产测量规范》(GB/T 17986—2000)等技术标准,开展了大规模的土地利用调查、城镇地籍调查、房产调查和行政勘界工作,同时,进行了土地利用监测,理顺了土地权属关系,解决了大量的边界纠纷,达到了和睦邻里关系和稳定社会秩序的目的。

自20世纪中叶以来,随着计算机技术、RS(遥感)技术、GPS(全球定位系统)技术和GIS(地理信息系统)技术(合称"3S"技术)的迅速发展,地籍测量理论和技术得到了迅速的发展。

我国地籍信息化的建设是从20世纪80年代开始的。随着国土资源信息化建设全面推进和纵深发展,特别是"金土工程"的全面实施,对地籍信息化建设提出了新的需求。总结我国地籍信息化发展现状,研究、解决当前地籍信息化发展中存在的问题,加快地籍信息化建设,实现地籍管理的自动化和信息化,对提高国土资源管理信息化水平至关重要。

我国城镇地籍信息系统建设起步较早,目前许多城市已经建立城镇地籍信息系统,并被广泛应用于城镇土地资源的日常管理,为城市建设和发展提供了基础保障。同时,我国农村地籍信息系统的建设随着新一轮国土资源大调查工作的部署,"数字国土工程"以及"土地资源调查与监测"等工程项目的部署和实施,正在全国范围开展起来。

1.4 现代技术在地籍测量中的应用

近年来,"3S"技术的发展与应用为土地变更调查工作的改革提供了新的思路与方法。针对当前土地变更存在问题,对土地变更调查与"3S"技术之间进行衔接分析,提出了面向土地变更调查"3S"集成系统构建方法。

随着新技术的不断普及,越来越多的土地管理部门已经建成局域网络。新研建的地籍信息系统多是GIS与OA及WEB技术的结合,实现了数据的网络共享,提高了资源的利用效率。网络化的地籍信息系统已成为当今的主流模式。

1.5 地籍的种类

随着社会的发展,地籍使用范围不断扩大,地籍的内涵也更加宽泛,类别的划分也更趋于合理。地籍按其发展阶段、对象、目的和内容的不同,可划分为以下几种类别体系。

(1)按发展阶段划分

按地籍的发展阶段不同,可将地籍划分为税收地籍、产权地籍和多用途地籍三大类。

在一定社会生产方式下,地籍具有特定的对象、目的、作用和内容,但它不是一成不变的,从资本主义国家的地籍发展史来看,大致经历了税收地籍—产权地籍—多用途地籍3个阶段。

税收地籍是各国早期建立的为课税服务的登记簿册。税收地籍是指地籍仅仅具有为税收服务的功能,所以税收地籍记载的主要内容是土地纳税人的姓名、土地坐落、土地面积以及为确定税率所需的土地等级等。税收地籍所采用的手段主要是丈量地块面积和按土壤质量、土地出产物及收入评定土地等级。为税收地籍进行测量的工作一般是较为简易的测量。

随着社会经济的发展,土地买卖日益频繁和公开化,这促使税收地籍向产权地籍发展。产权地籍亦称法律地籍，是国家为维护土地合法权利、鼓励土地交易、防止土地投机和保护土地买卖双方的权益而建立的土地产权登记的簿册。凡经登记的土地，其产权证明具有法律效力。产权地籍最重要的任务是保护土地产权人的合法权益，产权地籍必须以反映宗地的界线和界址点的精确位置以及产权登记的准确面积为主要内容。为了能随时、实地、准确地复原土地界线、界址拐点位置和满足土地面积计算的精度要求，一般采用解析或解析与图解相结合的地籍测量方法。

多用途地籍，也称现代地籍，是税收地籍和产权地籍的进步发展，其目的不仅是为课税或产权登记服务，更重要的是为各项土地利用和土地保护，为全面、科学地管理土地提供信息服务。随着科学技术的发展，特别是计算机和遥感技术的发展与广泛应用，地籍的内容及其应用范围也大为扩展，远远突破了税收地籍和产权地籍的局限，并逐步向技术、经济、法律综合的方面发展，其测量手段也逐步被光电、遥感、计算机和缩微技术所代替。

（2）按特点和任务划分

按地籍的特点和任务不同，可将地籍划分为初始地籍和日常地籍两大类。

土地的数量、质量、权属，及其空间分布、利用状态等都是动态的，地籍必须始终保持现势性。根据土地特性和地籍资料连续性的特点，为了经常保持地籍资料的现势性，国家必须建立初始地籍和日常（变更）地籍。

所谓初始地籍是指在某一个时期内，对县级以上行政辖区全部土地进行全面调查后，最初建立的图册，而不是指历史上的第一本簿册。日常地籍是指针对土地数量、质量、权属，及其分布和利用、使用情况的变化，以初始地籍为基数，进行修正、补充和更新的地籍。初始地籍和日常地籍是地籍不可分割的完整体系。初始地籍是基础，日常地籍是对初始地籍的补充、修正、更新。如果只有初始地籍没有日常地籍，地籍将逐步陈旧，变为历史资料，失去现势性及其使用价值。相反，如果没有初始地籍，日常地籍就没有依据和基础，也就不存在日常地籍了。

（3）按行政管理层次划分

按行政管理层次不同，可将地籍划分为国家地籍和基层地籍两种类型。

习惯上将县级以上各级土地管理部门所从事的地籍工作称为国家地籍；基层地籍是指县级以下的乡（镇）土地管理所和村生产单位（国有农牧渔场的生产队），以及其他非农业建设单位所从事的地籍工作。

地籍也可根据权属单位取得土地权属的管理层次的级别来划分。随着城乡经济体制的改革，以及土地所有权和使用权的分离，客观上形成了两级土地权属单位：一级土地权属单位是指农村集体土地所有单位及直接从政府取得国有土地使用权的单位，即由国家出让、租赁、征用和划拨，取得国有土地使用权的单位；二级土地权属单位是指从一级土地权属单位取得集体土地承包使用权的单位和个人，或通过国有土地的转让取得国有土地使用权的单位或个人。因此，根据我国客观存在两级土地权属单位的事实，地籍可以按其管理层次不同划分为国家地籍和基层地籍两种类型。

国家地籍是指以集体土地所有权单位的土地和国有土地的一级土地使用权单位的土地为对象的地籍。基层地籍是指以集体土地使用者的土地和国有土地的二级使用者的土地为对象的地籍。当前，为强化国家对各项非农业建设用地的控制管理，可以把农村宅基地及乡、镇、村企业建设用地等方面的地籍，划属国家地籍。从地籍的作用而言，基层地籍主要服务于对土地利用或使用的指导和监督，国家地籍则主要服务于土地权属的国家统一管理，它们是相互联接、互为补充的一个完整体系。

(4) 按地域划分

根据城镇土地和农村土地的职能、特点和权属的区别，可将地籍划分为城镇地籍和农村地籍两种类型。

城镇地籍的对象是城市和建制镇的建成区土地，以及独立于城镇以外的工矿企业、铁路、交通等用地。农村地籍的对象是城镇郊区及农村集体所有土地、国有农场使用的国有土地和农村居民点用地等。由于城镇土地利用率、集约化程度高，建（构）筑物密集，土地价值高。其位置和交通条件所形成的级差收益悬殊，所以城镇地籍需要采用更大比例尺（1∶500）的图纸，其数据及界址的获取要求精度较高的测量方法和面积测量方法、在地籍的内容、方法、权属处理及其成果整理、图册编制等方面，城镇的工作要比农村的复杂得多，技术要求也高。农村居民点（村镇）地籍与城镇地籍有许多相同的地方，所以在实践中，农村居民点地籍可以按城镇地籍的相近要求建立，并统称为城镇村庄地籍。

1.6 地籍的功能

建立地籍的目的，一般应由国家根据生产和建设的发展需要，以及科学技术发展的水平来确定，目前，我国地籍的用途也已由课税扩大为包括产权登记、土地利用服务等在内的多种用途，也称现代地籍，它具有多方面的功能和作用。

(1) 为土地管理服务

地籍是土地管理的基础，提供有关土地的空间位置、数量、质量和法律状况的基本资料，是调整土地关系和合理组织土地利用的基本依据。土地使用状况及其界线位置的资料，是进行土地分配与再分配、土地出让、转让和征用、划拨工作的重要依据；土地数量质量及其分布和变化规律是组织土地利用、编制土地利用总体规划的基础资料。地籍资料的完整、准确及其现势程度是科学管好用好土地的基本条件。

我国土地使用制度改革的主要内容，就是改变过去不合理的土地无偿、无限年期和无流动使用为有偿、有限年期的使用。实行土地有偿使用制度，需要制定土地使用费和各项土地课税额的标准，开辟土地使用权的出让、转让市场，记载每宗土地的面积大小、用途、等级，以及土地所有权、使用权状况的地籍，是实行土地使用制度改革、开征各项土地税（费）和进行土地使用权出让、转让活动的基本依据。

(2) 为保障土地权属服务

地籍的核心是权属。地籍是记载土地权属界线、界址拐点位置，以及土地权属来源及其变更的基本依据等的图册。因此，它是调解土地纠纷、复原界址、确认土地产权最有力的依据，是建立和完善土地市场、保护土地所有者和土地使用者合法权益最具有公信力的基础资料。

(3) 为国家的生产和建设服务

完整准确的地籍图册和统计表册是国家编制国民经济计划，制定相关政策和各项规划的基本依据，是组织工农业生产和各项建设的基础。地籍是提供土地资源的自然状况、社会经济状况，以及土地的数量、质量及其分布状况的基本资料，掌握和科学地运用这些基本资料，不仅可以指导生产和建设，而且可以进行各项效益分析，避免失误。

(4) 为建立健全国家课税制度服务

土地历来是国家财政收入的重要组成部分，是课税的对象。地籍为国家提供土地所有者、使用者的准确信息，以及土地产权法律登记的内容，为国家税收提供基础资料和依据；地籍提供准确的土地数量、质量、等级等信息，为国家土地课税提供基础资料，成为建立统一的国家地租课税制度所不可缺少的条件，为开征城镇国有土地使用税、土地增值税、耕地占用税等起到指导和监督的作用。

(5) 为城镇房地产交易服务

城镇房地产交易以房产的买卖和租赁为主。土地及其土地上的房屋建筑都属于不动产。地籍对于房产的认定、买卖、租赁及其他形式的转让活动，都是不可或缺的依据；同时，地籍还为建立和健全房产档案、解决房产争执和处理房产交易过程中出现的某些不公平现象等提供了参考依据。

任务 2　地籍控制测量

地籍控制测量是根据地籍图和界址点测量的精度要求，再考虑测区范围大小、测区内现有控制点数量和等级情况，按控制测量的基本原则和精度要求进行技术设计、选点、埋石、野外观测、数据处理等的测量工作。

能力目标：
(1) 能够准确描述地籍控制测量；
(2) 能够准确描述地籍控制测量的原则；
(3) 能够准确描述地籍控制测量的精度和特点。

知识目标：
(1) 掌握地籍控制测量的定义；
(2) 掌握地籍控制测量的原则；
(3) 掌握地籍控制测量的精度和特点。

2.1　地籍控制测量简介

地籍控制测量的目的是在测区内建立一个具有一定精度和密度的地籍控制网，为该测区的地籍测量提供一个准确可靠的定位基准。地籍控制测量的精度直接影响界址点测量、地籍图测绘和面积量算的精度，也影响地籍数据库资料更新的质量和效率。地籍控制网是为开展地籍细部测量、变更地籍测量以及日常地籍测量而布设的测量控制网，具有控制全局、传递点位坐标、限制测量误差传播和积累的作用。

地籍控制网的布设，在精度上要满足测定界址点坐标精度的要求，在密度上要满足辖区内地籍细部测量的要求，在点位埋设上要顾及日常地籍管理的需要。

地籍控制测量按性质不同，可分为平面控制测量和高程控制测量；按作用不同，可分为地籍基本控制测量和地籍图根控制测量；按精度不同，可分为二、三、四等和一、二级。

地籍基本控制测量可采用三角网、测边网、导线网和GPS相对定位测量网施测，施测精度可以为二、三、四等和一、二级。在地籍基本控制测网的基础上布设地籍图根控制测网，满足地籍图与界址点测量的需要。

地籍图根控制测量主要采用导线网和GPS相对定位测量网施测，施测精度可以为一、二级。

地籍控制点是进行地籍测量的依据，为地籍测量工作提供测量位置基准，保证地籍图与界址点测量精度，使分片施测的碎部能够准确连接成一个整体并保证测区测量精度均匀。

2.2 地籍控制测量的原则

平面控制测量按其测区范围、精度要求及用途的不同，可分为国家控制测量（大地测量）、工程控制测量和地籍控制测量。

①国家控制测量 是从全国的需求出发，在全国范围内布设控制网，以满足国民经济建设和国防建设的需要，同时，也为与地学有关的科学研究（如研究地球形状和大小、大陆块的漂移、地震预测预报等）提供必要的数据资料。

②工程控制测量 是从工程实际出发，在施工区域内布设施工控制网，用来测设工程建筑物（构筑物）的平面位置和高程，满足设计和施工工艺的要求。

③地籍控制测量 分为基本控制测量和地籍控制测量两种。基本控制测量施测精度可以为二、三、四等和一、二级；在地籍基本控制测网的基础上布设地籍图根控制测网，满足地籍图与界址点测量的需要。地籍图根控制测量主要采用导线网和GPS相对定位测量网施测，施测精度可以为一、二级。

国家控制测量、工程控制测量及地籍控制测量都应遵循从整体到局部，由高级到低级分级控制（也可越级布网）的原则。

2.3 地籍控制测量精度

地籍控制测量的精度是以界址点的精度和地籍图的精度为依据而制定的。根据不同的施测方法，各等级地籍基本控制网点的主要技术指标也不尽相同。

地籍图根控制点的精度与地籍图的比例尺无关，一般用地形图的比例尺精度来要求[地形图根控制点的最弱点相对于起算点的点位中误差为$0.1mm \times M$（比例尺分母）]。界址点坐标精度通常以实地具体的数值来标定，而与地籍图的比例尺精度无关。一般情况下，界址点坐标精度要等于或高于其地籍图的比例尺精度，如果地籍图根控制点的精度能满足界址点坐标精度的要求，则也能满足测绘地籍图的精度要求。

2.4 地籍控制测量特点

地籍控制测量除具有一般地形控制测量的特点之外，无论在精度要求还是密度要求上

都有别于地形控制测量,其特点有以下几个方面:

①精度要求高　地籍图比例尺通常较大,地籍要素间的相对精度要求较高。所以地籍平面控制测量精度要求较高,以达到界址点和地籍要素的精度要求。

②地籍控制点的密度与比例尺无直接关系　在一个区域内,界址点的数量、精度和地籍图比例尺都是固定的。必须优先考虑有足够多的控制点来满足界址点测量的要求,再考虑地籍图比例尺所要求的控制点密度。

③地籍控制点的精度与比例尺无直接关系　地形测量控制点精度一般用地形图的比例尺精度来要求(测量地物的控制点的最弱点相对于起算点的点位中误差为0.1mm×比例尺分母),界址点坐标精度通常以实地具体的数值来标定,而与地籍图的比例尺精度无关。一般情况下,界址点坐标精度要高于其地籍图的比例尺精度,如果地籍控制点的精度能够满足界址点坐标精度的要求,则也能够满足测绘地籍图的精度要求。

任务3　地籍图的测绘

地籍测量是为土地管理和利用所进行的外业测绘工作,以前又称土地测量或户地测量,现在属于不动产测量的范围。

本任务介绍地籍图的概念、种类、比例尺、分幅与编号、基本内容,地籍图测绘的基本要求和方法,宗地图测绘,农村居民地地籍图测绘,土地利用现状图测绘,徒弟权属界线图的编制十一方面的内容。

能力目标:
(1)能够正确表述地籍图的定义;
(2)能够正确区分地籍图的种类;
(3)能够正确表述地籍图的内容;
(4)能够正确表述地籍图各种图的测绘方法。

知识目标:
(1)掌握地籍图的定义;
(2)掌握地籍图的分类;
(3)掌握地籍图的内容;
(4)掌握地籍图的绘图方法。

3.1　地籍图的概念

地籍测量绘制的图称为地籍图或户地图,现在主要有地籍分幅图(地籍分幅图通常又简称地籍图)和宗地图两种。地籍测量要求高精度地准确测量地块的边界,对于房屋建筑以外的地物,尤其是次要地物可以根据实际情况进行选择性测量,或降低精度测量。与普通地形图测量相比,地籍测量可以较少测量高程点,困难地带可以不测高程或等高线。通常,地籍图按地块编号,直接在图上量算面积,并连同业主姓名注记在图上。

地籍图是土地主管部门在办理土地登记和发放土地所有权证书时,了解地块坐落、宗地面积、界址线边长以及四至关系、使用状况等的依据，旧时也是建立耕地档案必不可少的资料。近代地籍测量工作已由单纯的为了税收保障、保护土地所有者的权益发展成为多用途的地籍测量和土地信息学，成为制订经济建设计划，充分利用土地资源进行国土整治、土地整理和区域规划，提供有关土地资料的科学依据。

地籍图也是地图的一种，属于专题地图的范围。因此，可以这样定义：地籍图是按照特定的投影方法、比例关系和专用符号把地籍要素及有关的地貌和地物测绘成图的图形。地籍图是地籍管理的基础资料之一，是制作宗地图的基础图件。

地籍图既要反映包括行政界线、地籍街坊界线、界址点、界址线、地类、地籍号、面积、坐落、土地使用者或所有者及土地等级等地籍要素，又要反映与地籍密切相关的地物及文字注记等。图面要尽可能简洁明晰，便于用户根据图上的基本要素去增补新的内容，加工成满足用户需要的其他各种专题地图。

3.2　地籍图的种类

地籍图按使用性质与目的不同，可分为基本地籍图和专题地籍图；按城乡地域的差别可分为农村地籍图和城镇地籍图；按图的表达方式不同，可分为模拟地籍图和数字地籍图；按用途不同，可分为税收地籍图、产权地籍图和多用途地籍图；按图幅的形式不同，可分为分幅地籍图和地籍岛图。

我国现在测绘制作的地籍图主要有城镇地籍图、宗地图、农村居民地地籍图、土地利用现状图、土地所有权属图等。近年来，我国又进行了农村土地承包经营权的确权登记，测绘出村民小组地块图，为农户颁发土地承包经营权证书，证书上附有农户承包地块示意图(宗地图)。

目前我国城镇地籍调查需测绘的地籍图主要有以下几种：

①宗地草图　宗地草图是描述宗地位置和界址点界址线及宗地相邻关系的实地草编记录图。在土地权属调查时由调查人员现场绘制，各方当事人现场签名是地籍管理中最重要的野外原始记录资料。

②基本地籍图　基本地籍图是依照规范、规程规定，进行地籍测量所获得的基本成果之一，是土地管理的专题地图。一般按矩形或正方形分幅，故又称分幅地籍图。

③宗地图　宗地图是以宗地为单位在地籍图的基础上编绘而成的，是描述宗地位置、界址点、界址线和相邻宗地关系的实地记录，是土地证书和宗地档案的附图。

3.3　地籍图的比例尺

地籍图(含宗地图)比例尺的选择应满足地籍管理的需要。地籍图需准确清晰地表达出土地的权属界址及土地附着物(建筑物、构筑物、植被)的位置。地籍测量的成果资料需要提供给多个行政部门使用，故地籍图应尽量选用较大比例尺。由于城乡土地经济价值的差别，农村地区地籍图的比例尺要比城镇地区小。即使在同地区，也可视具体情况及需要采用不同的地籍图比例尺。

地籍测量规范或相关规程对地籍图比例尺的选择确定了一般原则和范围。但对具体的区域而言，应选择多大的地籍图比例尺还需根据以下的原则来考虑。

①繁华程度和土地价值　商业繁华程度高、土地价值高的地区，地籍图要非常准确和详细地表示出地籍要素及地物要素，因此，必须选择较大比例尺测图，如 1：500、1：1000。反之，则可适当缩小比例尺。

②建设密度和细部程度　一般来说，建筑物密度大，其比例尺可大一些，以便使地籍要素能清晰地表达出来，不至于使图面负载过大而导致地物注记相互压盖。若建筑物密度小，选择的比例尺就可小一些。另外，表示房屋细部的详细程度也与比例尺有关，比例尺越大，房屋的细微变化可表示得越清楚。如果比例尺小了，细小的部分无法表示，会影响房产管理的准确性。

③地籍图的测量方法　地籍图的测量可以采用数字地籍测量和传统模拟测图两种方法。当采用数字地籍测量时，测出的界址点及地物点的精度较高，在不影响土地管理的前提下，为了节省经费，比例尺可适当小一些；当采用传统的模拟法测图时，界址点及其地物点的精度相对较低，为了满足土地管理需要，比例尺选择应适当大一些。

目前，世界上各国地籍图的比例尺，最大的为 1：250，最小的为 1：5 万。例如，日本规定城镇地区为 1：500～1：250，农村地区为 1：5000～1：1000；国规定城镇地区为 1：1000～1：500，农村地区为 1：5 万～1：2000。

我国《地籍调查规程》(TD/T 1001—2012)第 4.6 条关于地籍图的比例尺提出如下要求：

①地籍图可采用 1：500、1：1000、1：2000、1：5000、1：1 万和 1：5 万等比例尺。

②集体土地所有权调查，其地籍图基本比例尺为 1：1 万。有条件的地区或城镇周边的区域可采用 1：500、1：1000、1：2000 或 1：5000 比例尺。在人口密度很低的荒漠、沙漠、高原、牧区等地区可采用 1：5 万比例尺。

③土地使用权调查，其地籍图基本比例尺为 1：500。对村庄用地、采矿用地、风景名胜设施用地、特殊用地、铁路用地、公路用地等区域可采用 1：1000 和 1：2000 比例尺。

因此，我国地籍图比例尺系列一般规定为：城镇地区(指大、中、小城市及建制镇以上地区)地籍图的比例尺可选用 1：500、1：1000、1：2000；农村地区(含土地利用现状图和土地所有权属图)地籍图的测图比例尺可选用 1：1000、1：2000、1：2500、1：5000、1：1 万等。宗地图的比例尺则依实际面积大小而定。

为了满足权属管理的需要，农村居民地及乡村集镇可测绘农村居民地地籍图。农村居民地(或称宅基地)地籍图的测图比例尺可选用 1：1000 或 1：2000。急用图时，也可编制任意比例尺的农村居民地地籍图，以能准确表示地籍要素为准。

3.4　地籍图的分幅与编号

地籍图的分幅及编号与相应比例尺的地形图的分幅及编号方法相同。即 1：5000 和 1：1 万、1：5 万比例尺的地籍图，按国际分幅划分图幅编号。1：500、1：1000、1：2000 比例尺的地籍图，一般采用长方形或正方形分幅编号。城镇地籍图通常采用 50cm×50cm 正方形分幅和 50cm×40cm 矩形分幅。

当 1：500、1：1000、1：2000 比例尺地籍图采用正方形分幅时，图幅大小均为

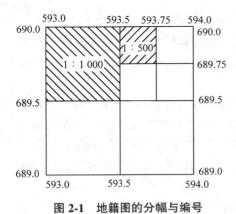

图 2-1 地籍图的分幅与编号

50cm×50cm,图幅编号按图廓西南角坐标千米数编号,x 坐标在前,y 坐标在后,中间用短横线连接,各比例尺的图幅编号如图 2-1 所示。

1∶2000 比例尺地籍图的图幅编号为 689.0~593.0;1∶1000 比例尺地籍图的图幅编号为 689.5~593.0;1∶500 比例尺地籍图的图幅编号为 689.75~593.50。

当 1∶500、1∶1000、1∶2000 比例尺地籍图采用矩形分幅时,图幅大小均为 50cm×40cm,图幅编号方法与正方形分幅相同,图 2-1 所示的图幅编号如下:

1∶2000 比例尺地籍图的图幅编号为 689.0~593.0;1∶1000 比例尺地籍图的图幅编号为 689.4~593.0;1∶500 比例尺地籍图的图幅编号为 689.6~593.50。

若测区已有相应比例尺地形图,地籍图的分幅与编号可沿用地形图的分幅与编号,并于编号后加注图名,图名按图幅内较大单位名称或著名地理名称命名。

3.5 地籍图的基本内容

地籍图的基本内容主要包括地籍要素、地物要素和数学要素,城镇地籍图样图如图 2-2 所示,农村地籍图样图如图 2-3 所示。

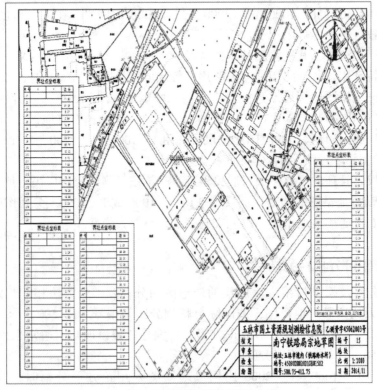

图 2-2 城镇地籍图样图

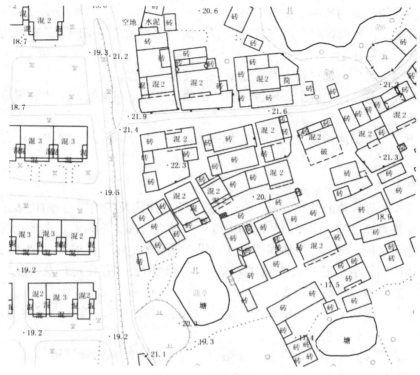

图 2-3 农村地籍图样图

(1) 地籍要素

①各级行政境界线 主要包括国界线,省、自治区、直辖市界线,地区、盟、自治州、地级市界线,县、旗、县级市、区界线,乡、镇、街道界线及国有农、林、牧、渔场界线。不同等级的行政境界线相重合时只表示高等级行政境界线,境界线在拐角处不得间断,应在转角处绘出点或线。

②界址要素 主要包括宗地的界址点、界址线,地籍区、地籍子区、地籍街坊界线与名称,城乡结合部的集体土地所有权界线(村界线)等。在地籍图上界址点用直径 0.8mm 的红色小圆圈表示,界址线用 0.3mm 的红线表示。当土地权属界址线与地籍区(街道)或地籍子区(街坊)界重合时,应结合线状地物符号突出表示土地权属界址线,行政界线可移位表示。

③地籍号 宗地的地籍号由区县编号、街道号、街坊号及宗地的顺序号(简称宗地号)组成。在地籍图上只注记街道号、街坊号及宗地号。街道号、街坊号注记在图幅内有关街道、街坊区域适当的显眼位置,宗地顺序号注在宗地内。在地籍图上宗地号和地类号的注记以分式表示,分子表示宗地号,分母表示地类号。对于跨越图幅的宗地,在不同图幅的各部分都需注记宗地号。如果某街道、街坊或宗地只有比较小区域在本图幅内,相应的编号可以注记在本图幅的内图廓线外。如果宗地面积太小,在地籍图上可以用标识线在宗地外空白处注记宗地号,也可以不注记宗地号。

④地类 在地籍图上按最新的《土地利用现状分类》(GB/T 21010—2017)规定的土地利用分类编码注记地块的地类,应注记地类的二级分类。对于宗地较小的住宅用地,省略

可以不注记，其他各类用地一律不得省略。

⑤土地坐落　由行政区名、街道名(或地名)及门牌号组成，门牌号除在街道首尾及拐弯处外，其余可跳号注记。

⑥土地权属主名称　选择较大宗地注记土地权属主名称。

⑦土地等级　对于已完成土地定级估价的城镇，在地籍图上绘出土地分级界线及相应的土地等级注记。

⑧宗地面积　每宗地均应注记面积，以平方米(m^2)为单位，一般注记在表示宗地和地类号的分式右侧。

(2)地物要素

①界标　作为界标物的地物(如围墙、道路、房屋边线及各类栅栏等)应表示。

②房屋及其附属设施　房屋以外墙勒脚以上外轮廓为准，正确表示占地状况，并注记房屋层数与建筑结构。装饰性或加固性的柱、垛、墙等不表示，临时或已破坏的房屋不表示，墙体的凸凹部分小于图上0.4mm的不表示。落地阳台、有柱走廊及雨篷、与房屋相连的大面积台阶和室外楼梯等应表示。

③工矿企业露天构筑物、固定粮仓、公共设施、广场、空地等绘出其用地范围界线，内置相应符号。

④铁路、公路及其主要附属设施，如站台、桥梁、大的涵洞和隧道的出入口应表示，铁路路轨密集时可适当取舍。

⑤建成区内街道两旁以宗地界址线为边线，道牙线可取舍。

⑥城镇街巷均应表示。

⑦塔、亭、碑、像、楼等独立地物应择要表示，图上占地面积大于符号尺寸时应绘出用地范围线，内置相应符号或注记。公园内一般的碑、亭、塔等可不表示。

⑧电力线、通信线及一般架空管线可不表示，但占地塔位的高压线及塔位应表示。

⑨地下管线、地下室一般不表示，但大面积的地下商场、地下停车场及与他项权利有关的地下建筑应表示。

⑩大面积绿化地、街心公园、园地等应表示。零星植被、街旁行树、街心小绿地及单位内小绿地等可不表示。

⑪河流、水库及其主要附属设施(如堤、坝等)应表示。

⑫平坦地区不表示地貌，起伏变化较大地区应适当注记高程点，必要时应绘制等高线。

⑬地理名称应注记。

(3)数学要素与图廓注记

①图廓线、坐标格网线的展绘及坐标注记。

②埋石的各级控制点位的展绘及点名或点号注记。

③图廓外测图图名、图幅编号、接图表、比例尺、坐标系统、高程系统、测图单位、工作日期等的注记。

3.6 地籍图测绘的基本要求

(1)地籍图的精度要求

地籍图的精度以前包括绘制精度和基本精度两个方面。

地籍图的绘制精度主要针对传统的手绘地籍图而言,指在聚脂薄膜上手工绘制的图廓线、坐标格网线、控制点的展点精度,通常要求:内图廓线长度误差不得大于±0.2mm,内图廓对角线误差不得大于±0.3mm,图廓点、坐标格网点和控制点的展点误差不得超过±0.1mm。对于当今数字化成图,电脑中不存在坐标格网线的绘制误差,但由于打印机及绘图纸的质量问题,会使打印输出的地籍成果图存在一定误差,此误差可参照上述各项要求(稍降低)执行。

地籍图的基本精度主要指界址点、地物点及相应间距的精度,在数字化地籍测量的今天,这也就是地籍图的精度。

《地籍调查规程》(TD/T 1001—2012)第2.2条和第5.3条同时规定了解析法测量界址点的精度和图解法获得界址点的精度。解析法是指采用全站仪、GPS接收机、钢尺等测量工具,通过全野外数字测量技术获取界址点坐标和界址点间距的方法。

图解法是指采用标示界址、绘制宗地草图、说明界址点位和说明权属界线走向等方式描述实地界址点的位置,由数字摄影测量加密或在正射影像图、土地利用现状图、扫描数字化的地籍图和地形图上获取界址点坐标和界址点间距的方法。图解界址点坐标不能用于放样确定实地界址点的精确位置。

对于地物点的平面精度要求,则依测图比例尺大小而有所不同。《地籍调查规程》(TD/T 1001—2012)第3.1条和第5.3条也提出了相应的要求。

我国《城市测量规范》(CJJ/T 8—2011)第6.1条规定的关于数字线划图的测图标准与上述类似,同时还规定了图上高程注记点的精度(相对于邻近图根点的高程中误差)。城镇居民及平坦地区不大于15cm,其他地区等高线插求点的高程中误差,根据地形类别中的平地(地面坡度 $\alpha<2°$)、丘陵($\alpha=2°\sim6°$)、山地($\alpha=6°\sim25°$)、高山地($\alpha\geq25°$),分别为 $H/3$、$H/2$、$2H/3$、H,这里 H 为图的基本等高距。

我国《工程测量规范》(GB 50026—2007)要求的地形图的精度也与上述相近。地物点相对于邻近图根点的点位中误差,在城镇建筑及工矿区为0.6mm,一般地区为0.8mm,水域地区为1.5mm,地形点的高程精度相对于邻近图根点的高程中误差对于平坦地带(地面倾角 $\alpha<3°$)、丘陵地带($3°<\alpha<10°$)、山地($10°<\alpha<25°$)、高山地($\alpha\geq25°$),分别不超过地形图上基本等高距的 $1/3$、$1/2$、$2/3$、1。

(2)地物测绘的一般原则

地籍图上地物的综合取舍,除根据规定的测图比例和规范的要求外,还必须首先充分根据地籍要素及权属管理方面的需要来确定必须测绘的地物,与地籍要素和权属管理无关的地物可不在地籍图上表示。对一些有特殊要求的地物(如房屋、道路、水系、地块)的测绘,必须根据相关规范和规程在技术设计书中具体说明。

(3) 图边的测绘与拼接

对于模拟法测图，为保证相邻图幅的互相拼接，接图的图边一般均需测出图廓线外 5~10mm。地籍图接边差不超过点位中误差的 2 倍。如采用野外数字化测图技术或数字摄影测量技术，则无上述接边情况出现。但需注意不同作业小组之间的作业区衔接，以及地籍区、地籍子区之间的衔接。

(4) 地籍图的检查与验收

为保证成果质量，必须对地籍图测绘进行质量检查与验收。通常按规定执行两级检查、一级验收制度，即测量组自检、单位专职检查、专门机构验收。测量小组成员除平时对野外观测、内业计算和数字测图进行充分检核外，还需与兄弟小组进行交换相互检查。检查无误再逐级上交检查核对。图的检查工作包括自检和全面检查，检查的具体方法分为室内检查、野外巡视检查和野外仪器检查。在检查中发现的错误，应尽可能予以纠正。如错误较多，则按规定退回原测量小组予以补测或重测。测绘成果资料经全面检查认为符合要求的才可向工作委托方提出全面验收，并按质量评定等级。检查验收的主要依据是技术设计书和测最技术规范、规程。

3.7　地籍图测绘的方法

(1) 平板仪测图

平板仪测图是一种传统的测图方法，近年来已逐渐被数字化测图所取代。以前主要用于大比例尺的城镇地籍图和农村居民地地籍图的测制，其作业顺序为测图前的准备（图纸的准备、坐标格网的绘制图廓点、控制点的展绘）、测站点的设置碎部点（界址点、地物点）的测定、图边拼接、原图整饰、图面检查验收等（图 2-4）。

(2) 全野外数字化测图

野外采集数字化成图是目前普遍采用的一种地籍测量成图方法。是利用全站仪、GPS等大地测量仪器，在野外采集有关的地籍要素和地物要素，及时记录在数据终端（或直接传输给便携机），然后在室内通过数据接口将采集到的数据传输给计算机，使用专门的成图软件对数据进行处理，经过人机交互的屏幕编辑，最终形成地籍图数据文件，并根据需要打印输出（图 2-5）。

图 2-4　平板仪测图

图 2-5　全野外数字化测图

(3) 数字摄影测量测制地籍图

随着航空、航天遥感影像信息技术的迅速发展，采用数字摄影测量系统进行大面积的数字化测量，不仅能完成地籍线划图的测绘，还可以得到各种专题的地籍图。同时，利用卫星遥感影像进行土地资源调查和土地利用动态监测，为快速及时地变更地籍测量提供依据。由于地籍测量的精度要求较高，数字摄影测量主要以大比例尺航空像片为数据采集对象，利用该技术在航片上采集地籍数据，其控制点和目标点主要采用航测区域网法和光束法进行平差，即所谓的空三加密，进而通过专业数字摄影测量的数据处理软件，完成地籍测量内、外业的各项工作。近年来，无人机低空摄影技术发展迅速，这为小范围内的数字摄影测量提供了迅速扩展的空间。

数字摄影测量得到的地籍图信息丰富，实时性强，既具有线划地图的几何特征，又具有数字直观、易读的特点；内业成图时不受通视条件的限制，可以确保地籍图上的界址点数量充足完善。除要用 GPS 进行像控和地籍权属调查外，大部分工作均在室内完成，既减轻了劳动强度，又提高了工作效率（图 2-6、图 2-7）。

图 2-6　航空摄影测量外业

图 2-7　航空摄影测量内业

(4) 编绘法成图

当区域内已经测制有比较完善的大比例尺地形图时，在此基础上按地籍测量的要求将地形图编绘成地籍图，这在早些年数字化成图还未盛行的时代，也不失为一种快速、经济、有效的方法。其作业程序如下。

①选定工作底图　首先选用符合地籍测量精度要求的地形图、影像平面图作为编绘底图，编绘底图的比例尺应尽可能与编绘地籍图所需的比例尺相同或接近。

②复制二底图　由于地形图或影像平面图的原图一般不能直接提供使用，故必须利用原图复制成二底图。复制后的二底图应进行图廓方格网变化情况和图纸伸缩的检查，当其限差不超过原绘制方格网、图廓线的精度要求时，方可使用。

③外业调绘与补测　外业调绘工作可在该测区已有地形图（印刷图或晒蓝图）上进行，按地籍测量外业调绘的要求执行。外业调绘时，对测区地物的变化情况要加以标注，以便制订修测、补测的计划。补测时应充分利用测区内原有控制点，如控制点的密度不够时则应先增设测站点。必要时也可利用固定的明显地物点，采用交会定点的方法，施测少量所需补测的地物。补测后相邻界址点和地物点的间距中误差，不得大于图上±6mm。

④清绘与整饰　外业调绘与补测工作结束后，将调绘结果转绘到二底图上，并加注地籍要素，进行必要的整饰、着墨，制作成地籍图的工作底图，然后在工作底图上，采用薄膜透绘方法，将地籍图所必需的地籍和地形要素透绘出来，再经清绘整饰后，即可制作成正式的地籍图。

(5) 内业扫描数字化成图

内业扫描数字化成图是利用扫描数字化方法对已有地形图或地籍图采集数字化地籍要素数据，同时，结合部分野外调查和测量对上述数据进行补测或更新，经计算机编辑处理形成以数字形式表示的地籍图。而为了满足地籍权属管理的需要，对界址点仍采用全野外实测的方法。

3.8　宗地图测绘

(1) 宗地图的概念

宗地图以宗地为单位在地籍图的基础上编绘而成，是描述宗地位置、界址点、线和相邻宗地关系的实地记录，是土地证书和宗地档案的附图。宗地则是指被权属界线封闭的地块。

在地籍测绘工作的后期阶段，当对界址点坐标进行检核确认准确无误后，并且在其他地籍资料正确收集完毕的情况下，依照一定的比例尺编绘宗地图。在不动产管理的日常工作中，如果发生土地权属变化、新增建设项目用地等情况，也会实地测量宗地图，并及时对分幅地籍图进行补充更新。宗地图样图如图2-8所示。

(2) 宗地图的作用

宗地图的作用大致有：

①宗地图是土地证上的附图，具有法律效力。

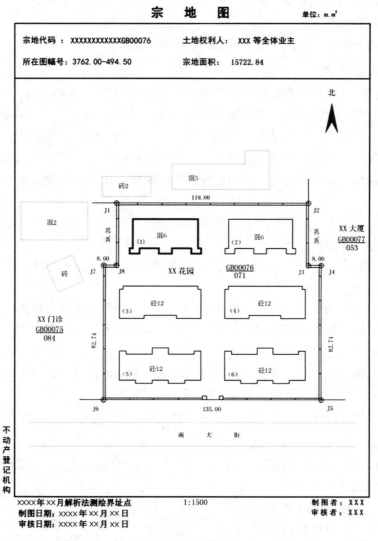

图 2-8 宗地图样图

②宗地图是处理土地权属问题的具有法律效力的图件。
③宗地图为日常地籍管理提供基础资料。
④宗地图为土地管理与土地税收提供基础资料。

（3）宗地图的内容

宗地图的内容通常有：
①宗地所在图幅号、宗地代码。
②宗地权利人名称、面积及地类号。
③本宗地界址点、界址点号、界址线、界址边长。
④宗地内的图斑界线、建筑物构筑物及宗地外紧靠界址点线的附着物。
⑤邻宗地的宗地号及相邻宗地间的界址分隔线。

⑥相邻宗地权利人、道路、街巷名称。

⑦指北方向和比例尺。

⑧宗地图的制图者、制图日期、审核者、审核日期等。

（4）宗地图的编绘

编绘宗地图时，应做到界址线走向清楚，坐标正确无误，面积准确，四至关系明确，各项注记正确齐全，比例适当。宗地图图幅规格根据宗地的大小选取，一般为32开、16开、8开等，界址点用1.0mm直径的圆圈表示，界址线粗0.3mm，用红色或黑色实线表示。宗地图一般是在相应的基础地籍图和调查草图的基础上编制而成，其主要方法在模拟测图时代有蒙绘法、缩放绘制法、复制法等；在现代数字化测图时期，主要利用计算机编辑成图输出。

①蒙绘法　以基本地籍图作底图，将薄膜蒙在所需宗地位置上，逐项准确地透绘所需要素，整饰后制作宗地图。

②缩放绘制法　宗地过大或过小时，可采取按比例缩小或放大的方法，先透绘后整饰，再制作宗地图。

③复制法　宗地的信息过多时，可采用复制法复制地籍图制作宗地图。大宗地可缩小复印，小宗地可放大复印，复印后加注界址边长、面积及图廓等地籍要素，并删除邻宗地的部分内容。

④计算机编辑成图　利用数字法测图时，宗地图生成是在数字法测图系统中自动生成的，生成的宗地图需加注界址边长数据、面积及图廓等要素。

（5）宗地草图的绘制

由于宗地图一般是在相应的基础地籍图和调查草图的基础上编制而成的，因此，在编绘宗地图之前，需先在野外现场绘制宗地草图。宗地草图的内容大致如下：

①本宗地号、坐落地址（门牌号）、权利人。

②宗地界址点、界址点号及界址线，宗地内的主要地物。

③宗地范围及其附近的控制点名、点号。

④相邻宗地号、坐落地址、权利人或相邻地物。

⑤界址边长、界址点与邻近地物的测量距离。

⑥确定宗地界址点位置、界址边方位所必需的建筑物或构筑物。

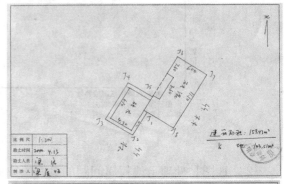

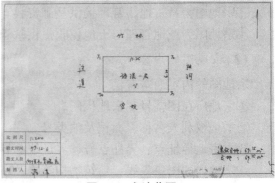

图2-9　宗地草图

⑦土地利用类别的名称与编码，地籍区、地籍子区、块地的名称与编号。
⑧观测手簿中未记录的有关参数、相关说明。
⑨丈量者、丈量日期、检查者、检查日期、概略比例尺、指北针等。
宗地草图的样式如图2-9所示。

3.9 农村居民地地籍图测绘

农村居民地是指建制镇(乡)以下的农村居民地住宅区及乡村。由于农村地区采用1∶5000、1∶1万较小比例尺测绘分幅地籍图，因而地籍图上无法表示出居民地的细部位置，不便于村民宅基地的土地使用权管理，故需要测绘大比例尺(1∶500、1∶1000、1∶2000)的农村居民地地籍图，用作农村地籍图的加强与补充，以满足地籍管理工作的需要。

农村居民地地籍图采用自由分幅，以岛图形式编绘。农村居民地地籍图的范围轮廓线应与农村地籍图(或土地利用现状图)上所标绘的居民地地块界线一致。居民地内权属单元的划分、权属调查、土地利用类别、房屋建筑情况的调查与城镇地籍测量相同。农村居民地地籍图的编号应与农村地籍图(或土地利用现状图)中该居民地的地块号一致。居民地集体土地使用权宗地编号按居民地的自然走向1，2，3，…顺序进行编号。居民地内的其他公共设施，如球场、道路、水塘等不作编号(图2-10)。

图2-10 农村居民地地籍图局部图

农村居民地地籍图表示的内容一般包括：
①自然村居民地范围轮廓线，居民地名称，居民地所在的乡(镇)、村名称，居民地所在农村地籍图的图号和地块号。
②集体土地使用权宗地的界线、编号，房屋建筑结构和层数。

③作为权属界线的围墙、垣栅、篱笆、铁丝网等线状地物。
④居民地内公共设施、道路、球场、晒场、水塘和地类界等。
⑤居民地的指北方向。
⑥地籍图的比例尺、测量日期、人员签名等。

3.10 土地利用现状图测绘

土地利用现状图是关于土地资源和土地使用的现状情况图。土地利用现状调查测绘的主要工作就是依据一定比例尺的影像图，按一定的土地分类规则，对土地的利用现状进行分类标注。土地利用现状图能够为各级政府部门提供土地统计数据，为制定土地利用总体规划、合理调整土地利用结构等工作提供科学依据。

土地利用现状图主要有两种基本类型：一种是分幅土地利用现状图，分幅编号按地形图、地籍图分幅编号；另一种是一定区域范围内的土地利用现状图，它在分幅土地利用规状图的基础上编绘而成。在征地拆迁过程中，一般要求对征地范围内的土地进行实地调查测量，获得土地分类统计图。作为征地拆迁青苗与地物补偿的依据。

土地利用现状图主要表现各种地类分布状况，对其他内容应进行适当综合取舍。图中主要包括各级行政界水系、各种地类界及符号、线状地物、居民地道路、必要的地貌要素、各要素的注记等，为使分幅图的图面清晰，平原地区适当注记高程点，丘陵山区只绘计曲线。此外，还应有图廓线图名、坐标格网线比例尺、指北针等内容（图 2-11）。

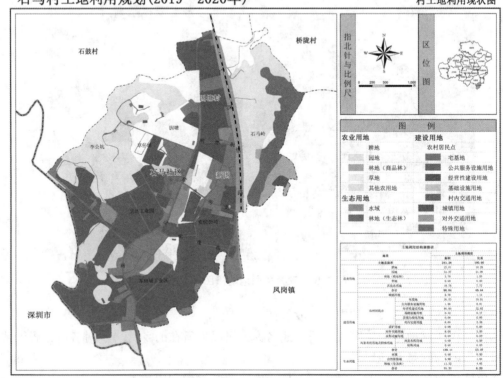

图 2-11 土地利用现状图

现在土地利用现状图的测量调查均采用数字化方法进行，可以根据现状分幅图进行进一步的编制加工，以获得各种形式多样、丰富多彩的专题成果图，如区域总图、分类图规划图等。不同的专题图可以根据各自的目的和要求进行着色，形成色彩丰富的各式工作用图与挂图。

国家及省、地县各级行政区均需编制土地利用现状图，一般自下而上层层上报成果资料并进行编制工作。基层土地管理部门主要负责县、乡两级土地利用现状调查的测绘管理工作。

调查工作的成图比例尺一般与调查底图一致，农区1∶1万、重点林区1∶2.5万、一般林区1∶5万、牧区1∶5万或1∶10万等。图的开幅可根据区域的面积大小、形状、图面布置等分为全开或对开两种。图上编制的内容主要有：

①图廓线及公里网线，内图廓线经纬线、公里格网 附图图廓线线粗0.15mm、外图廓线粗1.0mm，图内公里格网长1cm、粗0.1mm，其精度要求是：图廓线边长误差不超过±0.1mm；对角线边长误差不超过±0.3mm；公里格网线误差不超过±0.1mm。

②水系 湖泊、双线河、大中小型水库坑塘、单线河（先主后支）、渠道等及其附属物，按原图全部透绘。图式符号及尺寸按《地籍调查规程》（TD/T 1001—2012）要求清绘。

③居民地 农村居民点、城镇、独立工矿用地等均按底图形状进行描绘。其外围线用粗0.15mm实线表示。图形内根据需要可用粗0.1mm线条与南图廓线成45°角加绘晕线，线隔0.8mm。

④道路 按主次依次透绘铁路、公路、农村路，其符合及尺寸见《地籍调查规程》（TD/T 1001—2012）。

⑤行政界 省、地、县、乡村各级行政界线，自上而下依次描绘。线段长短、粗细间隔均按《地籍调查规程》（TD/T 1001—2012）要求。行政界相交时要做到实线相交，相邻行政界只绘出2~3节。飞地权属界按其地类界相应符号表示。

⑥地类界 以0.2mm实线表示。作业过程中，需注意不要因跑线及移位而使图形变形。

⑦进行各要素的注记。

⑧整饰 按图面设计要求，图名配置在图幅上方中间，字体底部距外图廓线1.0~1.5cm 签名配置在图的右下方。

3.11 土地权属界线图的编制

土地权属界线图是地籍管理的基础图件，也是土地利用现状调查的重要成果之一。

土地权属界线图与其他专题地图一样除了要保持同比例尺线划图的数学基础，几何精度外，还应在专题内容上突出土地的权属关系。它以土地利用现状调查成果图为依据，增加界址线、界址点及相应的地物图式符号和注记。

分幅土地权属界线图与土地利用现状调查工作底图比例尺相同。土地权属界址线、界址点可利用分幅土地利用现状调查底图加绘得到。其中界址点用半径1mm的圆圈整饰，各界址点用阿拉伯数字顺序编号。县、乡、村等各级行政单位所在地表示出建制区的范围线，并分别注记县、乡、村名。图上面积小于1cm²的独立矿用地及居民点以外的机关、团体、部队、学校等企事业单位用地，界址点上不画小圆圈，只绘权属界线，并在适当位置注记土地使用者的名称。依比例尺上图的现状地物，在对应的两侧同时有拐点且其间距小于2mm时，只绘拐点，不绘小圆圈。依比例尺上图的铁路、公路等现状地物，只绘界址线，不绘其图式符号，但应注记权属单位名称，不依比例的单线线状地物与权属界线重合时，用长10mm、粗0.2mm、间隔2mm的线段沿线状地物两侧绘制。当行政界限与权属界线重合时，只绘行政界线而不绘权属界线。行政界线下一级服从于上一级。飞地用0.2mm粗的实线表示，并详细注记权属单位名称，如县、乡、村名。根据需要可增绘对权属界址拐点定位有用的相关地物及说明权属界线走向的地貌特征。

土地证上所附的土地权属界线图，在分幅的1∶1万土地利用现状图上，将本村权属界址点以半径1mm小圆圈整饰并编号，用0.2mm红实线表示界址线。从拐点引绘出四至分界线，用箭头表示分界地段，并注明相邻土地所有权单位和使用单位名称。

任务4 地籍界址点的测量

界线又称为界址线。从界线所包含范围的属性实质来讲，界线可分为权属界线和区域界线。权属界线主要体现的是社会属性，它包围和确定了界线内不动产的权利归属，如宗地界、村界、省边界、国界线等；区域界线主要体现出自然属性，如土地分类中图斑的地类界线，江、河、湖、海的边界线等。当然，有的界线会同时包含有权属界线和区域界线双重功能，如土地利用规划的自然保护区、风景名胜区等。地籍测量中要测量的权属界线主要是宗地的边界线。行政区域边界线在我国有国界线和省（自治区、直辖市）、市（地区）、县（县级市、区）、乡（镇、街道）各级行政区划界线。国家规定村不属于行政机构，而是村民自治单位，因此，村界线不属于行政界线，而是与建设用地中的单位宗地界线级别相当的地块边界线，除宗地界线之外，界线还有房屋的界址线，房产调查中"丘"的界线，以及飞地、块地的界线，土地利用调查中图斑的界线，土地勘测定界中的地块边界线，地理国情普查中的图斑边界线，等等。

地籍界址点测量主要以图根控制点为依据，测量宗地界址点的坐标及主要建筑物的坐标位置。本任务主要介绍宗地、行政区域勘界、土地勘测定界中的界址点测量，简略介绍其他界线测量技术要求。房屋界线测量、房产调查"丘"的确定，将在本教材后续章节中介绍。

能力目标：

（1）能够正确描述界址测量技术要求；

（2）能够正确描述界址线标定；

（3）能够正确描述界址测量。

知识目标：

（1）掌握界址测量技术要求；

（2）掌握界址线标定的方法；

（3）掌握界线测量的方法。

4.1 界线测量的技术要求

不同种类的界址线，其测量的精度要求也不相同。如地籍宗地测量、行政区域勘界测量项目用地勘测定界、土地利用现状调查地类界线的确定、地理国情监测图斑调绘等，均有各自的技术标准。

(1) 宗地界址点的精度要求

实际上，界址点的精度是地籍图精度的重要组成部分，界址点按其特征状况(明显界址点、隐蔽界址点、所有权界址点)分类时，其点位中误差和同距中误差分别为±0.05m、±0.075m、±0.10m。

(2) 行政区域勘界测量

我国于1999年颁布了《省级行政区域界线测绘规范》(GB/T 17796—1999)，之后又于2009年颁布《行政区域界线测绘规范》(GB/T 17796—2009)，并替代了前者。

GB/T 17796—2009要求测制1∶5000、1∶1万、1∶5万、1∶10万的带状地形图，界桩点的精度要求为：平面位置中误差一般不应大于相应比例尺地形图图上±0.1mm，高程中误差不大于1/10基本等高距。资源开发价值较高的地区，可执行地籍测绘规范中界址点精度的规定。

对于界桩至方位物的距离，要求一般应在实地量测，界桩点相对于邻近固定地物点，间距误差限差不应大于±2.0mm。

对于未设界桩的边界点，可以在该地形图上量取其坐标与高程。点位量测精度应不大于图上±0.2mm，高程精度应小于1/3基本等高距。

《行政区域界线测绘规范》(GB/T 17796—2009)第7.2条对边界线标绘的精度也提出了要求：界桩点、界线转折点及界线经过的独立地物点相对于固定地物点平面位置的中误差一般不应大于图上±0.4mm。

(3) 项目用地勘测定界

原国家土地管理局于1999年批准发布《建设项目用地勘测定界技术规程(试行)》，之后国土资源部于2007年发布《土地勘测定界规程》(TD/T 1008—2007)，取代原《建设项目用地勘测定界技术规程(试行)》。

土地勘测定界(以下简称勘测定界)是根据土地征收征用、划拨出让农用地转用、土地利用规划，以及土地开发、整理、复垦等工作的需要，实地界定土地使用范围测定界址位置，调绘土地利用现状，计算用地面积，为国土资源行政主管部门用地审批和地籍管理等提供科学、准确的基础资料而进行的技术服务性工作。勘测定界工作，在各级国土资源行政主管部门组织下，由有资质的勘测单位承担。

该项工作主要针对建设项目用地、基本农田保护用地、农用地转建设用地进行勘测定界的各项工作。

必要时，勘测定界工作需要野外测量放样，设立界标。界标之间的直线最长距离为150m，明显转折点应设置界标。界标类型主要有混凝土界标、带帽钢钉界标及喷漆界标。

《土地勘测定界规程》(TD/T 1008—2007)第八条"界址点测量"规定：解析法测定的界址点坐标对于相邻控制点的点位中误差，以及相邻界址点间距中误差，均应控制在±5cm范围内。界址点坐标反算距离与实地丈量距离的较差应控制在±10cm范围内(限差)。解析法测定的界址点坐标与原拟用地界址点坐标之差的中误差应控制在±5cm，允许误差应控制在±10cm。

(4) 土地利用现状调查

我国1984年颁布过一次《土地利用现状调查技术规程》，其第十六条规定：①调绘宜采用影像平面图，也可采用航摄像片或新测制的地形图。②调绘的界线和地物位置准确，各种注记正确无误，清晰易读，线划符号规则。③测绘面积线不得有漏调和重叠，一般应选在航向重叠或旁向重叠的中部，平原地区航向重叠度达60%以上时，可隔片调绘。④调绘的明显地物界线在图上位移应不大于0.3mm，闲置地或不明显地物界线的位移应不大于1.0mm。第十九条"地类调绘"规定：地形图上最小图斑面积，耕地、园地为6.0mm^2；林地、草地为15.0mm^2；居民地为4.0mm^2。

(5) 地理国情监测

在我国，地理国情监测刚刚起步。国务院第一次全国地理国情普查领导小组办公室于2013年9月17日发布的《第一次全国地理国情普查实施方案》(简称《方案》)指出，地理国情普查的任务就是"采用航空航天遥感、全球导航卫星系统、地理信息系统等测绘地理信息先进技术，以优于1m的高分辨率航空航天遥感影像数据为主要数据源，充分利用测绘地理信息部门最新完成的覆盖全国陆地国土的1∶5万基础地理信息、已有的1∶1万基础地理信息以及大量1∶5000、1∶2000或更大比例尺基础地理信息等资源，以及其他重大工程获取的测绘成果等资源，整合利用其他部门已有的普查成果或与地理国情相关的专题信息，通过多源遥感影像快速获取与处理、现场调查、信息提取、地理统计分析等技术手段，查清反映地表特征、地理现象和人类活动的基本地理环境要素的范围、位置、基本属性和数量特征。通过深入的统计和综合分析，形成这些基本地理环境要素的空间分布及其相互关系的普查结果。"

《方案》规定，第一次全国地理国情普查内容包含12个一级类、58个二级类和133个三级类，普查中数据采集的方式分为三种：

第一种，按照地表覆盖分类方式采集。采集的内容包括10个一级类、46个二级类和77个三级类。10个一级类为：01耕地、02园地、03林地、04草地、05房屋建筑(区)、06道路、07构筑物、08人工堆掘地、09荒漠与裸露地表、10水域。

第二种，按照实体要素方式采集。采集的地理国情要素内容包括5个一级类、16个二级类和53个三级类。5个一级类为：06道路、07构筑物、08人工堆掘地、10水域、11地理单元。11地理单元有4个二级类：1110行政区划单元、1120社会经济区域单元、1130自然地理单元、1140城镇综合功能单元。

第三种，利用多尺度数字高程模型数据计算获取坡度、坡向数据，涉及《地理国情普查内容与指标》中定义的1个一级类和3个二级类。

《方案》第4.4条要求，本次普查成果精度优于1∶1万地形图成图精度。野外测量单点实测精度达到亚米级；地物点对附近野外控制点的平面位置中误差，平地、丘陵地不超过±5m，山地高山地不超过±7.5m。本次普查中利用遥感影像解译的地表覆盖类型，最小图斑基本要求为400m^2，城市地区执行细化指标。

《方案》要求1∶1万地形图覆盖区域和航摄生产区域按1∶1万地形图成图精度要求进行正射影像生产。其他非1∶1万地形图覆盖区域放宽为1∶2.5万地形图成图精度要求进行正射影像生产；特殊困难地区（沙漠、高原等外业调查难以达到或人烟稀少地区）正射影像精度可放宽至1∶5万成图精度要求，但需将放宽精度要求的区域报国务院普查办批准后执行。

①数据采集精度　即采集的地物界线和位置与影像上地物的边界和位置的对应程度。影像上分界明显的地表覆盖分类界线和地理国情要素的边界以及定位点的采集精度应控制在5个像素以内。特殊情况，如高层建筑物遮挡、阴影等，采集精度原则上应控制在10个像素以内。如果采用影像的分辨率差于1m，原则上对应的采集精度应控制在实地5m以内，特殊情况应控制在实地10m以内。由于摄影时存在侧视角，具有一定高度的地物在影像上产生的移位差需要处理，以符合采集精度要求。

②分类精度　对于地表覆盖分类数据，没有明显分界线的过渡地带内覆盖分类应至少保证上一级类型的准确性。应综合采用包括外业调查、交叉复核等多种措施，并加强过程质量控制，确保数据质量。具体分类精度要求及其评价方法见《地理国情普查检查验收与质量评定规定》（GDPJ 09—2013）中的要求。

③数据现势性　普查成果数据整体现势性原则上应达到普查时点的要求。行政区划更新采用国家统计局网站发布的"统计用区划代码和城乡划分代码"，并更新到普查时点时可用的最新版本。学校、医院等单位信息应采用主管部门公布的注册信息。

④属性精度　长度、宽度、高程、面积等均采用米制单位。获取的定量属性值保留的小数位及数量单位应符合《地理国情普查数据规定与采集要求》（GDPJ 03—2013）中各具体属性项的要求。各属性项赋值必须符合《地理国情普查数据规定与采集要求》（GDPJ 03—2013）中各具体属性项定义的取值范围，取值与地物实际属性相符。

⑤数据一致性　地理国情普查规定的内容、指标及要求应严格执行，不同任务区采集的同一内容分类，全国应保持一致，便于数据汇总和统计分析对比。各省（自治区、直辖市）在开展普查工作时，可结合地方实际需求，在全国统一的普查内容与指标的基础上，增加普查内容，提高普查的详细程度。其普查成果数据上交时，省（自治区、直辖市）普查中按照《地理国情普查内容与指标》（GDPJ 01—2013）中已预定义的类型和指标要求采集的数据，其编码不需做归并处理；如果依据《地理国情普查内容与指标》（GDPJ 01—2013）中确定的规则扩充新的类型，且新扩充类型的采集指标与其上一级类的采集指标相同或接近（指标变化量<30%），汇总上交数据时其编码和图形数据不需做归并处理，但是若新扩充类型的采集指标与其上一级类的采集指标相差较大（指标变化量≥30%），汇总上交数据时需要对图形数据按照《地理国情普查内容与指标》（GDPJ 01—2013）中规定的其上一级类的采集指标要求进行合并和归类处理后才可提交，以确保全国普查数据尺度上的一致性。

4.2 界址线标定

界址线测量前须对界址点进行界标设置。外业工作之前应尽可能多地收集测区的历史资料,包括各种大比例尺地形图、地籍图、影像图、权属图、权属文件等。根据这些资料,先在工作底图上进行图上标注(同时预编宗地号),然后到实地设置标注,实地标注时应有参加地籍调查的当地工作人员引导,了解权属主的用地范围,实地找准界址点位置。规范要求界址点的设置要能准确表达界址线的走向。在相邻宗地的交叉位置、线状地物界线的交叉点,以及多种界址线类别变化处,均应设置界址点。在设置标注界址线、界址点的同时,应及时绘制好宗地草图。

对于面积较小的宗地,可直按在底图上标注各相邻宗地的用地情况,并充分注意界址点的共用情况。对于面积较大的宗地,要仔细标注好四至关系和共用界址点情况,在画好的草图上标记权属主的姓名和草编宗地号。在暂时未能确定的界线附近,可选择若干固定的地物点或埋设参考标志点,测定这些点的坐标值,待权属界线确定后,再据此补测确认后的界址点坐标。

界址点界标需要实地标定。界标的类型有混凝土界标、石灰界标、带铝帽的钢钉界标、带塑料套的钢棍界标、喷漆界标等(图2-12~图2-16),具体使用何种界标须征求双方(或多方)权属主意见商定。对于损坏的界标,可根据已有界址点坐标和间距、权属协议书等资料,现场放样恢复。

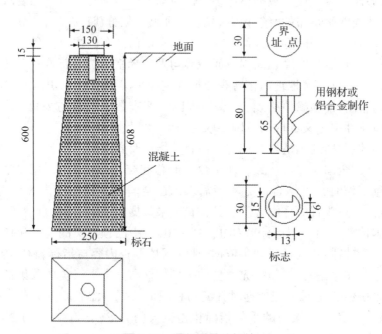

图 2-12 混凝土界址标桩

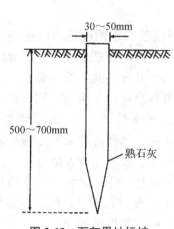

图 2-13 石灰界址标桩

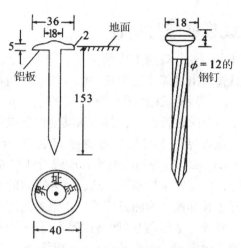

图 2-14 带铝帽的钢钉界址标桩

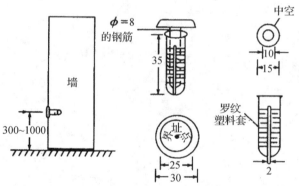

图 2-15 带塑料套的钢棍界址标桩

图 2-16 喷漆界址点标志

4.3 界线测量的方法

界线测量就是测量界址点的坐标位置,确定界址线的走向。测量界址点坐标的方法一般有解析法和图解法两种。但无论采用何种方法获得界址点坐标,一旦履行确权手续,就成为确定土地权属用地界址线的准确依据之一。

解析法是全野外数字化测量方法,包括全站仪极坐标测量、角度交会测量、钢尺量距交会测量、GNSS 定位测量等。图根控制点及以上等级控制点均可作为界址点坐标测量的起算点。在地籍测量中要求界址点精度为 ±0.05m 时必须用解析法测量。

图解法是地籍图上量取界址点坐标的方法。此法精度较低,适用于农村地区和城镇街坊内部隐蔽界址点测量,并且是在要求的界址点精度与所用的图纸精度一致的情况下采用。

4.4 成果整理与检查

界址点的外业观测工作结束后,应及时地计算整理出各宗地图幅地籍区的界址点坐标,反算整理出相邻界址边长,填入相应的调查记录表中。及时整理外业工作形成的各种图件(底图、草图、工作示意图)、表册、坐标与面积计算、电子数据和文字资料。

工作中及时进行检查,包括从其他控制点对界址点进行坐标测量检查,用钢尺进行量边检查,检查界址点与相邻地物点间距等,计算统计出各项误差,与《地籍调查规程》(TD/T 1001—2012)等相应测绘标准或设计书要求对照检查,判断各项误差是否超限。如出现问题,应按照坐标整理计算、野外观测的顺序进行检查,发现错误及时改正。一个宗地的所有边长都被认为测量准确且在限差范围以内时才可以计算宗地面积。一个地籍子区内的所有界址点坐标(包括图解的界址点坐标)检查合格后,便进行界址点的统一编号,计算全部的宗地面积,把界址点坐标和面积填入标准的表格中,整理成册。

项目三　房产测量

○ **项目描述**：

房产测量部分主要介绍了房产测量的相关内容，包括五个教学任务：房产概述、房产控制测量、房产图的测绘、房产面积的测算和房产测绘相关的术语解释。

○ **知识目标**：

1. 掌握房产测量的相关概念。
2. 掌握房产控制测量方法。
3. 掌握房产图测绘方法。
4. 掌握房产面积的测算方法。

○ **能力目标**：

1. 会房产控制测量。
2. 会房产图测绘。
3. 会房产面积测算。

任务1　房产测量概述

房产测量就是运用测量仪器、测量技术、测量手段来测定房屋、土地及其房产的自然状况、权属状况、位置、数量、质量以及利用状况的专业测量。

本任务介绍房产测量的定义、分类、目的和任务、内容和特点以及作用五方面的内容。

能力目标：

（1）能够正确描述房产测量的定义；
（2）能够正确区分房产测量的分类；
（3）能够正确描述房产测量的目的和任务；
（4）能够正确描述房产测量的内容和特点；
（5）能够正确描述房产测量的作用。

知识目标：

（1）掌握房产测量的定义；
（2）掌握房产测量的分类；
（3）掌握房产测量的目的和任务；

（4）掌握房产测量的内容和特点；

（5）掌握房产测量的作用。

1.1 房产测量的定义

房产测量是为了测定和调查房屋、土地的自然状况与权属状况的专业测量，简称房产测量。房产测量的主要对象是房屋的自然状况、权属状况、利用状况以及相关的地形要素。房产测量是一项政策性、技术性很强的专业测量工作，尤其是房产面积的测算，直接关系着千家万户的利益。房产测量从业人员，除了具备房屋面积测算的技能外，还必须熟悉和掌握规划、土地、房产交易、权属登记、房屋设计、物业管理、人防、消防等相关行业的法律、法规和规定。房产测量行业，通过测量手段，为房产管理提供技术支撑，维护产权人的合法权益。

房产测量是运用测量技术及手段，遵守国家和地方有关的法律法规，执行国家和地方的有关技术标准、规定，确定房屋、土地的位置、权属、界线、质量、数量和现状等，并以文字、数据及图件表示出来的工作。

房产测量的主要对象是房屋和土地，它以房产簿册、房产数据、房产图集等测绘成果来反映各个单位与个人分户占有房产及使用土地的情况。

目前，房产测量遵循的法律法规主要有《测绘法》《城市房地产管理法》《房产测绘管理办法》等。房产测绘执行的国家标准是国家质量技术监督局于2000年2月22日发布并于2000年8月1日实施的《房产测量规范》(GB/T 17986.1~2—2000)。各地在《房产测量规范》的基础上根据各地方地域情况制定各地方的地方性细则和规定，有的已升格为地方性标准，如广州市质量技术监督局发布的《房屋面积测算规范》、深圳市质量技术监督局发布的《房屋建筑面积测绘技术规范》及北京市质量技术监督局发布的《房屋面积测算技术规程》等，对房屋尺寸的采集及房屋面积的计算做了详细的规定，使经办人进行房产测绘时有依有据，容易操作。

1.2 房产测量的分类

房产测量可分为房产基础测量和房产项目测量两类。

①房产基础测量 是指在一个城市或一个地域内，大范围、整体地建立房产的平面控制网，测量房地产的基础图纸——房地产分幅平面图。

②房产项目测量 是指在房地产权属管理、经营管理、开发管理以及其他房产管理过程中需要测量房产分丘平面图、房产分层平面图及相关的图、表、册、簿、数据等开展的测量活动。

1.3 房产测量的目的和任务

（1）房产测量的目的

房产测量的目的就是采集和表述房屋及房屋用地的有关信息。

第一，为房产管理包括产权产籍管理、开发管理、交易管理和拆迁管理服务，以及为评估征税、收费、仲裁、鉴定等活动提供基础图、表、数字和相关的信息。

第二,为城市规划、城市建设(如户籍人口管理、基础设施、地下管网、通信线路、环境保护)提供测绘数据。

第三,为委托人从事房产交易、申请房地产产权登记、建设项目拆迁等活动提供房产基础数据和资料。

第四,为房产管理信息系统(GIS)、数字城市提供基础数据和信息。

(2)房产测量的任务

房产测量的任务就是对房屋本身以及与房屋相关的建筑物和构筑物进行测量调查与绘图工作,对土地以及土地上自然和人造物体进行测量调查与绘图工作对房产的权属、位置、结构数量利用状况等进行测定、调查和绘制成图的工作,从而为房产管理,尤其是为房屋的产权、产籍管理提供准确可靠的成果资料。同时,也为房产开发、征收税费、城镇规划以及市政工程的建设和管理提供必不可少的基础资料。

房屋、土地属于不动产定着物,中华人民共和国国土资源部令第63号《不动产登记暂行条例实施细则》(2015年6月29日已经国土资源第3次部务会议审议通过)对不动产的所有权规定了严格的登记制度,要求在《不动产登记簿》中登记不动产的坐落、界址、空间界限、面积、用途等自然状况,而这项工作就是房产测量工作,因此,在不动产登记的新形势下,房产测量将起到不可替代的作用。

国土、规划、住建部门对于土地利用与房屋建设有着严格的监管制度,该管理行为都需要以房产测量成果作为强有力的基础数据。

房屋产权的变更,包括转让、继承、赠与等行为均涉及税费的征收,征收多少的依据仍然是有效房产测量的成果。

1.4 房产测量的内容和特点

1.4.1 房产测量的内容

按《房产测量规范 第1单元:房产测量规定》(GB/T 17986.1—2000),房产测量的基本内容包括房产平面控制测量、房产调查、房产要素测量、房产图绘制房产面积测算、变更测量、成果资料的检查与验收等。

(1)房产平面控制测量

与其他测量工作一样,房产测量也是通过先控制后碎步的方法来控制误差积累的。

房产平面控制测量的目的是在测区内用精密的测量仪器和方法测定少量的、分布均匀并且精度较高的点位,获得其平面坐标与高程,分为平面控制测量、高程控制测量两部分。在房产测绘中主要是平面控制测量,需要进行高程测量时,由技术设计书另行规定。

房产平面控制点的布设应遵循从整体到局部、从高级到低级分级布网的原则,也可越级布网。房产平面控制点包括二等、三等、四等平面控制点和一级、二级、三级平面控制点。

(2) 房产调查

房产调查分为房屋用地调查和房屋调查,包括对每个权属单元的位置、权界权属、数量和利用状况等基本情况,以及地理名称和行政境界的调位。

房屋用地调查以丘为单元分户进行,调查的内容包括用地坐落产权性质、等级税费用地人用地单位所有制性质,使用权来源四至界标、用地用道分类用地面积和用地纠纷等内容,以及绘制用地范围路图,调查结束后形成房屋用地调查表。房屋调查以幢为单元分户进行,调查内容包括房屋坐落产权人、产别、层数、所在层次、建筑结构、建成年份、用途、墙体归属、权源产权纠纷和他项权利等基本情况,以及绘制房屋权界线示意图。调查结束后形成《房屋调查表》,详见国标《房产测量规范 第 1 单元:房产测量规定》(GB/T 17986.1—2000)。

(3) 房产要素测量

房产要素测量的主要内容包括界址测量、境界测量、房屋及其附属设施测量、陆地交通、水域测量、其他相关地物测量等。

其他相关地物是指天桥、站台、阶梯路、游泳池、消火栓、检阅台、碑以及地下构筑物等。

(4) 房产图绘制

房产图是房产产权、产籍管理的重要资料。

按房产管理的需要不同,可分为房产分幅平面图、房产分丘(分宗)平面图和房产分层分户平面图。

(5) 房产面积测算

房产面积测算指水平面积测算,分为房屋面积测算和用地面积测算两类,其中,房屋面积测算包括房屋建筑面积、共有建筑面积、产权面积、使用面积等测算。

①房屋建筑面积系指房屋外墙(柱)勒脚以上各层的外围水平投影面积,包括阳台、挑廊、地下室、室外楼梯等,且具备上盖,结构牢固,层高 2.20m 以上(含 2.20m)的永久性建筑,并具有一定的使用功能。

②房屋共有建筑面积系指各产权主共同占有或共同使用的建筑面积。

③房屋产权面积系指产权主依法拥有房屋所有权的房屋建筑面积。房屋产权面积由直辖市、市、县房地产行政主管部门登记确权认定。

④房屋的使用面积系指房屋户内全部可供使用的空间面积,按房屋内墙面的水平投影计算。

(6) 变更测量

变更测量分为现状变更测量和权属变更测量两种。

现状变更测量有以下内容:

①房屋的新建、拆迁、改建、扩建建筑结构及层数的变化。

②房屋的损坏与灭失,包括全部拆除或部分拆除、倒塌和烧毁。

③围墙、栅栏、篱笆、铁丝网等维护物以及房屋附属设施的变化。

④道路、广场、河流的拓宽、改造，河、湖、沟渠、水塘等边界的变化。
⑤地名、门牌号的更改。
⑥房屋及其用地分类面积增减的变化。

权属变更测量有以下内容：
①由房屋买卖、交换、继承分割赠与、兼并等引起的权属的转移。
②土地使用权的调整，包括合并、分割、塌没和截弯取直。
③由征拨、出让、转让土地而引起的土地权属界线的变化。
④他项权利范围的变化和注销。

变更测量应根据房产变更资料，先进行房产要素调查，包括现状权属和界址调查，再进行分户权界和面积的测定，调整有关的房产编码，最后进行房产资料的修正。

(7) 成果资料的检查与验收

房产测量成果实行二级检查一级验收制。

一级检查为过程检查，在全面自检、互查的基础上，由作业组的专职或兼职检查人员承担。二级检查由施测单位的质量检查机构和专职检查人员在一级检查的基础上进行。

根据房产测量工作性质及采集数据情况，将房产测量中测绘工作分为基础测量和项目测量。

基础测量的目的是为了不动产定着物土地房屋有具体的地理位置，全面反映房屋及其用地位置和权属状况的基本图房地产平面分幅图。

项目测量的目的是为了利用测绘手段获取不动产定着物土地房屋具体使用权范围界线、面积和房屋建筑物的分布、坐落位置、形状、占有、结构、层数、建成年份、用途及土地的使用等基本情况，取得各项基础数据。根据需要或申请人的要求测绘出房产分丘平面图，房产分层分户平面图，以及相关的图、表、册、簿、数据等。

项目测量与房产权属管理交易、开发、拆迁等房地产活动密切相关，工作量大。目前，最大量、最日常性的工作是房屋、土地权属证件附图的测绘，是颁发不动产权证的必要图件。

(8) 房产测量的委托与承揽

按照《房产测绘管理办法》的规定，有下列情形之一的，房屋权利申请人、房屋权利人或者其他利害关系人应当委托房产测绘单位进行房产测量：
①申请产权初始登记的房屋。
②自然状况发生变化的房屋。
③房屋权利人或者其他利害关系人要求测绘的房屋。

房产管理中需要的房产测量，由房地产行政主管部门委托有房产测量资质的测绘单位进行。如政府为了公共利益需要进行征地拆迁时，就要委托测绘单位进行房产测量，其成果作为征地拆迁区域内为拆迁户补偿的有效根据。

国家实行房产测量单位资格审查认证制度，从事房产测量的单位必须具备《测绘资质管理规定》中规定的条件，具有相应的不动产测绘中房产测量资质资格，其所从事房产测量所得的成果才具有法律效力。

1.4.2 房产测量的特点

①测图比例尺大　房产分幅图的比例尺一般为 1∶500 或 1∶1000；分丘和分层分户平面图的比例尺更大，1∶50 也有，表示的内容更细致。

②测量内容上与地形测量的差别　房产测量的主要对象是房屋和房屋用地的位置、权属、质量、数量、用途等状况，以及与房地产权属有关的地形要素。房产测量对房屋及其用地必须测定位置（定位），调查其所有权或使用权的性质（定性），测定其范围和界线（定界），还要测算其面积（定量），调查测定评估其质量（定质）和价值（定价）。

③测量成果效力的差别　房产测量的成果被房地产主管机关确认便具有法律效力。它是产权确认、处理产权纠纷的依据，而一般测量的成果不具备法律作用。

④测量成果的差别　房产测量的成果产品不仅有房地产图，还有房地产权属、产籍调查表、产籍调查表、界址点成果表、面积测算表。图也有几种：分幅图、分丘图、分层分户图。房产图一般情况下只是单色图，一般不大量印刷。

⑤精度要求不同　房产测量的精度要求较高。

⑥修测、补测、变更测量及时　房产测量成果要及时进行修测、补测和变更测量。

⑦房产测量人员应既懂测量，更懂房产　从事房产测量的人员不仅要熟练掌握测量技术、测量业务，运用各种测量方法得心应手，而且更重要的是掌握房产的业务知识。一个称职的房产测量工作者，应是房产这门学科的好手，是房地产权属管理的帮手，是房屋交易买卖中的见证者。

1.5　房产测量的作用

房产测量是随着我国房地产业的发展而兴盛起来的，因为它主要是为房地产的各种管理服务的。

①法律方面的作用　房产测量为房地产的产权、产籍、产业管理，房地产的开发、交易等管理提供房屋和房屋用地的权属界线、权属界址点、房地产面积、各种产别以及有关权属、权源、产权纠纷等数据、图卡、表、册资料。

②财政税收经济功能　房产测量的成果包括房地产的各种数据、资料、质量及使用和被利用的，是进行房地产价格评估、房产契税的征收、房地产租赁活动、交易活动的主要依据，也是进行房地产抵押贷款、房产保险服务不可缺少的依据。

③社会服务、决策参谋功能　房产测量调查后的成果，经过统计整理之后，可以派生出很多不可多得的资料。这些资料会给城市的整体建设布局、住房制度的改革、老城区的改造、危旧房屋的改造提供决策依据，也为城镇规划、市政工程、公共事业、环保、绿化、社会治安、文教卫生、水利、旅游、地下管网、通信、电气等提供基础资料和有关信息。

④测量技术方面的作用　它是建立现代化城市地理信息系统的重要基础信息，同时也是城市大比例尺图更新的主要基础资料。

任务2 房产控制测量

对于每个城镇,在所辖房地产产权产籍管理区域内,必须建立具有一定精度的平面控制网,以作为房产平面图测量和日常变更测量的基础,建立并测量房产平面控制图的工作称为房产平面控制测量。

本任务介绍房产平面控制测量概述、目的和作用、一般规定、外业工作的一般过程和内业计算五方面的内容。

能力目标:

(1)能够正确描述房产控制测量概念;

(2)能够正确描述房产控制测量的目的和作用;

(3)能够正确描述房产控制测量的流程。

知识目标:

(1)掌握房产控制测量的定义;

(2)掌握房产控制测量的目的和作用;

(3)掌握房产控制测量的过程。

2.1 房产平面控制测量概述

房产平面控制测量主要为测绘大比例尺的房产平面图、地籍平面图提供起始数据,为房地产变更测量、面积测算、按地划界和各种建设工程放线验线等日常工作提供测绘基础。

房产平面控制测量可考虑利用或改造原有的城市测量控制网成果,这样不但省时省工,而且避免了重复投资和一市多网(或多个坐标系统)或重复布网的现象,便于测量资料的综合利用和城市管理。

房产平面控制测量也有其现实性,由于城市建设的扩展和旧城改造,原有的控制成果部分遭到破坏,为了保证房产平面图的现实性,必须及时布设新的控制点,以确保房地产平面图的变更测量和其他日常测量工作的正常进行。

房产平面控制测量有其阶段性和经济区域性。首先,房产平面控制测量要考虑城市的远景规划,在精度上要留有余地,以便于控制网的扩展。其次,对于经济发达区域和一般区域在布设控制网点时,其精度应有所区别,发达区域测图比例尺大,所需的控制测量精度要高;一般地区测图比例尺要小,则控制测量的精度可低一些。这样区别对待,既可避免不必要的浪费或损失,又能满足房地产测绘工作的需要。

房产平面控制测量的方法,随着测绘仪器设备现代化及测绘技术的发展,已由三角测量、量距导线测量逐步过渡到三边测量、测距导线测量和GPS相对定位测量,计算工具也由过去的对数表、计算尺、手摇计算机逐步过渡到计算器和微型计算机,因而大大地节省了建网费用,降低了劳动强度,提高了测量精度和生产效率。

2.2　房产平面控制测量的目的和作用

房产平面控制测量的主要作用为：

①为房产要素的测量提供起算数据　在进行房产要素测量时，为了防止测定房产要素的几何位置时积累测量误差，必须建立相应等级和密度的控制点网，通过控制点提供和传递起算数据。房产测量尤其对界址点、房角点的要求较高(±0.02m)，因而对控制点的精度要求也很高。

②为房产图的测绘提供测图控制和起算数据　无论采用哪种测图方法，都需要有一定密度和精度保证的房产平面控制数据。

③为房产测量的变更与修测提供起算数据　由于城市建设发展的现状不断变化，房地产产权的变更、转移经常发生。为了保持房产测量成果的现实性，要及时地进行变更与修测。这些都需要建立标准统一、长期稳定的测量控制点。

2.3　房产平面控制测量的一般规定

(1) 房产平面控制测量的内容

房产平面控制测量包括基本控制测量和图根控制测量。

基本控制测量包括二、三、四等房地产平面控制测量和一、二、三级平面控制测量。国家布设一、二等控制网，而三、四等则由用户单位按国家统一标准在一、二等的基础上进行加密，其成果也应纳入国家控制网范围。四等以下，如五等一、二级平面控制测量，均为用户根据工程和生产需要自选布测。

根据测量方法的不同，各等级有三角测量网点、三边测量网点、导线测量网点和测角测边网点及 GPS 相对定位测量网点。

(2) 房产平面基本控制测量主要技术指标

平面控制测量可选用三角测量、三边测量、导线测量、GPS 相对定位测量等方法，技术指标参见 GB/T 17986—2000。

(3) 房产平面控制网的布设原则

房产平面控制网的布设应遵循从整体到局部，从高级到低级，分级布设的原则进行，以达到经济上和技术上的合理性。

房产平面控制网的布设范围应考虑城镇发展的远景规划，首网布设一个主控制网作为骨干，然后视建设和管理要求，分区分期逐步有计划地进行加密；其精度方面要留有适当的余地，特别是要使控制网外围边长的精度留有余地，以使得主控制网有扩大控制范围的可能性，避免将来因控制范围不够而重新布设控制网。

目前，我国城镇地区的房产图、地籍图和地形图采用 1∶500 或 1∶1000 两种比例尺，通常情况下，城市繁华地段、中心区城和老城区采用 1∶500 比例尺成图，其他地区一般采用 1∶1000 比例尺成图。GB/T 17986—2000 规定，建筑物密集区的分幅图一般采用 1∶500 比例尺，其他区域的分幅图可采用 1∶1000 比例尺。由此可见，房产平面控制网的布设，必须有足够的精度和密度，以满足1∶500比例尺房地产分幅图测绘的需要。

由于全国范围内已有一、二等平面控制网，大部分城市也已由城建勘察部门建立了二、三、四等平面控制网，对此，应考虑充分利用，避免重复布网、标石紊乱、资料混杂和资金浪费。如果已有的平面控制网符合GB/T 17986—2000的规格和精度要求，那么可在已有成果的基础上布设低等级的平面控制点。城建勘察部门已有的一、二级导线点精度一般可达到GB/T 17986—2000的要求，也可使用新布设的控制网点应与城建勘察部门已有的控制网点相区别，采用不同式样的保护盖和不同的字样。新旧控制网点不要混杂在一起，之间保持一段距离，避免误用。

若已有的等级控制网点不符合GB/T 17986—2000的技术、精度要求，则可选择一个高级点作为整个测区的起算点，选择该点至另一高级点间的方向作为该测区的起算方向，建立房地产平面控制网。布设新网时，适当联测一些原有的网点，旧边作为检核。原控制网点规格、埋设合乎规范要求时，应充分考虑利用。

房地产平面控制分为二、三、四等和五等一、二级平面控制等，房地产平面控制网可越级布设，除二、三级以外，均可作为房地产测绘的首级控制。

为了测量成果统一和节省测量费用，应充分利用测区原有的测绘资料。在使用前，首先进行必要的实地踏勘和检查。然后，对其精度进行综合分析评定，以确定其利用程度，或利用其平差成果，或利用其观测成果，或利用觇标、标石等。

分析和鉴定原有测绘资料质量时，要仔细审阅各项主要精度数据，逐一复核，包括：

原有起算数据的来源、等级、质量情况；投影带和投影面的选择，其综合误差的影响是否满足房地产测绘的需要；起算边（或扩大边）精度、基线尺检定间隔时间、基线长度中误差。

依控制网几何条件检查原观测质量，如三角形闭合差的分布是否符合偶然误差的特性，测角中误差等，平差后测角的改正数通常应接近于测角中误差，接近或超过两倍的应为少数，如有更大的改正数，应分析是由于起算数据误差还是由于观测误差所致；仪器检验项目和精度、观测成果取舍是否合理；成果中是否存在比较严重的系统误差和其他有关的误差，对最后成果质量有何影响。

对符合GB/T 17986—2000要求的已有控制点成果，在使用中应注意原点位是否有变动。点位和成果是否对应，特别要警惕标石毁坏后再重新埋设标石的现象，此种情况往往将其作为另一控制网点测设的。

房地产平面控制网还要尽量利用原有点位，以测区内布网的最高精度联测附近高等级的国家平面控制网点。联测点和重合点之和不得少于两个，以便于把地方坐标换算成国家统一坐标。

2.4 房产平面控制测量外业工作的一般过程

①了解控制测量的目的和收集资料　主要了解测区的地理位置、形状大小，今后发展远景，测量成果使用的标度要求，完成任务的期限以及生产上对控制点位置、密度的要求等。房地产测绘人员应到有关测绘业务及管理部门收集有关资料。如设计时需用的地形图（比例尺为1∶1000～1∶1.5万）、测区已有的控制成果，并到测区踏勘了解旧标石标架的

保存情况，为确定布网方案、设计和施测做好相关准备工作。

②确定布网方案　根据控制成果今后的使用要求和已收集到的测量资料及拥有的仪器设备技术力量等条件，确定布设控制网的方案例如。是在国家平面控制网的基础上加密还是布设独立网，测量方法是三角测量还是三边测量，导线测量或 GPS 相对定位测量，是一次全面布设还是分区分期布设；是采用 3°带还是 1.5°带投影等。

图上设计宜在 1∶1 万或 1∶2.5 万的地形图上进行。首先展绘已知点、网；按照已定的布网方案从图上判断点与点之间是否彼此通视，由各点组成的图形能满足规范所规定的精度和其他要求，布设位置也应能满足使用要求。图上选点后，须到实地确定其是否切实可行。为了保证控制网精度和避免返工浪费，还应该估算控制网中推算元素的精度。

③编写技术设计说明书　编写技术设计的目的在于拟定房产平面控制测量的实施计划，从整体规划上、技术上、组织上做出说明，其要点包括设计的目的和任务，测区的地理位置、地形地貌的基本特征，测区原有成果的作业情况、质量情况及利用的可能性等。

④踏勘、选点、造标、埋石　控制点位置确定以后，须着手进行造标埋石工作。埋设的标石作为点的标志，建造的觇标作为观测时照准的目标，一切观测成果和点的坐标都测算到标石中心上。

⑤外业观测　控制点确定后，便可以进行外业观测。外业观测内容包括角度测量、距离测量。

2.5　房产平面控制测量的内业计算

内业计算主要是根据已知点的坐标推算各待求点的坐标值。

(1) 房产平面控制网的布设形式

目前在全站仪和 GPS 定位仪使用较广泛的条件下，房产测量的平面控制网大部分布设成导线的形式。由于导线在布设上具有较强的机动性和灵活性，因此，导线测量是建房地产平面控制网常用的方法之一。

(2) 导线

相邻控制点用直线连接，总体所构成的折线形式，称为导线。

(3) 导线点

构成导线的控制点统称为导线点。

(4) 导线测量

对建立的导线而言，依次测定各导线边的边长和各转折角，根据起算高级控制点的平面坐标和高程，推算各边的坐标方位角，从而求出各导线点的坐标。

任务 3　房产图的测绘

本任务介绍房产图的概念及分类，房产图的比例尺，房产图的范围，房产图的内容，房产图的分幅和编号等内容。

能力目标：
(1)能够正确区分房产图的分类；
(2)能够正确描述房产图的比例尺、测绘范围和内容；
(3)能够正确描述房产图的测绘方法。

知识目标：
(1)掌握房产图的定义与分类；
(2)掌握房产图的比例尺、测绘范围和内容；
(3)掌握房产图的测绘方法。

3.1 房产图的分类

房产图是房屋产权、产籍、产业管理的重要资料。按房产管理需要不同，房产图可分为房产分幅平面图、房产分丘平面图和房产分户平面图。此外，为了野外施测的需要，通常还绘制房产测量草图。

3.2 房产图的作用

房产分幅图、分丘图、分户图以及房产测量草图，因图上所反映的内容不同，各有侧重，因此，房产分幅图、分丘图、分户图和房产测量草图所起的作用也各不相同。

(1)房产分幅图的作用

房产分幅图是全面反映房屋及其用地的位置和权属等状况的基本图。房产分幅图是测绘分丘图和分户图的基础资料，同时也是房产登记和建立产籍资料的索引和参考资料。房产分幅图以幅绘制。

(2)房产分丘图的作用

房产分丘图是房产分幅图的局部图，反映了本丘内所有房屋及其用地情况、权界位置、界址点、房角点、房屋建筑面积、用地面积、四至关系、权利状态等各项房地产要素，也是绘制房产权证附图的基本图。房产分丘图以丘为单位绘制。

(3)房产分户图的作用

房产分户图是在分丘图基础上绘制的细部图，是以一户产权人为单位，表示房屋权属范围的细部图。是根据各户所有房屋的权属情况，分幢或分层对本户所有的房屋的坐落、结构、产别、层数、层次、墙体归属、权利状态、产权面积、共有分摊面积及其用地范围等各项房产要素，以明确异产毗连房屋的权利界线，供核发房屋所有权证的附图使用。房产分户图以产权登记户为单位绘制。

(4)房产测量草图的作用

房产测量草图包括房产分幅图测量草图和房产分户图测量草图。房产分幅图测量草图是地块、建筑物、位置关系和房地产调查的实地记录，是展绘地块界址、房屋、计算面积和填写房产登记表的原始数据。在进行房产图测量时，应根据项目的内容要求绘制房产分幅图测量草图。房产分户图测量草图是产权人房屋的几何形状、边长及四至关系的实地记录，是计算房屋权属单元套内建筑面积、阳台建筑面积、共用分摊系数、分摊面积及总建筑面积的原始资料凭证，并存入档案作永久保存。

3.3 房产图测绘的范围

（1）房产分幅图的测绘范围

房产分幅图的测绘范围包括城市、县城、建制镇的建成区和建成区以外的工矿、企事业单位及与其毗连的居民点的房屋测绘，应与开展城镇房屋所有权登记的范围相一致。

（2）房产分丘图的测绘范围

房产分丘图以丘为单位绘制。丘是指地表上一块有界空间的地块。一个地块只属于一个产权单元时称独立丘，一个地块属于几个产权单元时称组合丘。有固定界标的按固定界标划分，没有固定界标的按自然界线划分。房产分丘图以房产分区为单元划分进行实地测绘或利用房产分幅图和房产调查表编绘而成。

（3）房产分户图的测绘范围

房产分户图的测绘范围是以各户的房屋权利、范围、大小等为一产权单元户，即以一幢房屋和几幢房屋及一幢房屋的某一层中的某一权属单元户为单位绘制而成的分户图。

（4）房产测量草图的测绘范围

房产测量草图的测绘范围一般包括房屋用地草图测量、全野外数据采集测量草图和房屋分户草图测绘。

3.4 房产图的坐标系统与测图比例尺

3.4.1 房产图的坐标系统

房产分幅图应采用国家坐标系统或沿用该地区已有的坐标系统，地方坐标系统应尽量与国家坐标系统联测。根据测区的地理位置和平均高程，以投影长度变形值不超过 2.5cm/km 为原则选择坐标系统。面积小于 25km² 的测区，可不经投影，采用平面直角坐标系统。房产图一般不表示高程。

3.4.2 房产图的测图比例尺

①房产分幅图的比例尺　城镇建成区一般采用 1∶500 比例尺测图；远离建成区的工矿区、企事业单位及其毗连的居民点也可采用 1∶1000 的比例尺测图。

②房产分丘图的比例尺　成图比例尺如按分幅图描绘，可依房产分幅图比例尺大小。如另外测绘，分丘图的比例尺应根据丘面积的大小和需要在 1∶1000~1∶100 之间选用。

③房产分户图的比例尺　成图比例尺一般为 1∶200，当房屋图形过大或过小时，比例尺可适当放大或缩小。

④房产测量草图的比例尺　应选择合适的概略比例尺，使其内容清晰、易读，在内容较集中的地方可移位出局部图形。

3.5 房产图的分幅与编号

3.5.1 房产分幅图的分幅与编号

房产分幅图的分幅方式：按 GB/T 17986—2000 规定为 50cm × 50cm 正方形分幅。

房产分幅图的编号以高斯克吕格坐标的整公里格网为编号，由编号区代码加各种比例尺的分幅图代码组成，编号区的代码以该公里格网西南角的横纵坐标千米值表示。编号形式、分幅图代码如下：

分幅图的编号＝编号区代码+分幅图代码

完整编码：×××××××××　××
　　　　　　　（9 位）　　　（2 位）

简略编码：××××　××
　　　　　　（4 位）　（2 位）

编号区代码由 9 位数组成，第 1 位、第 2 位数为高斯坐标投影带的带号，第 3 位数为横坐标的百千米数，第 4 位、第 5 位数为纵坐标的千千米数和百千米数，第 6 位、第 7 位和第 8 位、第 9 位数分别为横坐标和纵坐标的十千米数和整千米数。

1∶2000、1∶1000、1∶500 比例尺的房产分幅图、地籍图、地形图的编码用两位数的数字代码表示，类似于二级代码形式。现以带晕线的图幅为例，举例说明如下：

另外，房地产分幅图编号也可以按图廓西南角坐标千米数编号，x 在前，y 在后，中间加短线连接。对已有房产分幅图的地区可沿用原有的编号方法。

除正方形分幅与矩形分幅等正规分幅方式和编号方式外，还有按自然街道分幅方式、流水编号方式、行列编号方式或其他编号方式等。

①按自然街道分幅方式　即以街区为单位在平面图上独立表示，避免了建筑物被几幅图分割。

②流水编号方式　一般是从左到右，从上至下用阿拉伯数字编定。

③行列编号方式　一般由左到右为纵行，由上而下为横行，以一定代号"先列后行"编定。

④其他编号方式　有以图幅西南角 x、y 坐标分别除以图廓 x、y 方向的坐标差 Δx、Δy 作为图号，图号前冠以比例尺分母。

分幅图图纸一般采用厚度为 0.07～0.1mm、经过定型处理变形小于 0.20% 的聚酯薄膜。

3.5.2 房产分丘图的编号

房产分丘图是分幅图的局部图，其分幅应与房产分幅图相同。但分丘图的图廓位置应根据该丘所在位置确定，图廓西南角坐标值不一定是图上方格网的整倍数，图上需要注出西南角的坐标值，以千米数为单位注记小数后三位。房产分丘图丘的编号按市、市辖（县）、房产区、房产分区、丘五级编号。房产区是以市行政建制区的街道办事处或镇（乡）的行政辖区或房地产管理划分的区域为基础划定，根据实际情况和需要，可以街坊为基础将房产区再划分为若干个房产分区,房产区和房产分区均以两位自然数字从 01~99 依序编列;当未划分房产分区时,相应的房产分区编号用 01 表示,在此情况下,房产区也代表房产分区。编列丘号的市、市辖区(县)的代码一律采用 GB/T 2260—2007 规定的代码。

丘的编号以房产分区为编号区,采用 4 位自然数字从 0001~9999 依序编列,以后新增丘按原编号顺序连续编立。丘的编号从南至北,从西向东以反 S 形顺序编列。丘的编号格式如下:

市代码 + 市辖区(县)代码 + 房产区代码 + 房产分区代码 + 丘号
(2 位)　　(2 位)　　　　　(2 位)　　　　(2 位)　　　　　(4 位)

另外,在一丘内有多幢房屋和多种产权性质时应编立幢号和房产权号。其中,幢号以丘为单位,自进大门起,从左到右,从前到后,用数字 1,2,…,顺序按 S 形编号,幢号注在房屋轮廓线内的左下角,并加括号表示。房产权号,因产权性质不同,则分别用不同标识符号表示:在他人用地范围内所建房屋,应在幢号后加编标识符号 a;多户共有的房屋,应在幢号后面加编共有权号,用标识符号 b;房屋所有权上为典权人设的权利时,在幢号后面应加编典权号,用标识符号 c;房屋所有权上为抵押劝人所设定的权利时,在幢号后面应加编抵押权号,用标识符号 d。

3.5.3　房产分户图的编号

房产分户图是在分丘图基础上绘制的细部图,以一户产权人为单位表示房屋权属范围的详图。分户图上房屋的丘号、幢号应与分丘图上的编号一致。若一幢房屋属多元产权时,应编列户号(户权号)编号方式以产权登记测绘先后顺序编号:1,2,3,…。

3.5.4　房产测量草图的编号

房产测量草图应在图纸的右上方注记地号及房屋坐落,在分户测量草图上应注记楼房幢号及层次。

3.6　房产图的精度要求

3.6.1　房产分幅图精度要求

房产分幅图只要求图上精度,即分幅图上地物点的平面位置精度。在 GB/T 17986—2000 中,规定了模拟方法测绘的房产分幅平面图上的地物点,相对于邻近控制点的点位中误差不超过图上±0.5mm;利用已有的地籍图、地形图编绘房产分幅图时,地物点相对于邻近控制点的点位中误差不超过图上±0.6mm;对全野外采集数据或野外解析测量等方法所测房地产要素点和地物点时,相对于邻近控制点的点位中误差不超过图上±0.5mm;采用已有坐标或已有图件展绘房产分幅图时,展绘中误差不超过图上±0.1mm。

3.6.2　房产分丘图的精度要求

房产分丘图不但要求图上地物点的平面位置精度,还要求图上实测界址点、房角点的坐标精度。图上地物点的精度是相对于邻近控制点而言的，不超过分幅图图上±0.5mm。例如，若分幅图的比例尺为1∶500，分幅图主要地物点的精度要求也为±0.25m。

图上界址点、房角点的坐标精度，GB/T 17986—2000规定了房产界址点相对于邻近控制点的点位误差和间距误差：超过50m的相邻界址点的间距误差不超过表3-1的规定；间距未超过50m的界址点间的间距误差限差不应超过下式的计算结果：

$$\Delta d = \pm(m_j + 0.02m_j d)$$

式中，m_j表示相应等级界址点的点位中误差，m；d表示相邻界址点的距离，m；Δd表示界址点坐标计算边长与实量边长较差的限差，m。

表3-1 房产界址点的精度要求

界址点等级	界址点相对于邻近控制点的点位误差和相邻界址点间的间距误差	
	限差（m）	中误差（m）
一	±0.04	±0.02
二	±0.10	±0.05
三	±0.20	±0.10

房角点的坐标精度等级和限差与界址点相同。以上适用于房产测绘对界址点、房角点的精度要求，房产测绘与地籍测绘分开的部门，其地籍界址点的精度要求应执行《地籍测绘规范说明》（CH 5002—1994）。

3.6.3 房产分户图的精度要求

房产分户图只是图上的描绘精度不要求图上的点位精度，因为房产权利人只注重本户房屋与毗连的他户房屋之间的关系位置或尺寸，以及本户房屋产权面积的准确度（精度）。由于房屋产权面积都是按实量数据（边长）计算，房产面积的精度分为三级，其面积计算精度与边长精度有关。在GB/T 17986—2000中，规定了房屋产权面积的精度要求（表3-2）。

表3-2 房产面积的精度要求

房产面积的精度等级	限差（m²）	中误差（m²）
一	$0.02\sqrt{S} \pm 0.0006S$	$0.01\sqrt{S} \pm 0.0003S$
二	$0.04\sqrt{S} \pm 0.002S$	$0.02\sqrt{S} \pm 0.001S$
三	$0.08\sqrt{S} \pm 0.006S$	$0.04\sqrt{S} \pm 0.003S$

注：S为房产面积，m²。

3.7 房产图测绘内容与要求

3.7.1 房产分幅图测绘内容与要求

房产分幅图应表示的内容包括控制点、行政境界、丘界、房屋、房屋附属设施、房屋围护物等房地产要素及其编号和房地产有关的地籍地形要素和地理名称注记等。

①平面控制点包括基本控制点和图根控制点。

②行政境界一般只表示区、县和乡镇的境界,其他境界根据需要表示。二级境界线重合时,用高一级境界线表示;境界线与丘界线重合时,用境界线表示;境界线跨越图幅时,应在内外图廓间的界端注出行政区划名称。

③丘界线不分组合丘和独立丘。权界线明确有无争议的丘界和有争议或未明确丘界的,分别用丘界线和未定丘界线表示;丘界线与房屋轮廓线重合时,用丘界线表示;丘界线与单线地物重合时,单线地物符号线按丘界线表示。

④一般房屋不分种类和特征,均以实线绘出;架空房屋用虚线表示;临时性的过渡房屋及活动房屋不表示。墙体凹凸小于 0.2m 以及装饰性的柱、垛和加固墙等均不表示。

⑤房屋附属设施包括廊、阳台、门和门墩、门顶、室外楼梯、台阶等,均应测绘。其中,室外楼梯以水平投影为准,宽度小于图上 1mm 的不表示;门顶以顶盖投影为准。与房屋相连的台阶按水平投影表示,不足五阶的台阶不表示。

⑥房屋围护物包括围墙、栅栏、栏杆、篱笆和铁丝网等均应实测,其他围护物根据需要表示。临时性的、残缺不全的和单位内部的围护物不表示。

⑦房产要素及其编号包括丘号、房产区号、房产分区号、丘支号、幢号、房产权号、门牌号、房屋产别、结构、层数、房屋用途及用地分类等,根据调查资料以相应的数字、代码、文字和符号表示。注记过密容纳不下时,除丘号、丘支号、幢号和房屋权号必须注记外,门牌号可首尾两端注记、中间跳注,其他注记按上述顺序从后往前省略。

⑧与房产管理有关的地形要素包括铁路、道路、桥梁、水系和城墙等地物均应表示。铁路以两轨外缘为准;桥梁以外围投影为准;道路以路缘为准;城墙以基部为准;水系以坡顶为准。水塘游泳池等应加简注。亭、塔、烟囱以及水井、停车场、球场、花圃、草地等可根据需要表示。

⑨地理名称注记包括:自然名称,镇以上人民政府等行政机构名称,工矿、企事业单位名称。地理名称按房产调查中的规定注记。单位名称只注记区、县级以上和使用面积大于图上 $100cm^2$ 的单位。

3.7.2 房产分丘图测绘内容和要求

房产分丘平面图的内容除表示分幅图的内容外,还应表示房屋的权界线、界址点、界址点点号、窑洞的使用范围、挑廊、阳台、房屋建成年份、丘界长度、房屋边长、用地面积、建筑面积、墙体归属和四至关系等各项房地产要素。

测绘本丘的房屋和用地界限时,应适当绘出邻丘相邻地物。

共有墙体以中间为界,量至墙体的 1/2 处;借墙量至墙体内侧;只有墙量至墙体外侧;窑洞使用范围量至洞壁内侧。

房屋的权界线与丘界线重合时,用丘界线表示;房屋的权界线与轮廓线重合时,用房屋权界线表示。

挑廊、挑阳台、架空通廊以外围投影为准,用虚线表示。

3.7.3 房产分户图测绘的内容和要求

房产分户图的内容包括房屋的权界线、房屋边长、墙体归属、建筑面积、分摊共用面积、楼梯、走道、地名、门牌号、图幅号、丘号、幢号、层次、室号等。房屋边长应实量，取位注记至0.01m。不规则房屋边长丈量应加量辅助线，共有部位应在范围内加简注。

3.7.4 房产分幅图测量草图的内容和要求

①平面控制点和控制点点号；
②界址点和房角点相应的数据；
③墙体的归属；
④房屋产别、房屋建筑结构、层数；
⑤房屋用地用途类别；
⑥丘(地)号；
⑦道路、水域；
⑧有关地理名称、门牌号；
⑨观测手簿中所有未记录的测定参数；
⑩为检校而量测的线长和辅助线长；
⑪测量草图的必要说明；
⑫测绘比例尺、精度等级、指北方向线；
⑬测量日期、作业员签名；
⑭房产分幅图测量草图应在实地绘制，测量原始数据不得涂改擦拭。汉字一律向北、数字字头向北或向西。

任务4 房产面积测算

房屋及其用地的面积，是房地产产权产籍管理、核发权属证书的必要信息，也是房地产开发商进行经营决策、房地产权利人维护合法权益的必不可少的资料，同时也是征收房地产税费、城镇规划和建设的重要依据。房地产面积测算是一项技术性强、精确度要求高的工作，关系到国家、开发商、消费者和权利人的切身利益，是整个房地产测绘中非常重要的组成部分。

本任务介绍房产面积测算的意义、内容、一般规定，房屋建筑结构的分类，房产面积测算的方法，房屋建筑面积测算的基本知识，计算建筑面积的有关规定，成套房屋建筑面积的计算，房屋用地面积测算的精度分析九方面的内容。

能力目标：
(1)能够正确描述房产面积测算的意义；
(2)能够正确描述房产面积测算的内容、规定；
(3)能够正确描述房产面积测算的方法。

知识目标：
(1)掌握房产面积测算的定义；
(2)了解房产面积测算的意义、内容、规定；

(3)掌握房产面积测算的方法。

4.1 房产面积测算的意义

测算房屋及其用地的面积,是房产测量中一项重要的工作。它为房地产产权产籍管理、核发权属证书、房地产开发等提供必不可少的资料。

4.2 房产面积测算的内容

房产面积测算包括房屋面积测算和房屋用地面积测算。房屋面积测算包括房屋建筑面积测算、房屋产权面积测算、房屋使用面积测算和房屋共有建筑面积测算;用地面积测算包括房屋占地面积的测算、丘面积测算、各项地类面积测算及共有土地面积的测算和分摊。

(1)房屋建筑面积

房屋建筑面积是指房屋外墙(柱)勒脚以上各层的外围水平投影面积之和,还包括阳台、挑廊、地下室、室外楼梯等辅助设施等面积。房屋要求有上盖和围护物,结构牢固,且为层高 2.20m 以上(含 2.20m)的永久性建筑。

房屋建筑面积的计算有计算全部建筑面积、计算一半建筑面积、不计算建筑面积三种。

(2)房屋产权面积

房屋产权面积是指产权主依法拥有房屋所有权的房屋建筑面积。房屋产权面积由省(自治区、直辖市)、市、县房地产行政主管部门登记确权认定。

(3)房屋使用面积

房屋使用面积是指房屋户内全部可供使用的空间面积,按房屋的内墙面水平投影计算。

(4)房屋共有建筑面积

房屋共有建筑面积是指各产权主共同占有或共同使用的建筑面积。

(5)房屋用地面积

房屋用地面积是指房屋占有和使用的全部面积,以丘为单位进行测算,包括房屋占地面积、丘面积、各项地类面积以及共有土地面积等。

(6)房屋占地面积

房屋占地面积是指房屋底层外墙(或柱)外围的水平面积,一般与底层房屋建筑面积相同。

4.3 房产面积测算的一般规定

为了统一全国房地产面积测算标准,同时顾及全国各地对房地产面积测算的传统方法,1987 年国家测绘局颁布了《地籍测量规范》(CH3-202-87),1991 年颁布了《房产测量规范》(行业标准),2000 年国家颁布了《房产测量规范》(GB/T 17986—2000),对面积测算提出了基本要求,并做出了具体规定,从而保证了全国房地产面积测算标准的统一。房地产面积测算的一般规定有:

①房地产面积的测算,均指水平投影面积的测算。

②各类面积的测算必须独立测算两次,较差在允许范围内取中数为最后结果。

③边长以"米"(m)为单位,取到 0.01m;面积以"平方米"(m²)为单位,取到 0.01m²;共有共用的面积分摊系数最少保留 5 位小数。

④量距时所用的仪器和工具必须经过鉴定并符合相应的精度要求。

4.4 房屋建筑结构的分类

房屋建筑结构的分类是指按房屋的梁、柱、墙等承重结构的建筑材料来划定的结构分类,其分为六类。

①钢结构 承重的主要构件是采用钢材料建造的,包括悬索结构,以数字 1 表示。

②钢—钢筋混凝土结构 承重的主要构件是采用钢、钢筋混凝土建造的,以数字 2 表示。

③钢筋混凝土结构 承重的主要构件是采用钢筋混凝土建造的,以数字 3 表示。

④混合结构 承重的主要构件是采用钢筋混凝土和砖木建造的,以数字 4 表示。

⑤砖木结构 承重的主要构件是采用砖、木材建造的,以数字 5 表示。

⑥其他结构 指木屋或用木柱等简易材料作承重板墙或无墙的简易房屋,以数字 6 表示。

4.5 房产面积测算的方法

房产面积测算可采用直接量测法和图上量测法两种方法。计算房屋建筑面积,根据实测结果按幢计算。计算房屋用地面积可采用实测结果,也可采用图上量测法。

4.5.1 直接量测法

直接量测法是通过实地量测地物边长和角度等要素,将需要计算面积的图形分割成若干便于计算的简单图形,如正方形、长方形、三角形、四边形、菱形、梯形、圆、弓形、扇形、圆环、椭圆等,应用几何图形面积计算公式计算。面积计算分为规则图形面积计算和不规则图形面积计算。

(1)规则图形面积的计算

①正方形 设正方形的边长为 a,则其面积为 $F=a^2$。

②长方形 设长方形的宽为 b,长为 a,则其面积为:F/ab。

③三角形 设三角形的底为 a,高为 h,则其面积为:$F=1/2ah$。

④任意四边形 设其两对角线长为 m、n,对角线夹角为 β,则其面积为:$F=\frac{1}{2}mn\sin\beta$。

⑤平行四边形　平行四边形的边长为 a 和 b，高为 h，两边夹角为 β，则其面积为：$F = ah = ab\sin\beta$。

⑥菱形　设其对角线长为 m 和 n，边长为 a，夹角为 β，则其面积为：$F = \dfrac{1}{2}mn = a^2\sin\beta$。

⑦梯形　梯形的上底为 a，下底为 b，高为 h，中位线长为 m，则其面积为：$F = 1/2(a+b)h = mh$。

⑧圆形　设圆的半径为 r，直径为 d，则其面积为：$F = \pi r^2 = \dfrac{1}{4}\pi d^2$。

⑨扇形　设圆的半径为 r，扇形的圆心角为 β，其所对的弧长为 l，其中 $l = \dfrac{\beta\pi r}{180}$，则其形的面积为：$F = \dfrac{1}{2}lr = \dfrac{\beta\pi r^2}{360}$。

⑩弓形　设弓形的半径为 r，弧长为 l，弦长为 b，矢高为 h，圆心角读数为 β，则其面积为：$F = \dfrac{1}{2}r^2\left(\dfrac{\beta}{180}\pi - \sin\beta\right) = \dfrac{\pi\beta}{360}r^2 - \dfrac{1}{2}b\sqrt{r^2 - \left(\dfrac{b}{2}\right)^2} \approx \dfrac{2}{3}bh$。

⑪圆环　设外圆的半径为 R，内圆的半径为 r，外圆的直径为 D，内圆的直径为 d，则其面积为：$F = \pi(R^2 - r^2) = \dfrac{1}{4}\pi(D^2 - d^2)$。

⑫椭圆　设椭圆形的长半轴为 a，短半轴为 b，则其面积为：$F = \pi ab$。

（2）不规则图形面积的计算

不规则图形面积的计算可以采用分割法和坐标法。

①分割法　当图形比较简单并且范围不大时，可把图形划分为三角形或梯形，实地丈量出有关计算面积的尺寸，按照几何公式来计算面积。

②坐标法　坐标法是采用地物角点（界址点）的坐标值来计算面积的方法。一般适用于多边形的地物，界址点的坐标值通过实地测量取得。

多边形的面积等于所有的横坐标顺次乘以它前后点的总坐标差的积之总和的一半，或等于所有纵坐标乘以它前后横坐标差的积的总和的一半。即：

$$F = \dfrac{1}{2}\left[\sum_{i=1}^{n} y_i(x_{i-1} - x_{i+1})\right] \quad \text{或} \quad F = \dfrac{1}{2}\left[\sum_{i=1}^{n} x_i(y_{i-1} - y_{i+1})\right]$$

4.5.2　图上测量法

常见的图上量测法有：求积仪测定法、方格计算法、三斜法和坐标计算法等。

（1）求积仪测定法

①求积仪的构造　求积仪由极臂、描迹臂和计数器三部分构成。

②求积仪的使用　将求积仪沿图形移动一周，起始和结束读数分别为 n_1 和 n_2，则可以按下式计算面积：

极点在图形外：$F = c(n_2 - n_1)$

极点在图形内：$F=c(n_2-n_1)+cq=c(n_2-n_1)+Q$

式中，c 为求积仪的乘常数；q 为求积仪的加常数；Q 为求积仪的基圆面积，$Q=cq$。

（2）方格计算法

将绘好方格的透明纸，蒙在需要量测的图形上，通过数方格的方法，得出图形面积实有的小方格总数，再根据每个小方格所代表的实地面积，即可求得整个图形的实地面积。

（3）三斜法

将多边形分成若干三角形时，尽可能分成同底三角形，且三角形个数要少，然后在图上量出三角形的底与高，计算出面积。

（4）三线法

将图形分成若干三角形，在图上量出各三角形三边长度来计算三角形的面积。

（5）坐标计算法

在房地产原图或底图上直接量测出多边形界址点坐标，然后按公式计算出多边形的面积。

（6）光电求积仪测定法

光电求积仪是一种比较先进的量测面积的仪器，能自动显示读数，具有速度快、精度高的特点。

4.6 房屋建筑面积测算的基本知识

根据建筑面积的有关规定和规则能够计算建筑面积的房屋，原则上应满足以下普遍性条件：

①应具有上盖。

②应具有围护物。

③结构牢固、属永久性的建筑物。

④层高在 2.20m 或 2.20m 以上（层高指房屋的上下两层楼面或楼面至地面或楼面至屋顶面的垂直距离）。

⑤可作为人民生产或生活的场所。

4.7 计算建筑面积的有关规定

4.7.1 计算全部建筑面积的范围

①永久性结构的单层房屋，按一层计算建筑面积；多层房屋按各层建筑面积的总和计算。

②房屋内的夹层、插层、技术层及其梯间、电梯间等其高度在 2.20m 以上部位计算建筑面积。

③穿过房屋的通道，房屋内的门厅、大厅，均按一层计算面积。门厅、大厅内的回廊部分，层高在 2.20m 以上的，按其水平投影面积计算。

④楼梯间、电梯(观光梯)井、提物井、垃圾道、管道井等均按房屋自然层计算面积。

⑤房屋在天面上，属永久性建筑，层高在 2.20m 以上的楼梯间、水箱间、电梯机房及斜面结构屋顶高度在 2.20m 以上的部位，按其外围水平投影面积计算。

⑥挑楼、全封闭的阳台按其外围水平投影面积计算。

⑦属永久性结构且有上盖的室外楼梯，按各层水平投影面积计算。

⑧与房屋相连的有柱走廊，两房屋间有上盖和柱的走廊，均按其柱的外围水平投影面积计算。

⑨房屋间永久性的封闭的架空通廊，按外围水平投影面积计算。

⑩地下室、半地下室及其相应出入口，层高在 2.20m 以上的，按其外墙(不包括采光井、防潮层及保护墙)外围水平投影面积计算。

⑪有柱或有围护结构的门廊、门斗，按其柱或围护结构的外围水平投影面积计算。

⑫玻璃幕墙等作为房屋外墙的，按其外围水平投影面积计算。

⑬属永久性建筑有柱的车棚、货棚等，按柱的外围水平投影面积计算。

⑭依坡地而建筑的房屋，利用吊脚做架空层，有围护结构的，按其高度在 2.20m 以上部位的外围水平面积计算。

⑮有伸缩缝的房屋，若其与室内相通，按伸缩缝计算建筑面积。

4.7.2 计算一半建筑面积的范围

①与房屋相连有上盖无柱的走廊、檐廊，按其围护结构外围水平投影面积的一半计算。

②独立柱、单排柱的门廊、车棚、货棚等属永久性建筑的，按其上盖水平投影面积的一半计算。

③未封闭的阳台、挑廊，按其围护结构外围水平投影面积的一半计算。

④无顶盖的室外楼梯，按各层水平投影面积的一半计算。

⑤有顶盖不封闭的永久性的架空通廊，按外围水平投影面积的一半计算。

4.7.3 不计算建筑面积的范围

①层高小于 2.20m 的夹层、插层、技术层、地下室和半地下室。

②突出房屋墙面的构件、配件、装饰柱、装饰性的玻璃幕墙、垛、勒脚、台阶、无柱雨篷等。

③房屋之间无上盖的架空通廊。

④房屋的天面、挑台、天面上的花园、泳池。

⑤建筑物内的操作平台、上料平台及利用建筑物的空间安置箱、罐的平台。

⑥骑楼、过街楼的底层用作道路街巷通行的部分。

⑦利用引桥、高架路、高架桥、路面作为顶盖建造的房屋。

⑧活动房屋、临时房屋、简易房屋。

⑨独立烟囱，亭，塔，罐，池，地下人防干线、支线。

⑩与房屋室内不相通的房屋间伸缩缝。

4.8 成套房屋建筑面积的计算

成套房屋建筑面积由套内建筑面积和分摊的共有共用建筑面积两部分组成。

4.8.1 成套房屋的套内建筑面积

成套房屋的套内建筑面积由套内房屋的使用面积、套内墙体面积、套内阳台建筑面积三部分组成。

(1) 套内房屋的使用面积

套内房屋使用面积为套内房屋使用空间的面积,以水平投影面积按以下规定计算:

①套内使用面积为套内卧室、起居室、过厅、过道、厨房、卫生间、厕所、贮藏室、壁柜等空间面积的总和。

②套内楼梯按自然层数的面积总和计入使用面积。

③不包括在结构面积内的套内烟囱、通风道、管道井均计入使用面积。

④内墙面装饰厚度计入使用面积。

(2) 套内墙体面积

套内墙体面积是套内使用空间周围的维护或承重墙体或其他承重支撑体所占的面积,其中各套之间的分隔墙和套与公共建筑空间的分隔墙以及外墙(包括山墙)等共有墙,均按水平投影面积的一半计入套内墙体面积。套内自有墙体按水平投影面积的全部计入套内墙体面积。

(3) 套内阳台建筑面积

套内阳台建筑面积均按阳台外围与房屋外墙之间的水平投影面积计算。其中,封闭的阳台按水平投影面积的全部计算建筑面积,未封闭的阳台按水平投影面积的一半计算建筑面积。

4.8.2 共有共用建筑面积

共有共用建筑面积是指为多个产权人共同拥有共同使用的楼梯、过道、公共门厅等以及为整栋建筑服务的公共用房和管理用房的建筑面积,以及套与公共建筑之间的分隔墙、外墙(包括山墙)水平投影面积一半的建筑面积。

例题1:图3-1所示为某普通住宅,全幢共6层,每层两个单元,每单元两套住宅,全幢共24户住宅。户号从一层东边起顺时针编号,各层套型相同,图中阳台尺寸为外尺寸。试计算各套住宅的套内建筑面积及共有面积的分摊。

注:其中房屋的墙厚为0.3m。阳台尺寸为外尺寸,是一墙的外边沿到另一墙的外边沿长度。其他尺寸均为中线尺寸,是一墙的中线到另一墙的中线间的长度。阳台半封闭。

【解】(1) 计算套内建筑面积

套内使用面积+套内墙体面积 $= 5.20 \times 10.00 + 1.20 \times 5.50 = 58.60 (m^2)$

套内阳台面积 $= (3.70 \times 1.35)/2 = 2.50 (m^2)$

$= (3.55 \times 1.35)/2 = 2.40 (m^2)$

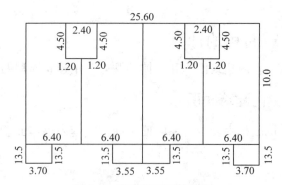

图 3-1 房产面积测算实例

套内建筑面积 = 58.60+2.50 = 61.10(m²)
          = 58.60+2.40 = 61.00(m²)

(2) 计算幢的共有建筑面积

层梯间面积 = 2.40×4.50×2 = 21.60(m²)

外墙墙体面积的一半 = $S_{外} - S_{中}$
          = (25.60+0.30)×(10.00+0.30) - 25.60×10.00 = 10.77(m²)

房共有建筑面积 = 21.60+10.77 = 32.37(m²)

幢共有建筑面积 = 32.37×6 = 194.22(m²)

(3) 计算全幢套内建筑面积之和

全幢套内建筑面积之和 = (61.10+61.00+61.10+61.00)×6 = 1465.20(m²)

(4) 计算幢共有建筑面积的分摊系数

K = 194.22/1465.20 = 0.1325553

(5) 计算各套房屋的分摊面积

61.10×0.1325553 = 8.10(m²)

61.00×0.1325553 = 8.08(m²)

(6) 计算各套房屋的产权面积

61.10+8.10 = 69.20(m²)

61.00+8.08 = 69.08(m²)

(7) 检查

房屋的建筑面积(层) = (25.60+0.30)×(10.00+0.30)+2.50×2+2.40×2 = 276.57(m²)

房屋的产权面积之和(层) = 69.20+69.08+69.08+69.20 = 276.56(m²)

4.9 房屋用地面积测量的精度分析

4.9.1 用地面积测算的范围

用地面积以丘为单位进行测算,包括房屋占地面积、丘面积、其他用途的土地面积测算以及各项地类面积的测算。

房屋占地面积是指房屋底层外墙(或柱)的外围水平面积,一般与底层房屋建筑面积相同。未编号的道路、河流等公共用地不计算用地面积。

4.9.2 不计入用地面积的土地

①无明确使用权属的冷巷、巷道或间隙地。
②市政管辖的道路、街道、巷道等公共用地。
③公共使用的河涌、水沟、排污沟。
④已征用、划拨或者属于原房地产证记载范围，经规划部门核定需要作市政建设的用地。
⑤其他按规定不计入用地的面积。

4.9.3 用地面积测算的方法

用地面积测算可采用坐标解析计算、实地量距计算和图解计算等方法。

4.9.4 共有共用用地面积的分摊

对于一丘内共有共用用地面积分摊的一般原则是：
①有权属分割文件或协议，按照权属分割文件或协议分摊。
②无权属分割文件或协议，按当地有关规定分摊。
③以上两项都不具备，按比例分摊。
计算公式为：
　　某户应摊的用地面积=(共同使用的用地面积中数/各户房屋建筑面积之和)×
　　　　该户房屋建筑面积

一幢房屋为多户所有时，其用地面积分摊的一般原则是按照各户占有房屋建筑面积的比例计算。公式为：
　　某户应摊的用地面积=(该幢房屋使用的总面积/该幢房屋建筑总面积)×
　　　　该户房屋建筑面积

一丘内各户用地面积总和应等于该丘面积，其不符值应满足：当各户使用的用地面积之和与丘面积之差在允许范围内时，可根据各户用地面积按比例平差；若超限，则重新量测。

一丘内土地，应根据不同利用，分类计算各类面积。各分类面积之和应等于该丘总面积，各分类面积总和与丘面积之差应满足下式：

$$\Delta \leqslant \pm (0.1M/1000)\sqrt{15F}$$

$$\Delta \leqslant \pm \frac{1}{10\,000} \times M \times \sqrt{15F}$$

式中，F 代表丘面积(以亩为单位的实地面积)；M 代表房产图的比例尺分母。

丘面积的计算应尽可能地利用界址点坐标采用坐标解析法计算，丘内的地类面积可采用图解法或求积仪法在图上量取。地块为规则几何图形时，也可采用实地丈量，用几何图形解析法计算。

4.9.5 面积精度的计算

(1)坐标法计算面积的精度

坐标法是利用图形上各顶点的界址点坐标进行计算的,面积计算精度直接与界址点坐标测定的精度有关。

面积中误差:

$$m_s = \pm m_j \sqrt{\frac{1}{8} \sum_{i=1}^{n} D_{i-1,\,i+1}^2}$$

式中,m_s 表示面积中误差,m²;m_j 表示相应等级界址点规定的点位中误差,m;$D_{i-1,i+1}$ 表示多边形中对角线长度,m。

坐标法计算的面积中误差与多边形对角线平方之和成正比。在点位中误差相同的情况下,相同面积的正方形要比长方形精度高。

(2)实地量距法计算面积的精度

规则图形可根据实地丈量的边长直接计算面积,在丈量前要对丈量工具进行精度检定;不规则图形,可将其分割成简单的几何图形,然后分别计算面积。根据 GB/T 17986—2000 的规定,房地产面积精度分为三级,城市繁华区、商业区及某些特殊用途的建筑物使用一级房屋面积精度标准;城市商品房应达到二级精度要求;其他房屋达到三级精度标准。房产面积测算的限差和中误差的精度等级见表 3-3 所列。

表 3-3 面积的精度要求

房产面积的精度等级	限差(m²)	中误差(m²)
一	$0.02\sqrt{S} \pm 0.0006S$	$0.01\sqrt{S} \pm 0.0003S$
二	$0.04\sqrt{S} \pm 0.002S$	$0.02\sqrt{S} \pm 0.001S$
三	$0.08\sqrt{S} \pm 0.006S$	$0.04\sqrt{S} \pm 0.003S$

注:S 为房产面积,m²。

(3)图解法计算面积的精度

在图上进行量算,一般可选用求积仪法、几何图形法等方法。使用图解法量算面积时,图形面积不应小于 5cm²,图上量距应精确到 0.2mm。图上面积量算应独立进行两次,两次量算面积的较差应不超过以下规定:

$$\Delta S = \pm 0.0003 M \sqrt{S}$$

式中,ΔS 表示两次量算面积的较差,m²;S 表示所量算面积,m²;M 表示图的比例尺分母。

从式中可以看出,图形的比例尺越小,则误差越大;面积越大,误差也越大。

任务 5　房产测量相关的术语解释

房产测量是测定和调查房屋与土地的自然状况与权属状况的一项专业测绘活动，涉及一些术语。本任务主要介绍相关术语，可以帮助大家进一步了解房产测量。

能力目标：

能够正确描述房产测量相关术语。

知识目标：

掌握房产测量相关术语。

5.1　房屋方面

①建基面积　是房屋的基地面积，指建筑物的首层外墙勒脚线以上外围水平投影的占地面积，也就是房屋占地表的面积，因此，首层的不封闭阳台、无柱走廊、檐廊、天井（通天）等不计算建基面积。

②总建筑面积　是指房屋各层建筑面积总和，包括不是自然层，但符合计算建筑面积规定的阁楼、夹层、插层、技术层等的建筑面积以及按规定计算的不封闭阳台、挑廊、架空通廊、无柱走廊、无顶盖的室外楼梯等建筑面积的总和。

③套内建筑面积　是由套内房屋的使用面积、墙体面积及套内阳台建筑面积组成。

④共有建筑面积　是指两个以上产权人共同占有、使用的不能分割的建筑面积。

⑤分摊面积　是指按功能分摊了的共有建筑面积所得的数值。

⑥销售面积　是以规划报建图及其报建审批的文件为依据，进行面积测算的，该面积用于签订商品房买卖契约。

⑦产权面积　是依据竣工后房屋的实际状况，对房屋面积进行实测和面积计算，并经权属登记部门依法确认后的面积。

5.2　用地方面

①用地面积　是指产权人使用土地的范围，包括其地上建筑物、天井、庭院、通道、余地等占地面积的总和。

②共用地面积　是指两个以上产权人共同占有、使用的不能分割的土地范围。

③余地（院地）　是指已取得土地使用权的建筑基地面积以外的土地。

④空地　是指已占用建筑基地以外的并未取得使用权的土地。

⑤天井（通天）　是指建筑物中露出天空的空地部分。

⑥用地四至　是指用地权属范围与四邻接壤的街巷、门牌等地理名称及丘号。

5.3　结构方面

①建筑物　是指供人们进行生产、生活或其他活动的房屋或场所。

②构筑物　是指人们不直接在内进行生产、生活或其他活动的房屋或场所。如塔、亭

图 3-2 地下室

或地下干线等。

③地下室　是指建在地面以下的建筑物，其室内地面低于室外地平面的高度超过该室内净高的 1/2（图 3-2）。

④半地下室　是指采光窗在室外的建筑物，其室内地面低于室外地平面的高度超过该室内净高的 1/3，但不超过 1/2 的地下室（图 3-3）。

⑤骑楼　是指建在公路旁的建筑物首层，并且有柱支撑，是公共行人道（图 3-4）。

图 3-3　半地下室

图 3-4　骑楼

⑥过街楼（骑街楼）　建筑物的首层用作道路、街、巷通行的部分。

⑦挑楼（飘楼）　是指二楼以上楼层挑（飘）出首层的外墙面部分的建筑（图 3-5）。

⑧阁楼　是指在房屋自然层内，利用较高的层内空间（包括人字架屋顶）所加建的使用空间。

⑨夹层　是指在房屋自然层之间所加建的楼层或是在房屋自然层内，利用较高的层内空间所加建的楼层。

⑩插层　是指在房屋自然层之间所加插进去的楼层（图 3-6）。

⑪技术层　是指房屋自然层之间，用作水、电、暖、卫生等设备安装的楼层。

⑫转换层　是指在大楼中不同功能区之间转换的楼层，多为设备、结构或功能转换层。

⑬架空层　是指在楼房的某一层中，只有楼房的承重柱体支撑，而无围护墙体的楼层空间，可以是首层，也可是中间层。

⑭水箱间　是指在房屋天面上，建有水电房等设备的建筑物（图 3-7）。

⑮架空房屋　是指底层架空，以支撑物作承重者的房屋。其架空部位一般为水域或斜坡。

图 3-5　挑楼

图 3-6　插层

图 3-7　水箱间

⑯走廊　是指与房屋相连，有顶盖的过道，有内走廊、外走廊。

⑰挑廊（飘走廊）　是指挑（飘）出首层墙（柱）外的走廊。

⑱通廊　是指有柱支撑供人通行的走廊。

⑲柱廊　是指以屋檐、雨篷等作为上盖但无柱支撑，与房屋相连有维护结构的走廊，是该生产或生活场所的一部分。若有永久性围护结构，则按围护结构外用水平投影面积的一半计算建筑面积（图 3-8）。

⑳挑檐　指房屋向外挑出的屋檐、雨篷。

㉑架空通廊　是指二层以上连接两建筑物，具有一定建筑形式，有围护结构，供人们通行的空中走廊（图 3-9）。

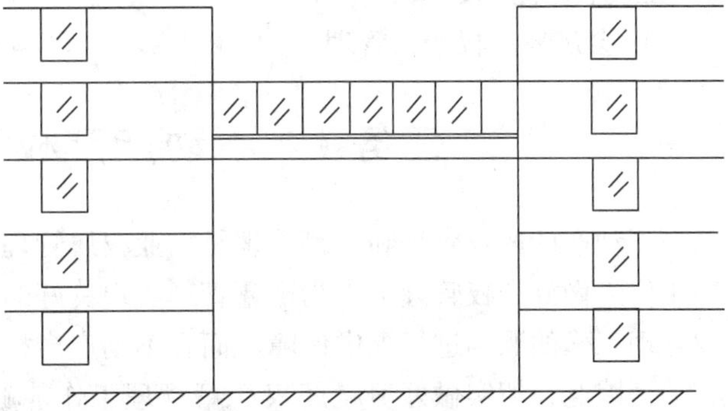

㉒回廊　是指有些门厅、大厅的层高很高，一般沿厅周围设有的走廊（图 3-10）。

图 3-8　柱廊

图 3-9　架空通廊

图 3-10　回廊

项目四　不动产产权产籍管理

○ 项目描述：

不动产产权产籍管理部分主要介绍了不动产产权产籍管理的相关内容，包括三个教学任务：不动产产权产籍管理概述、土地产权产籍管理和房屋产权产籍管理。

○ 知识目标：

1. 掌握不动产产权产籍管理。
2. 了解土地产权产籍管理。
3. 了解房屋产权产籍管理。

○ 能力目标：

1. 会不动产产权产籍管理。
2. 会土地产权产籍管理。
3. 会房屋产权产籍管理。

任务1　不动产产权产籍管理概述

不动产的产权管理和产籍管理是物业权属管理中紧密联系、互为依存、互相配合的两项工作。做好产权管理可以为产籍管理奠定良好的基础，而做好产籍管理工作又可以为产权管理工作的顺利进行提供保障。而且不动产产权产籍的管理与千万人民群众的利益息息相关，因此，切实做好房屋产权产籍管理工作能够为房地产行业及房屋产权人提供优质服务。

能力目标：

(1) 能够正确描述不动产产权产籍的概念；
(2) 能够正确描述不动产产权产籍的组成；
(3) 能够正确描述不动产产权产籍的管理。

知识目标：

(1) 掌握不动产产权产籍的概念；
(2) 掌握不动产产权产籍的组成；
(3) 掌握不动产产权产籍的管理。

1.1 产权、产籍的概念

产权,也叫财产权,被简称为财产,是指"有金钱价值的权利所构成的集合体"。

产权是人们享有其他权利的基础,也是社会的基础。近代以后,在法律上建立一个产权体系,成为一个国家法制化必须完成的使命,产权在某些国家受到宪法保护。在2004年3月,我国全国人大通过的《〈宪法〉修正案》第十三条规定:"公民的合法的私有财产不受侵犯。国家依照法律规定保护公民的私有财产权和继承权。"

产权是经济所有制关系的法律表现形式,它包括财产的所有权、占有权、支配权、使用权,收益权和处置权。首先,产权是指财产所有权,即所有权人依法对自己的财产享有占有、使用、收益和处分的权利。其次,产权还指与财产所有权有关的财产权。这种财产权是在所有权部分权能与所有人发生分离的基础上产生的,是指非所有人在所有人财产上享有占有、使用以及在一定程度上依法享有收益或处分的权利。也就是说,所有权是产权的核心。

《牛津法律大辞典》对产权的解释为:产权亦称财产所有权,是指存在于任何客体之中或之上的完全权利,它包括占有权、使用权、出借权、转让权、用尽权、消费权和其他与财产相关的权利。把产权等同于所有权,进而把所有权解释为包括广泛的、因财产而发生的、人们之间社会关系的权利约束。

目前,对产权存在两种不同的看法,即产权的核心到底是所有权还是使用权。从目前各种实际的操作来看,还是侧重于产权的所有权。相对于动产,不动产对人们生活影响重大,且具有耐久性、稀缺性、不可隐匿性和不可移动性等特点,故许多国家法律对其均有特殊规定。针对不动产产权的归属进行调查,并记录而形成的图册,即不动产的产权产籍。

1.2 不动产产权与产籍组成

1.2.1 不动产所有权

不动产所有权是动产所有权的对称,是以不动产为标的物的所有权。不动产所有权的特点在于其移转必须采取特定的方式。

所有权,又称完全物权,是指民法上权利人可以直接全面排他性支配特定标的物的物权。全面支配意味着支配范围的全面性和支配时间的无限性。符合这一特征的物权,只有所有权一种。

法律意义上的所有权,是在一定的历史阶段以所有(支配)为基础的技术概念。也就是说,在商品交换占主导地位的近代社会,在交换的主体之间,必须互相承认对方对于商品这种财富的固有的支配(私有)。这种社会需要的法律形态,就是所有权。因此,普通意义上的所有权是以排他的支配为内容的一种权利。不同的民事实体法对于所有权具体内容的规定也有着一定的差异,所有权也受到法律的一定限制。

相对于动产,不动产的产权类型大致可以分为两类:一是土地所有权;二是土地上建筑物的所有权。

(1) 土地所有权

土地所有权是指土地所有者依法对自己的土地所享有的占有、使用、收益和处分的权利。土地所有者这种占有、使用、收益和处分的权利，是土地所有制在法律上的体现。在我国，土地所有权的权利主体只能是国家和农民集体，其他任何组织和公民个人都不享有土地所有权，即在我国不存在土地所有权的私有形式。

国家土地所有权是指国家对国有土地占有、使用、收益和处分的权利。国家土地所有权的四项权能的实现是通过法律规定的形式将其中占有、使用、收益的权利让渡给使用者，从而与土地的所有权分离，国家仅保留最终的处分权。在一般情况下，由于国家本身不使用土地，因此，除了未利用的土地以外，占有和使用国有土地的权利一般由具体的单位和个人取得。国有土地的收益权能一部分由土地使用者享有，一部分由国家通过收取土地使用税(费)和土地使用权有偿出让的形式来实现。国有土地的处分权主要由国家来行使。由于我国法律禁止土地买卖，国家土地所有权不能流转(与集体所有的土地交换除外)，因而国家对国有土地的处分权主要是对土地的使用权。

农民集体土地所有权是指农民集体依法对其所有的土地占有、使用、收益和处分的权利。集体土地所有权的主体是农村集体经济组织的农民集体。集体土地所有权是由各个独立的集体组织享有的对其所有的土地的独占性支配权利。根据《中华人民共和国土地管理法》第八条的规定，属于集体所有的土地，是指除法律规定属于国家所有的农村和城市郊区的土地。集体所有的土地主要是耕地及宅基地、自留地、自留山，还包括法律规定集体所有的森林、山岭、草原、荒地、滩涂等土地。至于法律没有规定为集体所有的森林、山岭、草原、荒地、滩涂等土地，则属于国家所有。

农民集体土地所有权的各项权能可以结合，也可以独立。集体土地所有者有权依法使用自己拥有的土地，集占有、使用、收益和处分的权能于一身。集体土地所有者也可以依法把土地划拨给集体内部成员使用，还可以用土地使用权作为条件与全民所有制或城市集体所有制企业联营举办企业等，使土地的所有权与使用权分离。集体所有的土地在国家征用或其他农民集体依法使用时，集体土地的所有者有要求依法得到补偿的权利。从某种意义上来说，这就是土地所有权中处分权能的实现。

(2) 土地上建筑物的所有权

建筑物所有权不可能凭空孤立存在。自《罗马法》颁布以来，法律奉行土地吸收地上物的原则，尚未收割的农作物、生长于土地上的树木、构建于土地上的建筑物都属于土地的成分，甚至于落在土地上的小鸟都要如此认定。这固然较好地保护了土地所有权人的利益，但同时也阻碍了人们投资于他人的土地且保有建筑物所有权的热情和行为，平衡和协调土地所有权人和投资于土地的非所有权人之间的利益，让土地所有权人仅取得非所有权人利用土地的对价，使非所有权人保有建造在他人土地上的建筑物的所有权。法律创设了地上权制度，只要非所有权人在他人的土地上取得地上权，建筑物便不被土地所吸收，而是与地上权相结合，成为地上权人的所有物，即土地的所有权和其上的建筑物所有权可以相分离。

我国对土地上建筑物的"地上权",使用了"宅基地使用权""集体土地使用权""国有土地使用权""建设用地使用权"等概念。其中,宅基地使用权作为农户在集体所有的土地上建造住房并保有住房所有权的正当根据,集体土地使用权作为乡镇企业建造建筑物并保有所有权的正当根据,国有土地使用权作为在国有土地上建造建筑物并保有所有权的正当根据。

(3)建筑物区分所有权

随着我国经济和工商业的发展和繁荣,城市人口急剧增加,居住问题日趋突出,对建筑面积增长的需求和土地面积的有限性,都促使建筑物不断向高空立体化发展,产生了诸多居民集中居住于同一高层建筑物内而又分别拥有其单元住宅的情况,而出现一种复杂且特殊的不动产所有权现象。与之相关出现了"建筑物区分所有权"这一概念。这种所有权,既不是建筑物之全部的单独所有权,也不是按份共有或共同共有的建筑物之共同共有权,而是既非单独所有又非共有的区分所有制度。建筑物区分所有权是指业主对建筑物内的住宅、经营性用房等专有部分享有所有权,对专有部分以外的共有部分享有共有和共同管理的权利。

1.2.2 不动产使用权

不动产使用权即使用不动产的权利,包括土地使用权和建筑物使用权。一般法律意义上的不动产使用权是债权。不动产使用权是指不动产的使用者(既包括所有权人,又包括非拥有所有权但依法取得不动产使用权的人)对不动产的占有、使用、收益的权利。因此,不动产使用权是广义的使用权,它不仅包括土地使用权,还包括土地、土地上定着物的占有、使用和收益权。随着我国土地制度的改革,土地使用权已经成为我国土地权属的重要内容,而农村土地流转政策的出台则意味着农村集体建设用地使用权可上市流转,但土地所有权性质不变。

根据土地所有权的不同,土地的使用权可以分为国有土地使用权和集体土地使用权;按照土地使用权取得的方式不同,土地使用权可以分为以划拨方式取得的土地使用权和以出让方式取得的土地使用权,前者往往是无偿取得,后者则为有偿取得,是改革开放以来市场化土地开发利用的一种新的用地方式。

以出让方式取得土地使用权的土地根据不同的用途可以进行开发和利用。

①利用权 即对享有使用权的土地根据不同的用途可以进行开发和利用。

②出租权 土地使用权人在土地的出让期限内可以将土地出租给他人,将土地连同地上定着物交付给承租人使用,而由承租人向出租人支付租金。

③抵押权 土地使用权人对土地设定抵押,以担保债务的履行。

④转让权 在土地出让的期限内,土地的使用权人可以将土地的使用权转让出去,由受让人支付一定的对价。自此,原土地使用权人丧失对土地的使用权。

1.2.3 不动产他项权利

所有权两个非常重要的特性是直接支配和排他性处分,这是从所有和使用两个层面来讲的。直接支配反映出所有人对物的绝对权利,而排他处分反映出物在使用、流转过程中人们所享有的绝对权利。近代以前人们对物是注重所有、占有的，而现在注重的却是流转，重视物在流转过程中所产生的价值利益，在流转的过程中就衍生出不动产的他项权利。

所谓不动产他项权利是指由不动产的所有权衍生出来的对不动产的处分权利，大致可分为典权、租赁权、抵押权、继承权、地役权等权利。

①典权　指不动产所有权拥有者将其不动产典当给他人以获得利益。不动产典当是指承典人用价款从不动产所有人手中取得使用房屋权利的行为。典权是设立在他人所有权之上的，以占有、使用、收益为目的的用益物权。承典人与出典人要订典契，约定回赎期限（即存续期）。到期由出典人还清典价，赎回不动产。典价无利息，房屋无租金。在我国现行法律制度下，国家已规定土地不能作为典权的标的物，典权的标的物仅限于私有房屋，而不包括土地（公有土地不得出典）。

②租赁权　指不动产所有权人有将其不动产租赁给他人的权利。不动产租赁，是指不动产所有人作为出租人将其不动产出租给承租人使用，由承租人支付租金的行为。承租人取得不动产使用权后除租赁合同另有规定外，未经出租人同意不得随便处置所承租的不动产。

③抵押权　指在不转移不动产所有权的前提下，将标的物的权利置于他人控制之下，作为担保的一种方式。抵押人仍享有标的物使用与收益的权利，但无权处置。抵押权人也不可以随意处置抵押物。当合同到期时，若抵押人未能履行合同约定，抵押权人可以将抵押物拍卖，并优先获得补偿。

④继承权　指不动产作为遗产由继承人按照合法遗嘱或法定继承程序取得的权利。不动产继承同其他遗产继承一样，是指依照法定程序把被继承人遗留的不动产使用权转移归继承人所有的法律行为。不动产继承是所有权及使用权继受取得方式的一种。主要分为两种形式：一种是法定继承，即死者生前没有交代或立下遗嘱，因此，继承的顺序以法律规定的程序进行；另一种是遗嘱继承，即死者在生前留有明确的意愿和指示，指示死后把自己的遗产留给何人继承。不管哪种继承都需要进行产权转移登记。同时，若分割不动产遗产在客观上可行，且不损害其效用，不影响生产、生活，则可以分割。

⑤地役权　指为了自己使用土地的需要而使用他人土地的权利。构成地役权应有两块地相邻，一为供役地，二为需役地。地役权可分为通行地役权，用水、引水地役权，电线架设地役权，观望地役权，日照地役权等。地役权有以下三个特点：地役权不能离开需役地而独立存在，地役权随需役地所有权而产生或消灭；地役权可以有偿设立，也可以无偿设立；地役权因相邻关系中的需要及习惯形成，地役权不得与需役地分离转让，或者作为其他权利（如租赁权抵押权）的标的物。由于我国实行土地公有制，不存在土地私有，因而不存在为自己的土地便利而使用他人土地的问题，因此未确立地役权。

1.2.4　不动产产籍

不动产产籍是房籍和地籍的有机组成。由于房产和地产的不可侵害性，房籍和地籍是统一构成房地产产籍制度的整体，房籍以地籍为基础，由地籍发展而来，地籍包括土地产权的登记和土地分类面积记录等内容，是土地的自然状况、社会经济状况和法律状况的调查记录和登记。

不动产产籍由图、档、卡、册组成。它通过图形、文字记述、证据等，记录反映不动产产权状况（包括产权权属、交易次数、流转方式、使用状况等）。随着我国不动产管理信息化建设和不动产登记制度的完善，不动产新的内涵形式会更加丰富和规范。

1.3　不动产产权产籍管理

产权管理和产籍管理是不动产权属管理中紧密联系的两项工作。如果没有科学系统的产籍资料，产权管理就无法进行。

产权管理是对权属及其变化的管理，产籍管理是对产权资料档案的管理，二者对象不同，工作程序与方法不同，但是它们之间有着密不可分的联系。一般来讲，产籍管理是产权管理的组成部分，产籍管理部门隶属于产权管理机构，产籍管理应与产权管理协调一致。做好产权管理为产籍管理奠定了基础，而良好的产籍管理又可以保障产权管理工作顺利开展。

产权管理是产籍管理的基础。产权管理中，首先开展的是产权申报登记、房地产测绘等各项产权管理工作，工作中所积累的大量资料即为产籍资料。因而产籍管理工作需在产权管理的基础上进行。产籍资料质量的好坏在很大程度上取决于产权登记工作的质量。没有产权登记等产权管理工作，就不可能有产籍管理工作。

产籍管理为产权管理提供依据和手段。产籍资料记录了各种产权的来源和演变情况，具有档案性质。它来源于产权管理，又服务于产权管理。在审查确认产权以及处理各种产权纠纷等工作时，必须查询、取证于相应的产籍资料，并以此为依据，按照国家的政策、法规做出处理。

任务 2　土地产权产籍管理

本任务介绍了土地产权制度和土地征收制度。

能力目标：

（1）能够正确描述土地产权制度；

（2）能够正确描述土地征收制度。

知识目标：

（1）掌握土地产权制度；

（2）掌握土地征收制度。

2.1　土地产权制度

土地产权制度是指一个国家土地产权体系构成及其实施方式的制度规定，是土地财产制度的重要组成部分。指一切经济主体对土地的关系、由于经济主体对土地的关系而引起的不同经济主体之间的所有经济关系的总称，主要包括土地权能制度和土地收益制度，前者主要是指经济主体对土地采取某种行为的权利的制度，后者主要是经济主体行使他的这种权利所能得到的收益如何的制度。土地产权制度可以理解为关于土地产权的合约或合同或经济关系,其内容结构的丰富程度取决于土地经济领域专业化与分工的发展水平以及市场交易范围和发达程度。

我国土地产权制度经历了地主所有、租佃经营;农民所有、个体经营;集体所有、集体经营;集体所有、家庭承包四个主要发展阶段。

(1)原始雏形——地主所有、租佃经营

中华人民共和国成立初期,拥有4.5亿人口的中国,还有3亿多农业人口地区没有实行土地改革。因此,地主所有、租佃经营的封建土地产权制度在该时期占主要地位。这种土地产权制度,地主占有土地和主要生产资料,并通过出租土地或雇佣佃农实行封建剥削,贫农因租种地主的土地而被迫交纳沉重的地租,佃农则成为向地主出卖劳动力的农业"工人"。这种"地主所有、租佃经营"的土地产权制度,是典型的封建主义性质的经济制度。

我国土地产权制度的原始雏形是封建地主土地所有制,反映了中华人民共和国是在半殖民地半封建的社会基础上建立起来的。反封建,本属于新民主主义革命的范畴,由于我国新民主主义革命要反对帝国主义、封建主义和官僚资本主义,任务多且重,因此,中华人民共和国成立后,废除地主阶级封建剥削的土地所有制这一民主革命任务需要进一步完成。1950年冬至1952年春的土地改革,便是完成这一重大任务的重要举措。

(2)民主过渡——农民所有、个体经营

中华人民共和国成立后,新民主主义革命要继续完成的任务之一是:消除地主阶级封建剥削的土地所有制,实行农民的土地所有制,借以解放农村生产力,发展农业生产,为中华人民共和国的工业化开辟道路。在《中华人民共和国土地改革法》的指导下,1950年冬至1952年春,我国开始并逐步完成了对3亿多无地或少地的农业人口地区的土地改革。土地改革的目标是:废除地主阶级封建剥削的土地制度,实行农民土地所有制,即变"地主所有、租佃经营"的土地产权制度为"农民所有、个体经营"的土地产权制度。

方法是在发动群众、划分阶级的基础上,没收地主的土地、农具、耕畜,征收教堂、学校、团体在农村中的土地和其他公地。以乡或相当于乡的行政村为单位,依法将没收或征收的土地和其他生产资料,除归国有的部分外,由乡农协会接收,按人口统一、公平、合理、无偿地分配给无地、少地及缺乏其他生产资料的贫农。至1952年年底,除了西藏自治区、新疆维吾尔自治区等少数民族地区和尚未统一的我国台湾地区以外,全国的土地改革基本完成。土地改革的结果,使包括老解放区在内的全国3亿多无地、少地的农民无偿获得了7亿亩土地和大量生产资料,免除了每年向地主交纳的约350亿千克粮食的苛刻地租。在我国延续了几千年的封建制度的基础——地主阶级土地所有制,至此彻底消灭了。"农民所有、个体经营"的土地产权制度也随之建立起来。

农民成为土地等生产资料的所有者和经营者,是一场深刻的历史性变革。这场变革"剥夺了剥夺者",实现了"耕者有其田"这一中国农民的奋斗目标。这场变革,极大地提高了农民的觉悟,使农民真正成为农村人民政权的主人,巩固了工农联盟,加强了人民民主专政。同时,这场变革解放了农业生产力,调动了农民生产的积极性,促进了农业和整个国民经济的恢复和发展。但是，作为先进生产力代表的中国共产党清楚地看到：新建立的分散的个体经济也是封建社会经济的一部分，它们不适应社会化大生产的需要。要发展社会主义经济，就必须对个体经济的农业实行社会主义改造，引导其走合作化道路。因此，农民所有、个体经营的个体农业经济，仅仅是新民主主义向社会主义过渡中的一种过渡经济形态。

（3）制度建立——集体所有、集体经营

中国共产党站在一个历史的高度认为：分散的个体经济不适应社会化大生产的需要。我党的一贯主张是：个体经济要组织起来，才能由穷变富；组织起来的远景目标，是集体化、社会主义化。为了转变土地个体农民所有制为社会主义集体所有制，在农业社会主义改造之初，中国共产党采取的态度是慎重的。1951年12月，中国共产党内下达的《中共中央关于农业生产互助合作的决议草案》就极为重视"两种积极性"：一方面是个体经济的积极性，另一方面是劳动互助的积极性。但是，在对农业进行社会主义改造的过程中，冒进、片面追求高级社、违反自愿原则等认识上、方法上的"左"倾错误不断发生。至1956年年底，合作社已发展到766万个，入社农户达117 829万户，占全国农户总数的96.3%，其中，高级社的农户有107 422万户，占全国农户总数的87.8%。这些统计数字标志着我国农业社会主义改造基本完成，我国土地"集体所有、集体经营"的产权制度宣告确立。

"集体所有、集体经营"的社会主义农业集体经济的建立，是一场深刻的社会变革，它标志着社会主义性质的土地所有制在我国确立。但是，规划用15年完成的农业合作化运动，仅用4年就完成了，要求过急，改变过快；合作化道路本应坚持"自愿"原则，遵从"稳步"方针，但由于"左"倾思想的影响强迫农户入社，把富农当作批判对象，用阶级斗争的方法去大建合作社，"工作过粗"；中华人民共和国成立初期落后的生产力水平状况，本应与个体经济、互助组、初级社等低级的生产关系相适应，但一味追求和建立高级社，统一实行高度集中的集体经济，形式也过于简单划一。

高度集中的社会主义农业经济体制的过早建立，与当时缺乏机械机器耕作的低级生产力水平极不相称，生产关系的超前，严重束缚了生产力的发展，集体经济的过快建立，使农业经济组织内部的各项管理、激励机制很不健全，降低了农民生产的积极性，滋生了平均主义。因此，"集体所有、集体经营"的土地产权制度实现了土地公有化，顺应了社会主义农业经济发展的大方向，但过快过早建立起来的大一统的集体农业经济，又存在很多弊端，亟须进一步的调整和改革。

（4）第一次改革——集体所有、家庭承包

我国于1956年年底建立的"集体所有、集体经营"的土地产权制度，把土地私有制转变为公有制，这是积极的一面，但与此同时，高级的生产关系超前于当时牛耕人作的低级生产力水平的状况，生产关系又束缚了生产力的发展，这是消极的另一面。中国共产党在坚持土地公有制原则的同时，也对土地实行集中经营所存在的弊端实行了大胆的改革：变土地"集体所有、集体经营"为"集体所有、家庭承包"，借以打破"大锅饭"，调动农民农业生产的积极性，发展农业生产力，使亿万在饥饿与贫困线上挣扎的农民的温饱问题首先得以解决。家庭经营、包产到户的生产责任制，最早发源于由万里同志主持工作的安徽省。1978年秋，安徽省发生了一场百年罕见的特大旱灾，广大农民为了生产自救，在以万里为首的安徽省省委的支持下，首先在肥西县山南区实行了包产到户。实践结果，大旱之年大丰收。

1978年12月，党的十一届三中全会通过的《关于加快农业发展若干问题的决议（草案）》提出，加强劳动组织，建立严格的生产责任制，肯定了包工到组、联产计酬等形式；1979年9月，党的十一届四中全会正式修正通过《关于加快农业发展若干问题的决议》，标志着农村经济体制改革的全面铺开。1983年10月，中共中央、国务院发出《关于实行政社分开建立乡政府的通知》，规定建立乡（镇）政府作为基层政权，同时普遍成立村民委员会作为群众性自治组织。这一政治体制的改革，进一步推动了以联产承包责任制为主体的农业经济体制改革。1984年，实行包干到户的占全国生产队总数的99.1%，成为我国农业生产的主要形式。

1978年以来建立的以家庭联产承包责任制为主体的土地产权制度，是建立在土地公有制基础上的，集体和农户保持着发包与承包的关系，集体把其所有的土地长期包给农户使用。因此，家庭联产承包责任制的性质是社会主义集体经济的生产责任制，是合作经济中的一个经营层次。在这一产权制度下，农业生产基本上实行分户经营、自负盈亏的责任制，农民生产的东西，实行"保证国家的，留够集体的，剩下都是自己的"分配制度。

农民获得了生产和分配的自主权，实现了权、责、利的紧密结合，克服了平均主义、吃"大锅饭"的弊病，纠正了管理过分集中，经营方式过于单一的缺点；1979—1984年的6年间，农业平均增长速度达94%，这在世界经济史上是少有的。1984年，我国粮食产量突破4亿t大关，平均每人占有粮食395kg，第一次达到世界平均水平。棉花产量6077万t，平均每人占有59kg，超过了世界平均水平，基本解决了11亿人口的温饱问题，创造了以世界7%的耕地养活占世界22%人口的奇迹。

但是，以均分承包为主要特征的家庭联产承包责任制，也致使土地零碎分割，经营规模小，再生产只能维持在低水平上，它阻碍了农业机械化、电器化的实现，防碍着先进技术的引进、科技成果的应用和农田水利基础设施的建立，妨碍了农业的规模经营，导致农业综合生产力水平低下。随着社会主义市场经济体制的建立，市场经济本身要求各种生产要素都能自由地进入市场，而家庭承包的土地使用权制度，严重妨碍了劳动力资源自由接受市场的配置，土地这一重要的生产要素也不能自由进入市场，农业的小生产与大市场形成了越来越严重的矛盾对立。所有这些新情况都要求"集体所有、家庭承包"的土地产权制度有必要再一次接受中国农民创造性的改革。

（5）新动向——集体所有、股份合作

1990年3月，邓小平同志提出："中国社会主义农业改革与发展，从长远观点看，要有两个飞跃。第一个飞跃，是废除人民公社，实行家庭联产承包为主的责任制，这是一个很大的进步，要长期坚持不变。第二个飞跃，是适应科学种田和生产社会化的需要，发展适度规模经济，发展集体经济。这是又一个很大的前进，当然这是很长的过程。"1992年，党的十四大又明确地提出，建立社会主义市场经济体制是我国经济体制改革的主要目标；另外，国家体改委明确提出，将股份合作制作为1994年深化农村经济体制改革的重点。这些经济政策对解决农业的小生产与大市场的矛盾，农业的比较效益低，难以参与市场竞争的矛盾，土地资源稀缺与土地粗放经营甚至弃耕土地的矛盾等提供了有力的、及时的政策依据。

以土地产权制度为主体的农业经济体制改革应向何处去？广东省南海市的罗村镇，以实行股份合作制的形式，率先对此做出了初步的有益探索。从20世纪80年代初开始，南海市对土地的经营管理先后实行了有偿承包、投标承包和股份合作等形式。其中，股份合作制就是南海市农民采取"中庸之道"，把城市的股份制和农村的合作制相结合而诞生的独特的经济组织形式。南海市农民的具体做法是：将土地作价、折股；在留出部分公股后，将其余股份按综合因素分给社员个人；社员个人的股权可以参加分配，但不能继承、转让或抵押，社员人口增减，户籍关系进出，股份也要相应增减；土地股份产权界定到人后，土地的经营使用权重新收归集体，根据不同条件实行家庭自愿承包、公开投包、农民联合承包等多种经营方式，使土地相对集中，实行规模经营，推动"三高（高质、高产、高效）农业"的发展。

他们认为这样做的意义在于：实行股份合作制，明晰了集体土地的产权，承认每个农民对集体土地的占有权、分配权，有利于集体经济的民主管理、监督；实行股份合作制，可以促进土地的规模经营，使一些不再靠土地谋生，但由于过去对土地的占有权没有得到承认而不愿退出承包土地的农民，高兴地退出土地，使一些原来愿意多耕而没有多余土地耕作的农民，有可能规模经营；实行股份合作制，促进了现代化农业的发展和农业现代化的实现，农民可以实行规模经营，进行集约化、企业化生产，推广科学技术的应用，提高农业机械化的构成，提高农业劳动生产率、土地产出率和产品商品率；实行股份合作制，可以促进农村劳动力、土地、资金、技术等资源的合理流动，通过市场机制，优化其配置，提高资源的利用率和利用效益。

实行集体所有、股份合作，其实质是在坚持土地原始产权属于集体和承认农民对土地合法占有权、受益权的前提下，农民将其对土地的占有权入股，从股份合作公司取得股份，而股份合作公司则以企业法人的身份对土地实行规模经营。因此，农业股份合作制，改变的只是家庭平均承包制，实行的是集中投包制，它是家庭联产承包责任制的完善和发展，是农业改革的进一步深化，它仍然是社会主义性质的土地经营制度。南海市等地实行股份合作制试点成功的事实说明，要解决农业的小生产与大市场的矛盾，要解决城乡二元化的矛盾，实现农业现代化和城乡一体化，实行"集体所有、股份合作"的社会主义土地产权制度有着其独到的魅力。

随着我国市场经济的进一步发展，农业现代化水平不断提高，农业生产的集约化、企业化、商品化的要求日益增强，股份合作制必将成为我国农业实现第二次飞跃的第二次改革。综合看来，我国土地产权制度以农业社会主义改造为分水岭。在此以前，实行的是封建性质的土地地主所有制和个体农民所有制，以及与此相对应的租佃经营和小农经营的经营方式；在此以后，实行的是社会主义土地公有制，并已经经历了从集体经营到家庭承包的第一次经营方式的改革，随着社会化大生产水平的不断提高，从家庭承包到股份合作的第二次经营方式的改革必然发生。

2.2 土地征收制度

土地征收亦称征收土地。土地征收是我国政府依法改变土地所有制的一项措施。所征收土地，不给代价；土地除归公有外，其余分配给无地或少地的农民。《中华人民共和国土地改革法》所规定征收的范围是：①祠堂、庙宇、寺院、教堂、学校和团体在农村中的土地；②工商业者在农村的土地；③某些因从事其他职业或因缺乏劳动力而出租少量土地者，其每人平均所有土地数量超过当地每人平均土地数200%的部分；④经省以上人民政府批准，某些特殊地区富农出租土地的一部分或全部；⑤半地主式富农出租大量土地，超过其自耕和雇人耕种的土地数量者，征收其出租的土地。

2.2.1 概念

土地征收是指国家为了公共利益需要，依照法律规定的程序和权限将农民集体所有的土地转化为国有土地，并依法给予被征地的农村集体经济组织和被征地农民合理补偿和妥善安置的法律行为。

土地征收是2004年《中华人民共和国宪法》修正后的新词汇。一些文件、报告时常混用"土地征收"和"土地征用"两个概念，主要原因是实践中人们还存有模糊认识，认为二者没有实质区别，只是表述不同。实际上，二者既有共同之处，又有不同之处。共同之处在于，都是为了公共利益需要，都要经过法定程序，都要依法给予补偿。不同之处在于，征收的法律后果是土地所有权的改变，土地所有权由农民集体所有变为国家所有；征用的法律后果只是使用权的改变，土地所有权仍然属于农民集体，征用条件结束需将土地交还给农民集体。简而言之，涉及土地所有权改变的，是征收；不涉及所有权改变的，是征用。

2.2.2 制度

我国实行土地所有权归国家和集体所有的基本制度。《中华人民共和国宪法》第十条规定："国家为了公共利益的需要，可以依照法律规定对土地实行征收或者征用并予以补偿。"从根本大法的高度对土地征收制度进行了确立。相应地，《中华人民共和国土地管理法》《中华人民共和国土地管理法实施条例》《中华人民共和国民法典》均对相关制度进行了细节性和可操作性的规定，构建起了我国土地征收制度。

2.2.3 法律

从征收的内涵可见其法律特征：首先，土地征收具有法定性，根据行政合法性原则，必须符合法律和行政法规的规定，遵循一定的法律程序；其次，土地征收具有强制性，征收是国家强制取得他人土地所有权的行为，并不以征得被征地人的同意为必要条件；最后，土地征收具有公益性，即土地征收必须符合公共利益。

①国家建设征收土地的主体必须是国家，具体来讲就是国家授权县级以上人民政府行使征收权，土地征收本身就是政府的一种具体行政行为，具有明显的行政强制性；

②土地征收的目的和前提是为了国家公共利益的需要，并以土地补偿为必备条件。

2.2.4 征地制度改革

(1) 改革内容

为了适应城镇化对城镇建设用地的需求,土地管理制度的改革完善便随之引出。自然资源部成立专题研究小组,围绕促进和保障城镇化健康发展,谋划土地管理制度改革方向。目前已形成关于改革完善土地管理制度促进城镇化健康发展的框架建议。

为了适应新型城镇化发展的要求,当前土地管理制度改革工作重点包括:提高存量用地在建设用地供应总量的比重;扭转城镇建设对新增土地出让收益的过多依赖;建立起有利于存量建设用地盘活利用的制度政策体系等。

土地制度改革完善的具体内容还大致包括,在保留现有征地制度的前提下,缩小征地范围,改产值补偿为市场价值补偿;在保持用途管制的前提下,规范农村经营性集体建设用地的流转;依托现有土地交易机构,建立城乡统一的建设用地市场;推进集约节约用地,对增量建设用地和存量建设用地出让方式等领域,进行差别化管理等。

(2) 补偿费

土地征收的补偿费用分为三种,分别为土地补偿费、安置补助费以及地上附着物和青苗的补偿费。

① 土地征收的土地补偿费 为该耕地被征收前三年平均年产值的 6~10 倍。

② 土地征收的安置补助费 按照需要安置的农业人口数计算。需要安置的农业人口数,按照被征收的耕地数量除以征地前被征收单位平均每人占有耕地的数量计算。每一个需要安置的农业人口的安置补助费标准,为该耕地被征收前三年平均年产值的 4~6 倍。但是,每公顷被征收耕地的安置补助费,最高不得超过被征收前三年平均年产值的 15 倍。

③ 土地征收的地上附着物和青苗的补偿费 分为青苗补偿标准和其他附着物的补偿标准。

- 青苗补偿标准 对刚刚播种的农作物,按季产值的 1/3 补偿工本费。对于成长期的农作物,最高按一季度产值补偿。对于粮食、油料和蔬菜青苗,能得到收获的,不予补偿。对于多年生的经济林木,要尽量移植,由用地单位付给移植费;如不能移植必须砍伐的,由用地单位按实际价值补偿。对于成材树木,由树木所有者自行砍伐,不予补偿。

- 其他附着物的补偿标准 征收土地需要迁移铁路、公路、高压电线、通信线、广播线等,要根据具体情况和有关部门进行协商,编制投资概算,列入初步设计概算报批。拆迁农田水利设施及其他配套建筑物、水井、人工鱼塘、养殖场、坟墓、厕所、猪圈等的补偿,参照有关标准,付给迁移费或补偿费。

(3) 法律问题

土地是人类社会最重要的财产,土地征收权力作为国家或政府为了实现公共利益而被赋予的一种强制性取得土地的行政权力,实践中其侵犯行政征收相对人,即被征地人权利的现象屡屡发生。为了充分保护被征地人的权利,许多国家都对土地征收的条件、补偿、程序进行了严密规定,并建立了充分、高效的争议解决机制。

(4) 遵循原则

① 十分珍惜、合理利用土地和切实保护耕地的原则。

②保证国家建设用地的原则。
③妥善安置被征地农民的原则。

2.2.5 工作程序

从具体操作程序进行划分的话，土地征收工作程序分为征地报批前工作程序、征地报批材料组卷和征地批准后组织实施程序三个阶段。第一阶段主要工作有发布《征地前告知书》或者《拟征地公告》、被征地农村集体经济组织和被征地农民签字确认，告知被征地集体经济组织和被征地农民有申请听证权利，向他们送达《听证告知书》；第二阶段主要工作有征地报批材料组卷，按要求逐级上报有批准权限的人民政府审批；第三阶段工作主要工作有组织实施的县级以上人民政府发布征收土地公告、县级以上人民政府土地行政主管部门发布征地补偿安置方案公告，告知被征地农村集体经济组织和被征地农民有申请听证的权利等，其具体程序如下：

(1) 流程

①征地情况告知　在征地报批前，市、县自然资源局应当制作《征地告知书》并公告或者直接发布《拟征地公告》，将拟征土地的用途和位置告知被征地的农村集体经济组织和农户。《征地告知书》或《拟征地公告》由自然资源所负责在被征地土地所在地的村内张贴。在有条件的地方，市、县自然资源局应当将《征地告知书》发布在互联网上并在当地电视台播出。张贴、发布或者播出《征地告知书》的过程，应当进行摄像和录像，取出的照片和视频资料要妥善保存备查。《征地告知书》不得泄露国家秘密。

②征地调查确认　在征地报批前，市、县人民政府自然资源行政主管部门应调查核实拟征土地的权属、地类、面积以及地上附着物权属、种类、规格和数量等，据实填写《征地调查结果确认表》，并经被征地的农村集体经济组织、被征地农户以及地上附着物所有人盖章和签字予以确认。

③函告征地情况　市、县人民政府自然资源行政主管部门将被征地农村集体经济组织和被征地农户确认的拟征地的权属、种类、面积和有审批权的人民政府等情况函告同级人力资源和社会劳动保障部门。同级人力资源和社会劳动保障部门及时确定被征地农民社保对象的条件、人数、养老保险费的筹资渠道、缴费比例，并函告同级自然资源局。

④征地听证告知　在征地报批前，市、县自然资源局应当制作《听证告知书》，将拟征土地的补偿标准、安置途径，当地人力资源和社会劳动保障部门确定的被征地农民社保对象的条件、人数、养老保险费的筹资渠道、缴费比例等内容，告知被征地农村集体经济组织和被征地农民，并告知被征地的农村集体经济组织和被征地农民对补偿标准、安置途径和社保措施享有申请听证的权利。《听证告知书》由市、县人民政府自然资源行政主管部门负责在被征地土地所在地的村、组张贴并告知被征地农民。

⑤组织征地听证　在征地报批前，被征地集体经济组织和农户就征地补偿标准和安置途径申请听证的，市、县人民政府自然资源行政主管部门应当组织听证。涉及社会劳动保障有关事项的，邀请人力资源和社会劳动保障部门参加。举行听证的，应当制作《听证笔录》和《听证纪要》，全面准确地反映当事人的意思。确有必要的，应当对征地补偿标准和安置途径进行必要的修改和完善。被征地农村集体经济组织和农户自愿放弃听证的，应当

填写《听证送达回执》。

（2）材料组卷

按要求逐级上报有批准权限的人民政府审批。

①文字材料

a. 省辖市人民政府建设用地请示文件；

b. 省辖市人民政府建设用地审查意见（附土地开发建设整体方案及控制性规划，其中涉及划拨供地的，附划拨用地项目名单）；

c. 县（市）人民政府建设用地请示文件；

d. 县（市）人民政府建设用地审查意见（附土地开发建设整体方案及控制性规划，其中涉及划拨供地的，附划拨用地项目名单）；

e. 建设用地项目呈报材料"一书三方案"；

f. 征地告知、确认、听证有关材料；

g. 补充耕地验收文件和市、县自然资源行政主管部门关于资金来源情况的说明；

h. 缴纳新增建设用地土地有偿使用费承诺函（加盖市、县财政部门印章）；

i. 占用林地的，应当先办理占用林地审核手续；

j. 现场踏勘表及影像资料。

②图件材料

a. 建设用地勘测定界图和勘测定界技术报告书；

b. 城市建设用地规模控制图（可用 A4 局部彩图，加盖报文的市、县自然资源行政主管部门印章或规划审核章）；

c. 拟占用土地 1∶1 万分幅土地利用现状图（标注占地位置并加盖报文的市、县自然资源行政主管部门印章）；

d. 补充耕地位置图（在 1∶1 万分幅土地利用现状图上标注并加盖报文的市、县自然资源行政主管部门印章）。

（3）实施

①发布征收土地公告　征地经依法批准后，被征土地所在地的市、县人民政府应当自收到征地批准文件之日起 10 个工作日内，在被征收土地的村内张贴《征收土地公告》。该公告应当包括下列内容：

a. 征地批准机关、批准文号、批准时间和批准用途；

b. 被征用土地的所有人、位置、地类和面积；

c. 征地补偿标准，农业人员安置途径、社保情况；

d. 办理征地补偿登记的期限和地点。

办理征地补偿登记：

被征地农村集体经济组织、农村村民、地上附着物产权人或者其他权利人应当在《征收土地公告》规定的期限内，持土地权属证书等有关证明材料，到《征收土地公告》规定的地点，办理征地补偿登记手续。

②发布征地补偿安置方案公告　市、县人民政府自然资源行政主管部门根据批准的

《征收土地方案》和补偿登记资料，在发布《征收土地公告》之日起 45 日内，以被征地农村集体经济组织为单位制定《征地补偿安置方案公告》并在被征收土地的村内张贴。该公告应当包括下列内容：

  a. 本集体经济组织被征收土地的位置、地类、面积，地上附着物和青苗的种类、数量，需要安置的农业人口及其数量；
  b. 土地补偿费的标准、数额、支付对象和支付方式；
  c. 安置补助费的标准、数额、支付对象和支付方式；
  d. 地上附着物和青苗的补偿标准和支付方式；
  e. 社保费用的筹集方法、缴费比例和办法；
  f. 其他有关征地补偿、安置的具体措施。

2.2.6 土地征收纠纷问题

（1）征地纠纷概述

征地纠纷，顾名思义就是在征收集体土地过程中，失地农民、村委会、用地单位、政府之间产生的纠纷。这类纠纷特殊主体经常表现为：一方是政府或开发商，另一方是农民，由于其主体的特殊性导致这类纠纷在处理过程中一定程度上可能会存在地方保护主义，而且这类案件人数众多，极有可能引发群体性事件，这就对办案的人员有着更高的要求，只有充分地掌握专业知识和案情且具备足够的智慧和胆略才有可能将这类案件办好。

随着我国工业化、城镇化进程的不断加快，征地规模、征地速度、征地幅度都在急剧增长，因征地问题引发的社会矛盾不断加剧，失地农民生活水平下降，就业和其他权益得不到应有保障的问题日趋突出，因征地纠纷引发的上访和群体性事件经常发生，成为影响农村稳定与社会安定和谐的一个重要因素。正确运用法律手段解决农村征地纠纷，对于公平公正地保护每一个失地农民的合法权益，促进社会和谐与社会主义新农村建设，具有十分重要的意义。

（2）根源

征地补偿款与国家土地出让金相差太大，集体土地的价值不能平等交换。

以耕地年产值来确定的补偿标准不能正确地实现土地的价值，且集体土地的使用受到了极大的限制，集体土地所有权是一种受限的所有权，农民集体自己无权对其进行处分，只有作为非所有人的国家才有权进行处分，这一规定一方面维护了我国集体土地的稳定，但另一方面也限制了集体土地价值的实现，将集体土地大量限制在农用地范围上时，以用途来确定征收土地的补偿标准实际上不符合平等公平的原则。农民在土地被征收时所得到的补偿一般在 3 万~10 万元人民币以内，但当这些土地转变为国有土地进行出让时，其价格达到了几十万元甚至几百万元，这样明显的差价使农民难以接受。

（3）解决建议

对我国土地纠纷的处理问题，温家宝总理于 2012 年曾发表过观点。温家宝在承诺农民的土地经营权永远不变的同时指出，必须对那些被占用土地的农民给予应有补偿，其中"土地出让金主要应给予农民"，必须实行最严格的耕地保护制度，必须保护农民对土地生产经营的自主权，占用农民土地必须给予应有的补偿。土地出让金主要应该给予农民。必须依法严惩那些违背法律、强占乱占农民土地的人。

解决土地问题应从以下几个方面着手。

①提高失地农民的征地补偿标准，改变以往以耕地年产值来确定补偿标准的原则，在征地补偿中要充分考虑农民集体对集体土地的所有权。

②限制征收土地的条件，建设项目使用土地的应通过政府主导和监督下与农民协商的方式处理，在协商难以解决时方可采取征收这种国家强制手段。

③对地方政府征地进行有效的监管，严格履行征收土地审批制度，对征收集体土地的理由是否属于公共利益作为审批的重要条件。

④土地出让金应上缴国家财政，以减少地方搞土地财政的源头，由国家建立各地失地农民保障基金，征收集体土地所得到的土地土地出让金应全部用于失地农民。

（4）规范土地征收

①征收程序必须公开透明、流程规范、各方参与　政府在决定征收时应向公众公布独立机构出具的征地合理性和合法性的评估书；应组建社会公众代表和被征地集体组织代表以及农户代表的审核委员会审核征地是否必要和征地的具体事项；被征地集体组织和农户有权对征地和征地事项提出异议，诉至法院的，法院必须受理。政府未按征地流程进行而占用集体土地的，应承担民事侵权责任。

有商业利益目的的如房地产开发而需要占用集体土地的，不应启动征地程序，应在国家对农用土地变性为建设用地和用地需要加以严格审批的基础上，由用地人与集体组织协商在集体土地上依法设定建设用地使用权。

②现有土地补偿项目的标准应当重新研究和制定　我国地域辽阔，土地状况相差很大，制定统一的、很具体的标准不太现实，但法律应当规定必须补偿的项目和基本的补偿原则和标准。物权法规定征地必须安排好失地农民的生活保障就是一个很好的补偿原则和标准。征地不能让失地农民生活无着落，为失地农民提供生活保障，无疑会大幅度提高征地费用。我国应该确立起政府征不起地就不征地的法律政策导向，以遏制政府的征地冲动。

土地补偿项目应当增加土地本身的价值。土地本身的价值和土地产出能力价值是不同的。土地作为自然空间，是一种稀缺的资源，具有一定的市场价值，即便是不毛之地，在特定的位置上也有一定的价值。土地补偿金应该分为两部分，对土地的补偿和对土地产出能力的补偿，前者是集体土地所有权的对价，后者是土地承包经营权的对价之一。

③建立土地征收中的谈判协商机制　必须废除政府决定征地，同时又由政府决定征地补偿数额的现行做法。土地补偿原则和基本标准落实到具体的征地时，由于土地情况不一，存在着很大的价格空间。作为征地当事人，政府无权单方决定征地补偿数额，应赋予被征地集体和农户在土地补偿谈判中的话语权。双方平等谈判，无法达成一致意见的可提交仲裁或诉至法院。

④明确土地补偿收益主体和分配程序，确保土地补偿款一分不少地分配给该得的集体和农户　应当严禁各级政府和有关部门截留、挪用、侵占土地补偿款，违者追究行政责任、民事责任和刑事责任。应当分清土地补偿款的项目，确定哪些该给集体，哪些该给农

户,哪些该给土地经营者,不得混淆。应当公开集体组织在征地补偿款上的财务。

(5)典型案例

金××与安徽省人民政府土地征收批复案件解析

案情简介:

安徽省人民政府作出《关于歙县2009年第五批次城镇建设用地的批复》(皖政地〔2009〕931号),其批准征地的范围包含金××承包的耕地,金××认为其属于基本农田,安徽政府超越批准权限,依法经安徽省人民政府原级行政复议后,向国务院申请最终裁决。

审理结果:

国务院法制办公室经审理认为涉案土地根据土地利用总体规划属于基本农田,虽然歙县通过制作基本农田保护区规划图核减基本农田,但没有修改土地利用总体规划,被征收土地应当属于基本农田,被申请人将其作为一般耕地批准征收明显不当,故裁决如下:确认安徽省人民政府作出(皖政地〔2009〕931号)批复违法。

律师解析:

根据《中华人民共和国土地管理法》第四十五条的规定,基本农田应当由国务院批准征收,安徽省人民政府明显不具有审批权限,基本农田属于土地利用总体规划确定的一定时期内不得进行建设的耕地,而基本农田的确认必须以土地利用总体规划为准,如涉及征收基本农田应当由国务院批准土地利用总体规划,并报原批准土地利用总体规划的机关批准。

2.2.7 土地权属纠纷

(1)特征

①争议主体的多样性。

②争议客体的特定性。

③争议大多表现为情况复杂,年代久远,查证难度大以及政策性强等特性。

④处理方法上,人民政府处理是人民法院受理的先决条件。

(2)土地权属争议调处程序

土地权属争议调处要本着尊重历史、面对现实的原则,从维护争议双方共同利益出发,在调处土地权属纠纷过程中,以现行法律法规及《土地权属争议调查处理办法》为依据,严格按照受理、调查、调解、处理等程序,及时化解矛盾,将矛盾解决在基层,保护当事人合法权益,维护社会稳定,建设和谐新农村。

①协商 争议双方当事人本着"尊重历史、面对现实、实事求是、互谅互让、公正合理、自觉自愿"原则平等协商,解决权属争议。

②调解 协商不成由人民政府调解。村级组织之间的争议向县级人民政府自然资源行政部门提出调处书面申请;村民个人之间、村民个人与村级组织或单位之间的争议,向乡级人民政府或者县级人民政府自然资源行政部门提出调处书面申请。书面申请载明申请人和被申请人姓名、地址、联系电话,法定代表人姓名、职务,请求的事项和理由、有关证据。乡级人民政府或者县级人民政府自然资源行政部门受理后进行调查调解,调解达成协

议的，制作调解书。

③行政处理　调解不成未达成协议的，应当及时提出处理意见，报人民政府做出处理决定。

④救济　当事人不服人民政府处理决定书的，可在收到处理决定书之日起60日内提出行政复议或在30日内提出行政诉讼。

(3) 种类

按争议当事人分：

①全民所有制单位之间，城市、集体所有制单位之间，以及全民所有制单位与集体所有制单位之间的土地权属争议。

②全民所有制单位、城市集体所有制单位与农民集体土地权属争议。

③农民集体之间的土地权属争议。

④全民所有制单位，城市、农村集体所有制单位与个人，及个人之间的土地权属争议。

按争议土地权分：

①土地所有权争议。

②土地使用权争议。

出现土地争议按照《土地权属争议调查处理办法》进行处理。

2.2.8　土地调查

(1) 定义

土地调查一般指土地资源调查，土地资源调查就是为查清某一国家、某一地区或某一单位的土地数量、质量、分布及其利用状况而进行的测量、分析和评价工作。

(2) 工作内容

土地资源调查是整个农业自然资源调查的重点，其目的是为合理调整土地利用结构和农业生产布局、制定农业区划和土地规划提供科学依据，并为进行科学的土地管理创造条件。主要内容包括：土地利用现状调查、土地质量调查、土地评价及土地监测等。

(3) 现状调查

①调查简介　又称土地数量调查，按行政范围分为全国、省(自治区、直辖市)、县(自治州、自治县)3级。县级土地利用现状调查一般以县为单位进行。调查的基本方法是：利用大、中比例尺地形图或航片、影像地图，通过外业补测或调绘，将变化的地物界线转绘到地形图或影像地图上，勾绘出土地所有单位和使用单位的界线，并以修绘后的地图作为底图，量算出各类土地面积。同时，将土地面积量算的成果，以乡(或村)为单位，由下而上逐级汇总出各级行政管辖单位的土地总面积及各类土地面积。

②调查程序　调查一般按下列程序进行：

• 准备阶段　包括图纸资料的收集、仪器准备和人员组织等。其中准备底图和弄清现有图纸的利用价值是准备工作的关键。

• 外业阶段　主要工作项目包括现场踏勘、航片判读、调绘或地形图补测，如标绘各级行政及土地使用单位以及各种土地类型的界线，修正变化的地物界线、实地丈量线状地物（道路、渠道）的宽度，以及收集、了解近年来土地利用的动态变化等。调绘或补测工作应符合规程的精度要求。

● 内业阶段　主要是将外业补测或航片调绘的内容转绘到工作底图上，根据底图量算面积、编制土地利用现状图、编写土地资源调查报告等。可根据不同情况分别采用仪器法、交会法、辐射网络法、方格法等转绘方法，按一定的技术要求把航片的调绘成果转绘到地形图上。量算面积的工作，在转绘好的分幅底图上进行。土地利用现状图按行政区编绘，要能正确反映开展土地调查地区的各类土地的数量和分布，以及行政区划和主要土地使用单位的界线。各类用地要用相应规定的图式、注记表示。县级土地利用现状图的比例尺一般为1∶2.5万～1∶10万；乡级土地利用现状图的比例尺，农区为1∶1万，林区、牧区为1∶2.5万～1∶10万。土地利用现状调查的主要成果有土地利用现状图、土地面积统计表和土地调查报告等。

(4)《土地调查条例实施办法》(2019年修正)

可登录中华人民共和国自然资源部官方网站查阅。

(5) 质量调查

通过土壤普查，并利用水文、地质、气象、农业、林业、水利等专业调查资料，查清土地资源的质量。土地评价根据土地的自然和经济特点，对土地的性状进行鉴定与估价。

(6) 土地监测

土地监测是指对各种土地利用类型的数量、质量及其利用状况进行定期、定点的观测、分析和评价。它是取得土地利用状况的动态变化信息，掌握土地变化规律，以保护土地资源、不断提高土地生产力的有效措施。监测内容包括土地数量、质量变化（如土壤退化、土壤污染等）、土地利用率及经济效果，以及土地权属关系的稳定性等。土地监测的主要方法是建立土地资源的动态观测网点，通过对样点有关指标进行定期、定位的测定和分析，按期提供信息。为了不断提高监测工作的技术水平和精确度，可应用遥感技术，采用电子计算机进行信息储存；运用数理统计方法，进行大面积土地利用动态测报等。此外，土地监测还可以通过建立健全的土地统计、登记制度来进行。

2.2.9　土地登记

(1) 概述

土地登记是法定的土地登记机关按照规定程序将土地的权属关系、用途、面积、等级、价格等情况记录于专门簿册的一种法律行为。

土地登记是国家土地管理行政当局为加强土地管理，要求土地所有人或使用人在一定期间内申报土地权益，经认可后记载于专设簿册的法律行为，是国家管理土地和确定地权的一项重要措施。

在我国土地登记分为两种：

① 原始登记　又称土地总登记，是土地权属关系的最初确认登记，一般结合土地清查进行；

②变量登记　在一定地区或单位完成土地原始登记后，如有转移、变更、注销及其他权利的设立和变更事项，则另行申请转移、变更、注销及其他权利的设立和变更事项的登记。

申请土地登记，申请人须呈交足以证明其权利和身份的文件，填具申请书；土地主管机关按规定的原则和程序进行审查、登记、发证。《中华人民共和国土地管理法》第十二条规定："土地的所有权和使用权的登记，依照有关不动产登记的法律、行政法规执行。依法登记的土地的所有权和使用权受法律保护，任何单位和个人不得侵犯。"；第十四条规定："土地所有权和使用权争议，由当事人协商解决；协商不成的，由人民政府处理。单位之间的争议，由县级以上人民政府处理；个人之间、个人与单位之间的争议，由乡级人民政府或者县级以上人民政府处理。当事人对有关人民政府的处理决定不服的，可以自接到处理决定通知之日起三十日内，向人民法院起诉。在土地所有权和使用权争议解决前，任何一方不得改变土地利用现状。"

（2）土地登记的内容

土地登记的内容是指反映在土地登记簿内的土地登记对象质和量方面的要素，包括土地权属性质与来源、土地权利主体、土地权利客体以及与这三方面直接相关的其他内容。具体包括：土地所有者、使用者及他项权利者，土地权属性质，土地权属来源，土地使用期限，土地面积，土地坐落及四至，土地用途，土地等级，地价，建筑占地面积，建筑容积率，建筑密度，建筑物类型等。

（3）土地登记的基本程序

不同类型的土地登记在具体程序上虽然不尽相同，但基本程度从总体上可分为土地登记申请、地籍调查、权属审核、注册登记和核发证书五个步骤。

申请人向土地登记机关申请土地登记，应当提交必要的文件资料，包括：

①《土地登记申请书》。

②申请人身份证明。

③土地权属来源证明。

④地上附着物权属证明。

（4）土地登记的特点

①强制性　当事人的土地权利必须依法登记，未登记的土地权利不受法律保护，并可视情节对当事人进行处罚。

②公信性　土地登记是人民政府的行政行为，是人民政府土地管理部门依法制定程序对土地权属、面积、用途等进行审查、批准，并注册登记、颁发土地证书的法律程序，从而保证了土地登记的真实可靠。

③完整性、连续性　土地登记须统一进行，不能分割。登记事项变更，应及时办理变更登记手续，保持土地资料的连续性。

④保护性　国家通过土地登记，确认土地所有权和土地使用权，维护土地公有制不受侵犯，为充分、合理和有效地利用土地提供法律保障。

2.2.10 土地统计

土地统计是指利用数据和图件等形式对土地的数量、分布、权属、利用状况及其动态变化进行系统的调查、整理、分析和预测。其特点是统计数据不仅反映在文字和数字上，同时一定要在相应的图纸上得到证实，表示其空间位置，做到图数相符，它是土地管理的重要内容之一。土地统计分为土地数量统计和土地质量统计，又分为原始统计和年度统计。运用土地统计方法，经常了解并掌握土地在其利用过程中所发生的数量与质量变化以及存在问题，是土地管理的重要手段。

(1) 定义

土地统计是利用数字、图表及文字资料，对土地的数量、质量、分布、权属和利用状况及其动态变化，进行全面、系统的记载、整理和分析的一项管理措施。土地统计的对象是中华人民共和国版图内的全部土地。土地统计是地籍管理、土地管理的重要基础。

土地统计是社会经济统计的一个重要组成部分，但它又不同于其他生产资料的统计。土地具有位置固定、不能移动的特点。土地面积在实地是以界线体现的，各类土地面积的变化，首先是该类土地界线的变化。各类土地的界线是相互变化、相互制约的，这类土地面积增加，就意味着另一类土地面积的减少，因为土地的总面积是不会变化的，因此，在进行土地统计时，为了避免土地面积的重复、遗漏和混乱，除了需要反映该类土地的面积外，还要反映其位置；不仅需要在统计文件上进行数字统计，还要在图纸资料上进行土地界线变化的统计，使土地统计表格、统计图和实地保持一致。这是土地统计区别于其他统计的一个重要特点。

(2) 内容

土地统计的基本内容主要包括土地调查总面积、质量、分布、权属和利用状况。

①土地调查总面积　是指统计范围内全部土地的总量，如全国土地调查总面积等。

②土地质量　是指通过土地评价确定的不同等级土地的数量及分布，如某县拥有不同等级耕地的数量及分布等。土地质量的自然指标是从土地的自然属性方面反映土地质量状况及其变化的指标，主要包括：气候、坡度、土层厚度、障碍层出现部位及厚度、有机质含量、土壤质地、酸碱度、侵蚀程度、灌溉保证率、污染指数、岩石裸露程度等。

③土地分布　是指土地的位置及范围界线，如行政界线、各权属单位及各种用地的界线，除文字和数据外，还需要用图件表达。

④土地权属状况　是指不同权属性质的土地面积及分布，土地权属按性质不同可以分为国有土地和集体所有土地两种，使用国有土地按隶属关系分系统统计。

⑤土地利用状况　是指各种土地利用类型的面积。

(3) 基本要求

县级农村土地调查数据库进行成果汇总统计上报之前，应对数据库成果进行检查，数据应满足以下要求：

①数据库图形面积计算　应严格按照《图幅理论面积与图斑椭球面积计算公式及要求》（国土调查办发〔2008〕32号）的要求进行，经过控制修正的图斑面积应满足第二次全国土

地调查成果数据质量检查软件椭球面积检查规则的要求。

②县辖区控制面积计算　应严格按照《第二次全国土地调查技术规程》(TD/T 1014—2007)的要求,进行图幅面积控制和分幅累加计算,并制作《图幅理论面积与控制面积接合图表》。

③各级面积统计逻辑　县辖区控制面积应等于村级单位控制面积之和,等于全县所有图斑面积之和(地类图斑层的图斑面积字段汇总值);村级单位控制面积应等于本村所有图斑面积之和(地类图斑层的图斑面积字段汇总值);乡级控制面积等于各村级单位控制面积汇总值。

(4)基本步骤

①建立数据库面积汇总基础计算表,从数据库中各图层生成数据库面积汇总基础计算表,检查基础计算表的正确性和逻辑一致性。

②将数据库面积汇总基础计算表的单位转换为公顷,强制调平小数位取舍造成的误差,形成基础统计表,检查确保基础统计表的正确性和逻辑一致性。

③基础统计表是数据库面积汇总统计的基础,在基础数据未发生变化的情况下,各类面积统计报表均由该基础统计表生成。

(5)数据形式

①土地统计表　可以看成是填有土地统计指标的表格。土地统计指标由指标名称和指标数值两部分构成。一个科学的土地统计指标应满足以下基本要求:首先,统计指标要有科学的概念。统计指标要有科学的内涵和合理的外延,它是正确统计与计算指标的基础。其次,统计指标要有一个科学的计算方法。这里包含两层意思:其一是指统计指标如何计算才能符合客观实际,具有现实意义;其二是指统计指标数值采用什么恰当的数学公式进行计算。

土地统计表包括总标题、统计指标名称、权属单位或统计单位名称、数字资料的计量单位、填报单位、填表人、填表日期、表号、制表机关、批准机关和批准文号等内容。

土地统计表一般采用开口式,即表的左、右两端不划竖线,表的上、下基线用粗直线画出,其余线则用细线画出。

②土地统计图　是土地统计的重要文件。已完成地籍调查或土地利用现状详查的市(县),可以采用地籍图或土地利用现状图作为土地统计图。城镇土地统计图应包含以下内容:各级行政界线;宗地的界址线;地类界线;建筑物界线;地籍编号(以行政区为单位,按行政区、街道、宗地三级编号,对于较大城市可以按行政区、街道、街坊、宗地四级编号);地类、面积、单位名称等注记;比例尺,一般采用1∶500或1∶1000,村庄可采用1∶2000;图名、图廓、图例、指北针等。

在编绘土地统计图时,首先要对各级行政界线、权属界线和地类界线进行校核,以消除面积的重叠或遗漏。然后用黑墨汁清绘整饰成市(县)土地统计图。

在进行土地日常统计时,首先,要根据已校核过的文件、图纸资料,将全市(县)范围内土地权属和土地利用变化用铅笔指示到土地统计图上,到实地调查核实后,再统一用红墨汁描绘,然后,清绘、复制成本年度土地统计图。通过在图上反映出土地面积变化的具体位置，就可以发现土地统计中的错误，避免面积的重复计算和遗漏。

(6) 开展土地统计的意义

①可以及时掌握全国土地数量、质量、分布、权属和利用状况及其动态变化，保持土地调查成果资料的现势性。

②为党和国家制定各项政策、计划及监督其执行情况提供依据。

③为科学管理土地，编制土地利用总体规划、土地利用年度计划等提供基础数据和图纸资料。

2.2.11 地籍档案管理

(1) 地籍档案

地籍档案是指国家和地方各级土地管理部门及其所属单位，在地籍管理活动中形成的按立卷归档制度保存起来以备查考利用的地籍簿、册、图件、音像、软盘等文件材料。地籍档案是土地管理档案的核心，也是国家档案的重要组成部分。按其内容可分为土地调查档案、土地登记档案、土地统计档案、土地定级估价档案、土地监测档案和地籍综合档案等。《土地基本术语》(GB/T 19231—2003) 规定，地籍档案是在地籍管理中形成的、具有保存和查考价值的簿、册、图件、音像等资料。

(2) 地籍档案特点

①数量大、形式多样、保存分散。

②成套性，地籍档案的成套性由地籍档案的自然形成规律所决定。

③跨年度、形成周期长。

④动态性和现势性。

⑤兼容性。

⑥与资料互相渗透、互相转化。

(3) 地籍档案管理

地籍档案管理是对地籍管理工作中直接形成的具有保存价值的历史记录，包括文件、图册、图像资料等，进行搜集、鉴定、整理、保管、统计、编码和提供利用等多项工作的总称。

地籍档案管理的基本要求有：完整、准确、系统、安全。完整要求做到地籍档案齐全、成套，不能残缺不全；准确要求做到使其内容与所反映的事物及其过程之间保持一致；系统要求保持地籍档案材料之间的有机联系；安全要求做到不发生泄密、失密、窃密事件，不因管理不善而使地籍档案受损，并延长地籍档案的寿命。

(4) 地籍档案管理工作的主要内容

①收集 收集是档案工作的起点，是保证档案卷内材料完整、准确的必要条件，是非常重要的一项工作。对于阶段性专项地籍工作，从下达工作任务时开始，就要把档案的收集整理归档纳入工作计划，最好指定专人负责。常规日常业务工作，要求从窗口收件开始，调查、测绘作业，到最后质检、审核，案件流转的每个部门和人员，都必须具有档案

材料的收集意识。

●规定要求归档的材料必须收集齐全，而规定不需要收件的、重复的、无关的、错误的材料等应当及时清理出档案袋。档案袋内的材料应当准确，尤其当同一土地使用者同时办理多个案件时，各档案袋内的材料在作业过程中，作业人员应当区分清楚，各归其袋，避免混淆。

●作业过程中，各种文字记录应当正确填写在相应的表格和栏目内，尽可能不要超出栏目线。应当注意留出页面正面左边1.5cm、反面右边1.5cm宽的装订边。

●档案袋作为案件流转过程中的材料装具，归档后将不再留存，因此，作业过程中一些重要的文字说明应尽可能记录在记事簿上，便于今后查考。

●尽可能使用碳素墨水、蓝黑墨水，避免使用圆珠笔、复写纸等书写材料。传真件（热敏纸）要及时复印。提交材料尽量采用16开、A4大小的纸张。要求字迹清楚端正，易于辨认。

●要注意纸质档案以外的载体形式档案的收集，如照片及其底片、电子文档、数码照片、数据光盘、硬盘等。

②移交 主要指案件办理完成后向档案部门移交，也可以指案件流转过程中不同部门人员之间的交接。通常提供移交清册，至少一式两份，交接双方在清点核对完毕后签字认可，各留一份清册备查。特别要注意交接时清册信息的准确性，尤其是地籍号的准确性，便于今后档案的查找和追溯。

③整理归档 前期准备、立卷、装订、编目(扫描)。

●前期准备 归档前要再次检查核对案袋内材料，内容不完整的档案袋要退回给有关责任人，待材料补充齐全后方能归档。根据类别、保管期限、密级以及整理方法等，对需要归档的材料加以区分。土地登记档案由于数量巨大，区分独用宗、住宅楼共用宗（简称楼档），用两种不同的立卷方式整理，独用宗档案采用常规传统方式，而楼档采用简化方式整理。

纸质材料的归档准备需去除金属装订物，折叠大幅面图纸，加贴装订边，修补破损纸张，处理不合格字迹材料，装订边硬衬纸板的加垫。通常正面左边、反面右边为装订边。

●立卷 综合类档案，即通常所指的文书档案，2000年以后，根据规定，以件为单位，在首页盖档号章，再进行装订、分类、排列、编号、编目、装盒。

其他类别的档案的整理方法与综合类不同，都是将几份内容上有联系的材料组成一卷。地籍调查与土地登记档案按照使用者合并组卷，即每个宗地内每一个使用者建一卷档案，卷内材料顺序是先土地登记材料，再地籍调查材料。

土地登记档案卷内材料有：土地登记审批表、土地登记申请书、土地登记单位法人或个人户主身份证明书、土地登记委托书、土地登记收件单、土地使用者提交的权源证明材料、地籍调查表、地籍调查单位法人或个人户主身份证明书、指界委托书、地籍勘测记事簿、界址点计算成果册、宗地图。

独用宗土地登记档案整理按土地使用者立卷，卷内材料排列顺序为：土地登记审批材料、土地登记申请材料、房地权源材料、地籍调查材料。案卷材料厚度超过3cm时，应当合理分卷，通常将部分权源材料分立出去成第二、三卷，约定卷内有审批表的那一卷为第一卷。

编页号：为固定卷内文件排列的位置，便于统计和保护文件。卷内文件材料应按已排定的顺序，用 HB 铅笔从"1"开始依次编写页号，即在有文字的每页材料正面右上角、背面的左上角编写页号。除空白页外，都应逐页编号。一张纸上贴数张小页等也要逐页编号。注意：所有卷内目录、备考表不编页码；分卷材料视为独立的一卷，也是从"1"开始编写页号，而不是跟着上一卷后续编页号。

填写档案卷内目录和备考表，卷内目录填写内容包括：地籍号、宗地坐落、土地使用者、序号、文件题名、坐落、日期、起止页码、备注。备考表的填写内容包括：本卷情况说明、立卷人、检查人、立卷时间。当卷内材料数量发生增减、内容发生变化时，必须在"本卷情况说明"栏中加以注明。

卷皮封面填写：独用宗须以使用者为单位，用软卷皮装订。软卷皮封面用钢笔碳素墨水，按卷面项目逐个填写，字迹应端正、清晰。卷面项目包括案卷题名（地籍号、土地使用者、宗地坐落）、卷内材料起止时间、件数、页数、卷保管期限、密级、目录号、分类号、案卷号。

案卷装订：装订时案卷左侧装订。

案盒封面及盒脊填写项目：独用宗软卷装订后，待案卷编目后，按照案卷号顺序装盒，每盒都应基本装满，不能鼓起。盒封面用钢笔碳素墨水，按盒面项目逐个填写，字迹应端正、清晰。盒面项目包括盒内材料起止时间、卷数、页数、保管期限、密级、目录号、分类号和案卷起止号。盒脊填写全宗号、目录号、卷起止号和立卷年度。

住宅楼共用宗土地登记档案整理方法。盒内材料分为共用材料和分户材料，分别填写两种不同的目录。共用材料是指宗地内所有住户共用的权源材料。

2.2.12　地籍管理信息系统

地籍管理是土地管理的基础。地籍管理的对象是作为自然资源和生产资料的土地，其核心是土地的权属问题，即在地籍测量与地籍调查的基础上对土地的产权、准确位置和面积登记造册，并发放土地使用证件进行确权。

为保证地籍管理工作的顺利开展并满足社会经济的发展和国家对地籍资料需求的增长，地籍管理必须保证地籍资料的连贯性和系统性、可靠性和精确性、概括性和完整性。因此，必须建立地籍管理信息系统以及时掌握土地数量、质量的动态变化规律，对土地利用及权属变更进行监测，为土地管理的各项工作提供保管、更新有关自然、经济、法律方面的信息。

任务 3　房屋产权产籍管理

本任务介绍房屋产权、房屋产籍调查、房屋产权登记、房地产档案、房地产产权产籍管理信息系统五方面的内容。

能力目标：

(1) 能够正确描述房屋产权产籍管理的相关概念；

(2)能够正确描述房屋产权登记;
(3)能够正确描述房屋产权产籍管理。
知识目标:
(1)掌握房屋产权产籍管理的相关概念;
(2)了解房地产产权产籍管理信息系统;
(3)掌握房屋产籍调查;
(4)掌握房屋产权登记。

3.1 房屋产权

房屋产权是指房产的所有者按照国家法律规定所享有的权利,也就是房屋各项权益的总和,即房屋所有者对该房屋财产的占有、使用、收益和处分的权利。房屋产权由房屋所有权和土地使用权两部分组成,房屋所有权的期限为永久,而土地使用权根据有关法规为40年、50年或70年不等,届满自动续期,续费按当时的1%~10%来增收(即土地使用权出让金)。

3.2 房屋产籍调查

房地产产籍是指土地的自然状况、社会经济状况和法律状况的调查与记录,包括土地产权的登记和土地分类面积等内容。

房地产的产权档案、图纸以及账册、表卡等其他反映产权现状和历史情况的资料。地籍、产籍、房地产籍通常是同一概念,它是指土地的自然状况、社会经济状况和法律状况的调查与记录,包括土地产权的登记和土地分类面积等内容。具体来讲,是对在房地产调查登记过程中产生的各种图表、证件等登记资料,经过整理、加工、分类而形成的图、档、卡、册等资料的总称。

权籍调查是指以宗地为单位,查清宗地及其房屋的房产单元状况,包括宗地信息、房屋(建、构筑物)信息等。房产权籍调查包括房产权属调查和房产测量。简单说就是的确需登记发证的房屋、土地属于谁,及其坐落在什么地方。

3.3 房屋产权登记

(1)定义

房屋产权登记,是指按照法律规定,由有关国家机关对城市房屋的所有权进行登记。房屋是不动产,取得、变更房屋所有权是以房屋产权登记为标志的,这与动产不同。《中华人民共和国城市房地产管理法》《中华人民共和国土地管理法》以及《房地产管理条例》等都对此有相关规定。

城市房屋买卖过程中,一定要充分注意,占有房屋不代表取得了房屋所有权,还需要办理房屋产权登记。

(2)登记程序

①申请登记 是指房产权利人或者代理人在规定的期限内按照权利的种类和登记的种

类向登记机关提供合法有效的法律文件的行为。这一程序的主要工作是检验证件和填写申请书、墙界表等。

检验证件是整个产权登记的基础，包括检验身份证件和产权证件。身份证件和产权证件必须吻合。申请人包括自然人、法人和其他具有民事主体资格的组织。我国采取实名制原则，申请人为法人或其他组织的，应当使用其法定名称，由法人代表申请；申请人是自然人的，应当使用身份证上的姓名。检验有关证件的目的在于确定申请人是否具备登记资格。只有具有相关产权证件，且权属清楚、产权来源资料齐全，才予以登记。对于违章建筑、临时建筑等，不予登记。对于申请人因正当理由不能按期提交证明材料或需补办有关手续的，可以准予暂缓登记。在有利害关系人提出异议、权属存在争议的情况下，也应当暂缓登记。

填写申请书和墙界表，即填写房屋产权申请书和房屋四面墙界表。墙界表是房屋权利人向登记机关提供的房屋四面墙体归属情况的书面凭证。申请人填写申请书和墙界表后，连同产权证件、身份证明等，一起交给登记机关工作人员。工作人员审阅无误后，办理收件手续，收取证件。

②勘丈绘图 是对已申请房屋产权登记的房屋进行实地勘察，查清房屋现状，丈量计算面积，核实墙体归属，绘制分户平面图，补测或修改房屋的平面图（地籍图），为产权审查和制图发证提供依据。勘丈绘图的主要任务包括核实、修正房屋情况，核实墙界和绘制分户单位平面图等。将与实际一致的房屋平面图连同申请书、墙界表、未登记房屋调查表以及分户单位平面图等移交给原来的登记人员，并归入相应的登记档案袋。其中非常重要的是对墙界的核实。核实的时候，应由权利人逐一指引，验证墙界表的真实性，同时再由邻居确认申请人指界是否与实际情况相符，经双方确认后再对墙界进行登记。

③产权审查 是指以产权、产籍档案的历史资料和实地调查、勘察的现实资料为基础，以国家现行的政策、法律和有关的行政法规为依据，对照申请人提出的申请书、墙界表以及其他产权证明，认真审查其申请登记的房屋产权来源是否清楚、产权转移和房屋变动是否合法的整个过程。

产权审查要做到层层把关、"三审定案"（初审、复审和审批）。初审，是指通过查阅产权档案及有关资料，审查申请人提交的证件是否齐全，核实房屋的界限，了解房屋产权来源及权利变动情况，根据有关法律法规提出初步的意见。初审以后，要将房屋产权登记的基本情况和初步核查的结果进行公布。在规定的期限内，房屋的利害关系人可以书面向登记机关提供有关证据，要求重新复核；没有异议的，准予确认房屋产权。复审，是指经过初审和公告以后确认房屋产权无异议的，交由复审人员进行全面复核和审查。这是产权审查确认产权、核发产权证书的重要环节。经过以上步骤后，可以确认房屋产权并发放产权证书。

④绘制权证 包括缮证、配图、核对和盖印四个流程。

• 缮证 即填写房屋产权证、房屋共有权保持证和房屋他项权证。

• 配图 是指将测绘人员经过实地复核后测制的房屋平面图或分户单位平面图、示意图粘贴在房屋产权证规定的位置上。

• 核对 是指房屋产权缮写和粘贴附图以后再进行校对。核对以申请书为根据，对照检查房屋产权证、房屋共有权保持证存根的项目有无错漏，与申请书是否一致；以房屋产权证(或是房屋共有权保持证)存根为依据，对照检查骑缝处的字号与权证扉页的字号是否相符；以房屋产权证(或是房屋共有权保持证)存根为根据，对照检查房屋平面图的各项有无错漏，是否一致。如果存在问题，在询问清楚和补齐后方可进行绘制。

• 盖印　即在登记复核后，依次在房屋产权证存根与房屋产权证的骑缝处和图证结合处，另盖骑缝专用章和房管机关的钢印，并加盖填发机关公章。

⑤收费发证　是房屋产权登记工作的最后一道程序，包括征税、收费和发证。

产权人缴纳的税费，原则上应包括印花税和登记费、勘测丈测费、权证工本费等。房屋的买卖、赠与、典当以及不等价交换等，都要由承受人缴纳契税和印花税，一般委托房产登记部门在办理房屋交易手续时代为征收。

发证，即产权人缴纳税费后，由发证机关发出领证通知书，产权人在指定的时间、地点，携收件收据、缴纳税费收据以及身份证件等到发证机关，经检验无误后，发给房屋产权证书。

3.4　房地产档案

(1) 定义

房地产档案是指房地产行政管理部门在房地产发证登记、房地产交易买卖、房屋动拆迁、建设用地及批租用地活动中，经过收集、整理、鉴定，按一定的手段形成的反映产权人、房屋自然状况及使用土地状况，应当归档保存的文字材料、计算材料、图纸、图表、照片、录像带、录音带、磁介质软盘等各种载体内容的文件材料。

房地产档案形成后，房地产的买卖、交换、继承、赠与、分析等权属变更不断发生，房屋的拆迁、翻改、扩建等现状处于不断的转移和变更之中，必须不断地补充新材料，才能确保房地产档案的真实性和连续性。

(2) 分类

①按房地产的用途进行分类　这种按照房地产的用途对房地产档案进行分类的方法，就是将同一用途的档案进行集中排列，按照不同的用途对房地产档案进行管理和利用。

• 住宅　A1 住宅、A2 成套住宅、A3 集体宿舍。
• 工业交通仓储　B1 工业、B2 公用设施、B3 铁路、B4 民航、B5 航运、B6 公交运输、B7 道路、B8 仓储。
• 商业服务　C1 商业服务、C2 旅游、C3 金融保险。
• 文化娱乐体育　D1 文化、D2 新闻、D3 娱乐、D4 园林绿化、D5 体育。
• 办公　E1 办公。
• 军事　F1 军事。
• 教育医疗科研　G1 教育、G2 医疗、G3 科研。
• 其他　H1 涉外、H2 宗教、H3 监狱、H4 农用、H5 水域、H6 空隙。

②按产别进行分类　此种分类方法是依照房地产管理部门对房地产的产别性质管理房地产的方法进行分类的。就是将同一产别的房地产档案进行集中排列，按房地产档案的不

同产别对房地产档案进行管理和利用。
- 直管公房　A1 公产、A2 代管产、A3 托管产、A4 拨用产。
- 单位自管公产　B1 全民单位自管公产、B2 集体单位自管公产、B3 军产。
- 私产。
- 其他房产　D1 外产、D2 中外合资、D3 其他产。

③按地域进行分类　此种分类方法是根据房地产档案内容所反映的地域特征进行分类的，在分类上第一层按区域分幅平面图进行划分；第二层按宗地或分丘平面图划分；第三层按街名、路名划分；然后按栋分开；再在各栋内按权属、单元分开。

以上介绍的是房地产档案分类原则和几种常见的分类方法。在对房地产档案进行分类时，一定要依据房地产档案的特点和分类原则，选择合理的分类方法，使房地产档案更好地为城市的房地产管理工作服务。最大限度地创造房地产档案的社会效益和经济效益，保障房地产档案的相对稳定，在制订房地产档案分类方案时，一定要对经济效益进行周密研究。

（3）地位和作用

房地产档案工作是房地产业不可缺少的一个环节，是其重要组成部分。做好房地产档案工作，可以促进房地产业的顺利发展，其作用主要体现在以下三个方面：

①房地产档案是领导进行科学决策的重要参谋　在当今社会，无论是对重大问题的战略决策，还是对一般问题的具体研究，都力求万无一失。而要做到决策准确、科学，都需要大量的信息作基础。房地产档案是一种不断积累、永续不绝的信息库，其中蕴藏着极为丰富的历史经验信息，是领导决策必不可少的条件之一。可以说房地产档案是房地产业领导进行科学决策的得力助手和重要条件。

②房地产档案工作是提高房地产业工作效益和管理水平的必要条件　房地产档案记录了历史上大量房地产产权、产籍方面的信息，为房地产业其他工作提供了极大的方便，减少了不必要的重复劳动和无效劳动；它还记录了大量的房屋建筑方面的数据，为房地产业的日常管理及房产转让、分割拍卖、交换、改建、扩建、新建等产权异动和房屋结构状况的变更提供了科学依据。

③房地产档案工作是维护房地产业真实面貌的一项重要工作　房地产档案工作把房地产业活动中形成的全部档案，按其本来面目完整、系统地保存下来，使其免遭自然的和人为的破坏，不容许任何人歪曲篡改，使人们能从这些档案中全面、真实地看到某些房地产业发展的过程，既维护了档案的完整与安全，又维护了房地产业的真实面貌，并能体现房地产业的立足之本——诚信。假如不建立房地产档案工作或建立不健全，必然会造成档案的杂乱残缺，要维护档案的完整是不可能的，这势必给房地产业乃至子孙后代带来难以弥补的损失。

（4）特点

①法律依据性　房地产档案是除房地产权属证书外法律认可的、确认房地产权利归属、鉴证房地产权属处置的唯一有效证明。由于房地产业已成为国民经济的支柱产业，房地产的经济行为日益增多。人民法院对诸如房地产交易、析产、抵押、继承、查封、保

全、评估过程中产生的种种纠纷如何裁决，也是建立房地产档案是重要的法律依据。

②动态性　造成房地产档案的动态性主要有两个方面的原因：一是房地产本身发生了变化，如房屋的状况变动，房屋被拆除产权灭失等；二是房屋外部条件的变化引起房地产档案的变化，包括房产测量方法的改变，历史遗留问题的处理，路街巷变化，编号方式的改变，房产交易造成房地产权属转移等。

③数量巨大，使用频繁　房地产档案是与房屋产权一一对应的。也就是说有一份产权，就会存在一卷房地产档案。因此，房地产档案的数量相当大，部分大城市的房地产档案数以百万计。据统计，为办理房地产交易、析产、继承、抵押、查封、评估等正常业务而利用房地产档案，大城市平均每年为3万~6万次，中等城市为1万~3万次，小城市为0.2万~1万次。从总体上看，房地产档案的数量和利用量都非常大。

④区域垄断性　房地产管理的基本原则是属地管理。因此，各地房地产管理部门在进行房地产管理的过程中处于对本地区房地产档案的独占和垄断地位，如果不规范管理和开发利用，将直接影响本地区房地产业乃至整个经济的发展和社会的稳定。

3.5　房地产产权产籍管理信息系统

加强数字化建设，实现档案管理现代化。随着科学技术的发展，以计算机技术为核心的现代信息处理技术正在深入到房地产档案管理中，档案管理以手工管理为主的传统手段逐渐向现代先进技术手段过渡。通过以网络为支撑的计算机技术，极大地促进了房地产档案管理模式的重大改变，实现房地产档案信息收集、整理、查询、利用管理的现代化，提高了档案的管理水平和利用质量，为房地产经济发展服务。

档案数字化建设应按照先新后旧的顺序安排。对于新建档案全部采用计算机录入，使其成为电子文档，对于原有数据，可集中录入。作业流程一般分为建立电子档案目录、扫描档案、影像整理及检查、终检、档案卷宗归库等步骤。利用计算机处理信息的功能，编制各种检索工具，形成计算机检索与手工互补的档案信息检索体系，以提供高效、便捷的查询服务。计算机应用既保护了档案原件，又满足了使用者的需要。

深层次揭示档案内容、做好档案编研工作传统的档案服务，一般是提供目录，进行查询、复制和借阅服务。而在新的环境下，房地产档案信息开发的主要形式是房地产档案编研，房地产档案编研工作是对房地产档案内容的信息提炼和信息组合，它使房地产档案转变为房地产档案信息，成为浓缩房地产档案精华，具备实用价值的房地产档案信息产品。可以提供编制房地产档案目录、房地产档案索引、房地产档案简介等服务，也可以对房地产档案原件中的信息内容进行综合分析，直接加入房地产档案信息研究中，为用户提供决策情报。

加强主动服务，满足用户需求。房地产档案部门不能被动等人上门，应该善于反思，主动出击，加大宣传力度，提高自身的影响力。一方面，充分运用广播、电视、报刊和互联网等宣传媒体，广泛宣传房地产档案的价值；另一方面，应根据需求，采用提供指南、分发目录、开设宣传栏、现场咨询、电话咨询、举办展览等形式，积极主动地向社会宣传房地产档案，让更多人认识、了解、查阅房地产档案，促进和扩大房地产档案的利用范围和利用率，为社会各界和经济建设提供利用服务。

房地产产权产籍管理信息系统是以计算机为基础,用管理理论和信息技术建立起来为房地产管理业务服务的信息系统。它能满足房产管理部门决策、管理、服务各层次需要,使信息化贯穿整个登记业务,为各级领导提供及时、全面、准确的信息,为房地产数据的统计提供极大方便;同时,有效提升业务的科学化管理,改变手工书写和汇总等状况,提升地方政府和企业信息化管理水平。另外,具有自动生成各类报表的功能;及时处理各项申请的功能;支持数据信息的高度共享,实现对各项业务数据的集中管理与分步处理。房地产产权产籍管理信息系统的构成如图 4-1 所示。

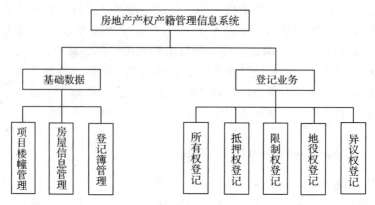

图 4-1　房地产产权产籍管理信息系统的构成

项目五　不动产开发利用管理

○ **项目描述：**

不动产开发利用管理部分主要介绍了不动产开发利用管理的相关内容，包括三个教学任务：不动产开发利用管理概述、土地开发利用管理、房地产开发利用管理。

○ **知识目标：**

1. 掌握不动产开发利用管理。
2. 了解土地开发利用管理。
3. 了解房地产开发利用管理。

○ **能力目标：**

1. 会不动产开发利用管理。
2. 会土地开发利用管理。
3. 会房地产开发利用管理。

任务1　不动产开发利用管理

本任务介绍了不动产利用的概念和不动产交易两方面的内容。

能力目标：

(1)能够正确描述不动产利用的概念；

(2)能够正确描述不动产交易。

知识目标：

(1)掌握不动产利用的概念；

(2)掌握不动产交易。

1.1　不动产利用的概念

不动产利用包括不动产征收、不动产开发用地、不动产开发建设、不动产交易等活动。不动产利用法律关系如图5-1所示。

不动产征收是指由不动产征收部门，通常是不动产管理部门在摸底立项的基础上对居民百姓居住房屋的土地使用权的有偿回收。具体流程包括：①进行项目征收立项，并做好项目前期调查摸底；②不动产征收部门拟订征收补偿方案并报县区政府；③对拟征收不动

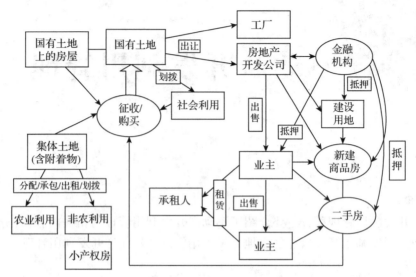

图 5-1 不动产利用法律关系

产进行调查登记并公布调查情况；④有关部门对未经登记的建筑进行调查、认定和处理；⑤政府部门组织补偿方案论证并公布征求公众意见，征求意见期限不得少于 30 日，旧城改造项目组织被征收人和公众代表听证会；⑥县区政府公布征求意见情况、听证会情况和根据公众意见、听证会情况修改情况，并对征收补偿方案重新修订公布，同时做好社会稳定风险评估；⑦县区政府做出不动产征收决定，涉及被征收人数量较多的，经县区政府常务会议讨论决定；⑧公布不动产征收决定，做好不动产征收决定宣传解释工作；⑨由被征收人选择征收评估机构；⑩不动产征收部门与被征收人签订补偿协议，在规定期限内达不成协议的，由不动产征收部门报请做出征收决定的人民政府做出补偿决定，并依法送达被征收人并在房屋征收范围内公告；⑪被征收人对补偿决定不服的，可以依法申请行政复议或提起行政诉讼；⑫对于在法定期限内不执行补偿决定也不申请行政复议或不提起行政诉讼的，有房屋征收决定的人民政府依法申请人民法院强制执行。

不动产开发用地是指商品住宅、商业用房（办公楼、写字楼）和其他经营性用途并形成不动产的项目建设用地。

各级土地利用总体规划应当合理安排的房地产用地总量、布局和结构，与城市规划相衔接。不合理的，必须在修编土地利用总体规划时重点加以解决。

不动产开发用地实行供地计划单列。新增建设用地和存量土地用于不动产开发项目的，都应当纳入统一的供地计划管理。

不动产开发是指从事不动产开发的企业为了实现城市规划和城市建设（包括城市新区开发和旧区改建）而从事的土地开发和房屋建设等行为的总称。房地产是指土地、建筑物及固着在土地、建筑物上不可分离的部分及其附带的各种权益。房地产由于其自己的特点，即位置的固定性和不可移动性，在经济学上又被称为不动产。可以有三种存在形态：即土地、建筑物、房地合一。在房地产拍卖中，其拍卖标的物也可以有三种存在形态，即土地（或土地使用权）、建筑物和房地合一状态下的物质实体及其权益。随着个人财产所有权的发展，房地产已经成为商业交易的主要组成部分。

不动产开发是指在依法取得国有土地使用权的土地上，按照城市规划要求进行基础设施、房屋建设的行为。因此，取得国有土地使用权是房地产开发的前提，而不动产开发也并非仅限于房屋建设或者商品房屋的开发，而是包括土地开发和房屋开发在内的开发经营活动。简而言之，不动产开发是指在依法取得国有土地使用权的土地上进行基础设施、房屋建设的行为。不动产开发与城市规划紧密相关，是城市建设规划的有机组成部分。为了确定城市的规模和发展方向，实现城市的经济和社会发展目标，必须合理地制定城市规划和进行城市建设以适应社会主义现代化建设的需要。不动产开发包括土地开发和房屋开发。土地开发主要是指房屋建设的前期工作，主要有两种情形：一是新区土地开发，即把农业或者其他非城市用地改造为适合工商业、居民住宅、商品房以及其他城市用途的城市用地；二是旧城区改造或二次开发，即对已经是城市土地，但因土地用途的改变、城市规划的改变以及其他原因，需要拆除原来的建筑物，并对土地进行重新改造，投入新的劳动。就房屋开发而言，一般包括四个层次：第一层次为住宅开发；第二层次为生产与经营性建筑物开发；第三层次为生产、生活服务性建筑物的开发；第四层次为城市其他基础设施的开发。

1.2 不动产交易

不动产交易是不动产交易主体之间以不动产这种特殊商品作为交易对象所从事的市场交易活动。不动产交易是一种极其专业性的交易。不动产交易的形式、种类很多，每一种交易都需要具备不同的条件，遵守不同的程序及办理相关手续。不动产交易的形式包括不动产出售、不动产租赁、不动产互换、不动产信托、不动产抵押和不动产典当等。

任务2　土地开发利用管理

土地资源分类，是根据土地资源的特性及其组合形式的不同而划分成一系列各具特点并相互区别的土地单元。

本任务介绍土地资源分类与评价、土地利用规划、土地利用计划、土地用途管制、土地开发整理和土地利用动态监测六方面的内容。

能力目标：

(1)能够正确进行土地资源分类与评价；

(2)能够正确描述土地利用规划、计划、管制、开发；

(3)能够正确对土地利用进行动态监测。

知识目标：

(1)掌握土地资源分类与评价；

(2)掌握土地利用规划、计划、管制、开发；

(3)掌握土地利用动态监测。

2.1 土地资源分类与评价

土地资源类型分类既要考虑其相关的自然要素及其组合特性，又要考虑其相关的社会经济特性。目前土地资源分类及命名有多种方式。

土地资源分类有以下几种方式：

①成因类型划分　如黄淮海平原区，有豫北山前洪积平原、豫东黄淮冲积平原等。

②成因类型+土地利用现状划分　如豫北山前洪积平原农地、豫北山前洪积平原园地等复合命名。

③土地利用现状划分　一般所谓农地、林地等，如当前我国土地利用分类系统即是。

④土地生产潜力划分　如美国于20世纪60年代提出的土地生产潜力分级系统和中科院1983年的《中国1∶100万土地资源分类系统》即是。

⑤土地适宜性划分　如联合国粮食与农业组织《土地评级纲要》(1976)的土地评价系统及我国原国家土地管理局于20世纪90年代提出的《县级土地利用总体规划编制规程(试行)》等。

从其科学性而论，应以第②种的"成因类型+土地利用现状"的划分方式命名较好。已有部分研究成果，较好地解决了外业制图与农用地分等定级的具体问题。

土地资源分类有多种方法，在我国较普遍采用的是地形分类和土地利用类型分类。

①按地形不同，土地资源可分为高原、山地、丘陵、平原、盆地。这种分类展示了土地利用的自然基础。一般而言，山地宜发展林牧业，平原、盆地宜发展耕作业。

②按土地利用类型不同，土地资源可分为已利用土地耕地、林地、草地、工矿交通居民点用地等；宜开发利用土地、宜垦荒地、宜林荒地。宜牧荒地、沼泽滩涂水域等；暂时难利用土地枣戈壁、沙漠、高寒山地等。这种分类着眼于土地的开发、利用，着重研究土地利用所带来的社会效益、经济效益和生态环境效益。评价已利用土地资源的方式、生产潜力，调查分析宜利用土地资源的数量、质量、分布以及进一步开发利用的方向途径，查明暂不能利用土地资源的数量、分布，探讨今后改造利用的可能性，对深入挖掘土地资源的生产潜力，合理安排生产布局，提供基本的科学依据。

③土地资源利用类型。由于我国自然条件复杂，土地资源类型多样，经过几千年的开发利用，逐步形成了现今的各种多样的土地利用类型。土地资源利用类型一般分为耕地、林地、牧地、水域、城镇居民用地、交通用地、其他用地(渠道、工矿、盐场等)以及冰川和永久积雪、石山、高寒荒漠、戈壁沙漠等。按《世界资源》(1983)一书的可比资料，中国与世界上其他国土规模较大的国家相比，农业用地比重偏小。

④从土地利用类型的组合看，我国东南部与西北部差异显著，其界线大致北起大兴安岭，向西经河套平原、鄂尔多斯高原中部、宁夏盐池同心地区，再延伸到景泰、永登、湟水谷地，转向青藏高原东南缘。东南部是全国耕地、林地、淡水湖泊、外流水系等的集中分布区，耕地约占全国的90%，土地垦殖指数较高，西北部以牧业用地为主，80%的草地分布在西北半干旱、干旱地区，土地垦殖指数低。

土地资源评价又可称为土地评价，是在土地资源调查、土地类型划分完成以后，在对土地各构成因素及综合体特征认识的基础上，以土地合理利用为目标，根据特定的目的或针对一定的土地用途来对土地的属性进行质量鉴定和数量统计，从而阐明土地的适宜性程度、生产潜力、经济效益和对环境有利或不利的后果，确定土地价值的过程。土地资源评价就是根据土地资源的特定使用目的，对土地的性状进行评估的过程。借助土地资源评价，可以对土地资源的性能进行综合性的、定性的或定量的质量鉴定，在全面考察土地构成各要素的组成状况、区位状况、基础设施状况的基础上，阐明土地对某种用途的适宜程度和限制程度，阐明土地的生产潜力和经济效益以及对周围环境有利与不利的后果，阐明土地生产能力的提高与增加经济收入所必须采取的措施。

根据土地资源评价的要求、目的、对象、方法和手段不同，可将土地资源评价分为以下类型。

(1) 按评价目的分类

按评价目的的不同，土地资源评价可分为土地潜力评价、土地适宜性评价和土地经济评价三种。

土地潜力评价是对土地固有生产力的评价，是一种一般目的的、定性的和综合的大农业评价，并不针对某种土地利用类型而进行，而是从气候、土壤等主要环境因素和自然地理要素相互作用表现出来的综合特征来评价，反映了土地生物生产力的高低和土地的潜在生产力。土地潜力评价又分为两种：土地利用潜力和土地生产力。

土地适宜性评价是评价土地对特定利用类型的适宜性。土地的适宜性程度和限制性程度通常是土地适宜性评价的主要依据。适宜性是一定土地类型对一种指定用途的合适程度，其评价从一特定用途出发，将该特定用途要求的条件与评价土地所具有的条件进行比较，来评定土地对该用途的适宜性强度；限制性是指在一定条件下，构成土地质量的某种因素的优劣、多少，限制了土地的某些用途，或影响了用途的适宜程度。

土地经济评价是从社会和经济的角度，利用经济的可比指标，对土地的投入—产出的经济效果进行评定，或对土地适宜性评价和潜力评价结果进行经济上的可行性分析。

(2) 按评价途径分类

按照评价途径不同，土地资源评价可分为直接评价和间接评价两类。

直接评价是通过试验去了解土地对于某种用途的适宜性或生产潜力。例如，在几种不同的土地上种植同一种作物，应用相同的农业技术措施，观察和测量作物生长状况的差异，根据作物产量的高低评定这几种土地的生产潜力高低。

间接评价就是通过分析土地的各组成要素的属性对土地利用的影响，并加以综合来评定土地的等级。

(3) 按服务目标分类

按照服务目标不同，土地资源评价可分为单目标评价和多目标评价两类。

单目标评价是针对某一特定利用目标进行的土地资源评价，如针对单一作物或树种的土地资源评价。在单目标土地资源评价时要注意：一定要深入研究和准确把握特定土地利用对土地性状的要求；要抓住对特定土地利用有决定性影响的主导因素或因子，同时，又要兼顾一些次要因子，以确保评价的科学性和合理性。

多目标评价也称综合性评价，是指服务目标的范围较宽、适用面较广的土地资源评价。如大农业用地评价即广义的农业土地资源评价。相对于单目标土地资源评价来说，多目标评价的评价因素和评价指标的确定一般都比较系统。

(4)按评价方法分类

按照评价方法不同,土地资源评价可分为定性评价和定量评价两种。

定性评价是用定性语言描述土地的质量特征,确定土地的适宜性或潜力的高低。它属于概略性土地资源评价,主要通过土地组成要素的定性特征来确定土地的质量特征,即主要根据土地的自然特征来评价,经济特征只作为背景。

定量评价是指评价过程中采用定量的数据,用数学方法进行推算,其结论可以用精确的数据表示。定量评价一般用于大比例尺的土地资源评价。

(5)按评价结果的形式分类

按评价结果的形式不同,土地评价可分为当前适宜性评价和潜在适宜性评价两种。

当前土地适宜性评价的结果分类是指在无大规模的土地改良前提下,处于当前状况下的土地质量状况。进行当前土地适宜性评价是可以假定存在少量投入的改良。

潜在土地适宜性评价是指在计划经过大型土地改良之后在将来所能达到的土地质量状况及其适宜性。例如,对于灌溉计划来说,在做出是否投资的决策之前,应当进行潜在土地适宜性的经济评价。

(6)按评价对象分类

按评价对象不同,可把土地资源评价分为许多不同的评价类型。如农业用地评价、林业用地评价、牧业用地评价、城镇用地评价、交通用地评价、自然保护区评价等。这些都是土地资源评价在某一具体行业中的应用。

土地资源评价的情况,一般概括为两阶段法和平行法。

①两阶段法　第一阶段依据基础调查而进行定性的土地资源评价结果分类,其分类是依据调查开始时选定的土地利用类型(如种植棉花、玉米、蔬菜或饲养奶牛等)的土地适宜性做出的。在第一阶段中社会经济分析的作用仅限于核实土地利用类型是否恰当。第二阶段依据第一阶段的结果,如图件或报告,进行社会经济分析,做出定量的土地资源评价结果分类,为规划决策提供直接的依据。两阶段法简单明了,工作程序泾渭分明。自然资源调查是在社会经济分析之前进行,工作没有重叠,从而能比较灵活地安排时间和调集人员。两阶段法往往用于以大尺度的概略性规划为目的而进行的土地资源调查和生物生产潜力评价的研究中,如县域土地利用总体规划中的土地资源评价。

②平行法　平行法是指土地和土地利用类型的社会经济分析与自然因素的调查和评价是同时进行的,所评价的土地利用种类在研究过程中常常会更改。例如,在种植业中,这种改变可能包括作物和轮作制度的选择、资金和劳动力投入的估算,以及最适当的农场规模的决定。平行法由于将两阶段法中的两个阶段同时进行,因而可以缩短评价的时间。多适用于小范围大比例尺的评价制图,当土地利用种类的选择性较小时,使用起来尤为方便。

2.2　土地利用规划

土地利用规划是在一定区域内,根据国家社会经济可持续发展的要求和当地自然、经济、社会条件对土地开发、利用、治理、保护在空间上、时间上所作的总体的战略性布局和统筹安排。是从全局和长远利益出发，以区域内全部土地为对象，合理调整土地利用结构和布局；以利用为中心，对土地开发、利用、整治、保护等方面做统筹安排和长远规划。目的在于加强土地利用的宏观控制和计划管理，合理利用土地资源，促进国民经济协调发展，是实行土地用途管制的依据。编制程序是：编制规划的准备工作；调查研究，提出问题报告书和土地利用战略研究报告，编制土地利用规划方案；规划的协调论证；规划的评审和报批。

我国土地利用规划体系按等级层次不同，可分为土地利用总体规划、土地利用详细规划和土地利用专项规划。

土地规划是对土地利用的构想和设计，它的任务在于根据国民经济和社会发展规划和因地制宜的原则，运用组织土地利用的专业知识，合理地规划、利用全部的土地资源，以促进生产的发展。具体包括：查清土地资源、监督土地利用；确定土地利用的方向和任务；合理协调各部门用地，调整用地结构，消除不合理土地利用；落实各项土地利用任务，包括用地指标的落实，土地开发、整理、复垦指标的落实；保护土地资源，协调经济效益、社会效益和生态效益之间的关系，协调城乡用地之间的关系，协调耕地保护和促进经济发展的关系。

土地规划有以下几方面的意义：

（1）土地利用规划是调控土地利用的国家措施

土地利用规划是土地用途管制的依据，是国家意志的体现。

《中华人民共和国土地管理法》规定，"国家实行土地用途管制制度"，并规定"国家编制土地利用总体规划，规定土地用途，将土地分为农用地、建设用地和未利用地。严格限制农用地转为建设用地，控制建设用地总量，对耕地实行特殊保护"。

由以上法规可知，土地利用不是普通地方性措施，而是由法律规定的调控土地利用的国家措施。

土地利用规划虽然不是地方性措施，但是它是各级人民政府的重要工作。《中华人民共和国土地管理法》第十七条规定，"各级人民政府应当依据国民经济和社会发展规划、国土整治和资源环境保护的要求、土地供给能力以及各项建设对土地的需求，组织编制土地利用总体规划"。土地利用规划的组织编制和实施土地利用规划是政府行为。

（2）土地利用规划是具有法定效力的管理手段

《国务院关于深化改革严格土地管理的决定》（国发〔2004〕28号）中规定："严格土地利用总体规划、城市总体规划、村庄和集镇规划修改的管理。在土地利用总体规划和城市总体规划确定的建设用地范围外，不得设立各类开发区（园区）和城市新区（小区）。对清理后拟保留的开发区，必须依据土地利用总体规划和城市总体规划按照布局集中、用地集约和产业集聚的原则严格审核。严格土地利用总体规划的修改，凡涉及改变土地利用方向、规模、重大布局等原则性修改，必须报原批准机关批准。城市总体规划、村庄和集镇规划也不得擅自修改。"

《国务院关于促进节约集约用地的通知》（国发〔2008〕13号）规定："强化土地利用总体规划的整体调控作用。各类与土地利用相关的规划要与土地利用总体规划相衔接，所确定的建设用地规模必须符合土地利用总体规划的安排，年度用地安排也必须控制在土地利用年度计划之内。不符合土地利用总体规划和土地利用年度计划安排的，必须及时调整和修改，核减用地规模。"

以上法规都明确指出了土地利用规划的法定效力。土地利用总体规划的性质和作用决定了土地利用总体规划的法律强制力。土地利用总体规划中的各项规定、标准和政策应当有长期的稳定性，因为土地利用总体规划是对城乡建设、土地开发等各项土地利用活动的统一安排和部署。各项工作一旦实施，其效果或后果将难以扭转，土地利用总体规划不是一项普通的小工程，可以随时修改变更，这就要求以法律的形式将其固定下来，以克服单纯行政手段可能出现的短期行为。各级政府依法制定和实施规划，是土地利用和管理的最基本和最直接的活动。

（3）土地利用总体规划是量大面广的社会实践活动

土地利用总体规划的每一个决策、每一项行动，既要符合国家的法律法规，又要符合当地的实际。制定规划时的前期工作就包括大量的调查分析工作，搞清土地条件、利用现状、利用潜力和用地需求情况，这样才能实事求是地拟订工作方案，同时，还要广泛征求意见，协调各业、各部门的用地需求和矛盾，之后还需要实施各项管理工作，采取各项措施保障规划的实施；土地利用总体规划关系各行各业，影响千家万户，涉及政治、经济、社会等广泛领域，具有很强的综合性和实践性。由此可见土地利用总体规划的重要意义和地位。

2.3 土地利用计划

土地利用计划是指国家对各类土地进行有计划开发、利用、整治和保护所采取的宏观行政调节措施。包括生产用地计划、建设用地计划等。

土地利用计划有广义和狭义之分。广义的土地利用计划包括土地利用总体规划、土地利用中期计划和土地利用年度计划；狭义的土地利用计划仅指土地利用具体实施计划，包括土地利用中期计划和土地利用年度计划。由于我国现行编制的土地利用总体规划已对近5年的土地利用做出了安排，因此，编制土地利用计划实际上主要是指编制土地利用年度计划。

具体而言，土地利用计划是根据土地利用总体规划和经济社会发展需要，对各类用地数量进行具体安排，它是土地利用总体规划的具体实施计划。国民经济和社会发展规划、国家产业政策、土地利用总体规划、建设用地和土地利用的实际状况是编制土地利用计划的依据。土地利用计划一般由计划的文字说明和计划指标两部分组成。计划的文字部分是对计划的制订、计划指标、执行要点等所作的具体说明；计划指标则从数量关系上提出用地规模。土地利用计划指标是土地利用规划目标和任务的具体化及数量化表现，土地利用计划指标通常由两部分组成，即有关的用地类型和用地面积数量。

土地利用计划具有以下特点：

①土地利用计划是国民经济和社会发展计划的重要组成部分，它与水资源计划、矿产资源计划等组成各种资源类计划。

②土地利用计划实施分级管理，即按国家、省、市、县四级分级管理，分级制订。

③土地利用计划是指令性和指导性相结合的计划体系，在各级计划中，既有指令性指标，也有指导性指标，如耕地保有量涉及吃饭问题，故为指令性指标，其他有些指标则可以是指导性的。

2.4 土地用途管制

土地用途管制，国外亦称"土地使用分区管制"（日本、美国、加拿大等国）、"土地规划许可制"（英国）、"建设开发许可制"（法国、韩国等国）。国家为保证土地资源的合理利用以及经济、社会的发展和环境的协调，通过编制土地利用总体规划，划定土地用途区域，确定土地使用限制条件，使土地的所有者、使用者严格按照国家确定的用途利用土地的制度。由一系列的具体制度和规范组成。土地按用途分类是实行用途管制的基础；土地利用总体规划是实行用途管制的依据；农用地转为建设用地必须预先进行审批是关键；而保护农用地则是国家实行土地用途管制的目的，核心是切实保护耕地，保证耕地总量动态平衡，对基本农田实行特殊保护，防止耕地的破坏、闲置和荒芜，开发未利用地、进行土地的整理和复垦；强化土地执法监督，严肃法律责任是实行土地用途管制的保障。

土地用途管制制度就是国家为保证土地资源的合理利用和优化配置，促进经济、社会和环境的协调发展，通过土地利用总体规划等国家强制力，规定土地用途，明确土地使用条件，土地所有者、使用者必须严格按照规划所确定的土地用途和条件使用土地的制度。

土地用途管制的内容包括：土地按用途进行合理分类、土地利用总体规划规定土地用途、土地登记注明土地用途、土地用途变更实行审批、对不按照规定的土地用途使用土地的行为进行处罚等。

土地用途管制制度是目前世界上土地管理制度较为完善的国家和地区广泛采用的土地管理制度。其特点，一是具有法律效力，二是具有强制性。实行土地用途管制制度，可以严格控制建设用地总量，促进集约利用，提高资源配置效率，有利于建设用地市场的正常化和规范化；可以严格控制农用地流向建设用地，有利于从根本上保护耕地。同时，通过增设农用地转用审批环节，为土地利用总体规划的有效实施提供保证。其社会目标是维护社会公共利益，保护耕地，控制建设用地；限制不合理利用土地的行为，克服土地利用的负外部效应，提高土地利用率；保护和改善生态环境，防止土地资源浪费和地力枯竭，实现土地资源的可持续利用。作为土地管理的一种有效形式，新《土地管理法》明确规定，我国实行土地用途管制制度。

在我国建立土地用途管制制度，是土地管理方式的重大改革，也是管地方式、用地方式的一个大变革，是深入贯彻我国土地基本国策，加强城市规划、建设和管理，推动土地利用方式根本转变，使土地利用率和产出效益得以全面提高的根本举措。

2.5 土地开发整理

土地开发整理是指国家对土地进行计划补充耕地量和耕地保有量的具体安排。分为土地开发补充耕地指标和土地整理复垦补充耕地指标。土地开发整理，是指运用财政专项资金，对农村宜农未利用土地、废弃地等进行开垦，对田、水、路、林、村等实行综合整治，以增加有效耕地面积、提高耕地质量的行为。

土地开发整理是指在一定区域内，按照土地利用总体规划、城市规划、土地开发整理专项规划确定的目标和用途，通过采取行政、经济、法律和工程技术等手段，对土地利用状况进行调查、改造、综合整治，提高土地集约利用率和产出率，改善生产、生活条件和生态环境的过程。土地开发整理是一项长期而复杂的社会系统工作，土地开发整理的内容随着国家经济、社会的发展而不断变化。

我国现阶段土地开发整理的主要内容：一是调整用地结构；二是平整土地，提高土地集约利用率；三是道路、沟渠、林网等综合建设；四是归并农村居民点；五是恢复利用废弃土地；六是划定地界，确定权属；七是在保护和改善生态环境的前提下，适度开发宜农土地后备资源。

土地开发一般分为一级开发和二级开发。

①土地一级开发　是指政府实施或者授权其他单位实施，按照土地利用总体规划、城市总体规划及控制性详细规划和年度土地一级开发计划，对确定的存量国有土地、拟征用和农转用土地，统一组织进行征地、农转用、拆迁和市政道路等基础设施建设的行为，包含土地整理、复垦和成片开发。

②土地二级开发　是指土地使用者从土地市场取得土地使用权后，直接对土地进行开发建设的行为。通过结合二级市场的需求现状，各主要经济区域土地开发市场发展现状与潜力及土地开发行业外部宏观环境，为相关开发企业及投资机构研究分析、阐明土地一级开发市场的投资前景与机会、盈利模式及如何做到风险规避。

2.6　土地利用动态监测

土地利用动态监测是指运用遥感、土地调查等技术手段和计算机、监测仪等科学设备，以土地详查的数据和图件作为本底资料，对土地利用的动态变化进行全面系统的反映和分析的科学方法。包括土地利用空间动态监测和土地资源质量动态监测。

2.6.1　土地利用空间动态监测

（1）监测内容

①土地利用变化的动态信息　包括区域土地利用变化的类型、位置和数量等信息，特别是耕地、居民点及工矿用地的变化以及闲置土地等。我国已经建立对全国重点城市建设用地规模扩展和耕地变化情况的监测体系，分析全国土地利用的变化趋势和全国年度土地利用平衡面积估计，有重点地核查地方上报的土地变更调查数据的真实程度。

②耕地总量的动态平衡情况　为实现耕地总量动态平衡的宏伟目标，必须有计划地进行土地整理、土地开发和土地复垦。为保证这些土地管理措施的正确实施及经费的合理利用，必须准确地掌握区域以及全国耕地变化的情况。

③农业用地内部结构调整情况　农业内部结构调整反映土地利用用途的变化，及时掌握这些信息可为土地利用用途管制及农用地的管理服务。

④基本农田保护区状况　基本农田保护区是国家为保证粮食安全而划定的一定数量的优质耕地，规定长期不得占用，基本农田保护区管理包括征地占用管理、地力补偿、占一补一等。

（2）监测分析

在监测报告中，一般要对监测内容进行分析，分析的主要内容有：

①地类变更分析　主要对土地总面积变化的分析，耕地、园地等各类土地面积变动的分析。具体的指标为，各地类在变更中，变更涉及的增减面积、实际增减面积（及减去同地类之间变化的面积）、净增减面积、变化量占同地类总面积的比重等。

②权属变更分析　该分析也具体落实到地类的变化，但其前提是权属性质的变化。包括国有土地、集体土地的所有权、使用权的变化，土地纠纷调解情况。

③耕地变化动态分析　耕地动态变化分析不仅要较详细地反映耕地减少的原因和耕地增加的来源，而且要分析减少原因的合理性和增加耕地的力度。这些分析不能单独从数量上做比较分析，应根据地区特点做出分析，为以后土地管理提供有价值的意见。

④土地利用结构变化分析　土地利用结构变化是反映土地资源在人类利用行为干预下，土地利用发展趋势。依据地域差异规律，选择好当地土地资源利用方向是社会经济发展中研究的重要问题。结构变化分析的重要指标是各类用地结构中所占的比重。

（3）土地动态监测分析的新发展

随着20世纪70年代以气候动态监测为开端，大批地学、生物学、经济学等诸多领域的学者投入对全球变化及其影响的研究工作中。随着研究的进展，作为引起全球变化的两大基本人类因素之一的土地利用与土地覆盖变化在全球变化中所发挥的作用，引起人们极大的关注，对其研究也进入到了一个新的阶段。在土地利用和土地覆盖变化研究中已经采用了多种模拟方法。许多土地利用模拟模型选用统计方法来分析空间数据，如在CLUE模型中和GEOMOD使用统计方法来分析栅格空间数据，这些方法是把研究区细分为许多栅格单元，用一系列自然和社会经济变量来描述，通过回归分析选取一系列变量来定量地描述土地利用格局变化。这些变量就是所谓的土地利用变化的驱动力。

2.6.2　土地资源质量动态监测

土地资源质量动态监测是指用一定的标准方法，以一定的时间间隔，测量土地的微观特性，观测和分析在不同土地利用模式下土地质量的变化趋势或退化形式。

（1）监测内容

①土壤特性的变化情况　主要包括土壤pH、土地养分含量、土壤结构和土壤污染等。

②气候特性的变化　主要包括光照、气温和降水等。

③环境及环境污染的变化情况　如大气组成、大气污染和水体污染等。

（2）监测方法

一般需要通过建立基本点来进行监测，其主要步骤为：

①选择基准点；

②建立本底或参照数据库；

③定期在基准点进行观测，或采样分析。

(3) 监测结果在可持续土地利用评价中的应用

建立基准点及对土地质量进行监测的目地是对土地管理时间进行评价，评价当前的土地利用方式和管理措施是否是持续的。持续性评价的内容应主要集中在土地的生产力和生产稳定性方面，包括：土壤综合肥力水平的变化；土壤有无污染及其污染程度的变化；可用于灌溉的淡水资源量的变化等。如果这些方面的回答是正面的，那么这种土地利用方式和管理措施就是持续的，否则就是非持续的。

任务 3 房地产开发利用管理

本任务介绍房地产开发利用管理概述，房地产开发机构资质管理，质量、资金和成本管理，住宅小区物业管理，房屋修缮管理和房屋拆迁管理六方面的主要内容。

能力目标：
(1) 能够正确描述房地产开发利用管理的相关概念；
(2) 能够正确描述房地产开发机构资质管理、质量、资金和成本管理；
(3) 能够正确描述住宅小区物业管理、房屋修缮管理、房屋拆迁管理。

知识目标：
(1) 掌握房地产开发利用管理的相关概念；
(2) 了解房地产开发机构资质管理、质量、资金和成本管理的内容；
(3) 掌握住宅小区物业管理、房屋修缮管理、房屋拆迁管理的内容。

3.1 房地产开发利用管理概述

房地产开发利用管理，是指房地产开发企业在城市规划区内国有土地上进行基础设施建设、房屋建设，并转让房地产开发项目或者销售、出租商品房的行为。

房地产开发经营应当按照经济效益、社会效益和环境效益相统一的原则，实行全面规划、合理布局、综合开发和配套建设。

3.2 房地产开发机构资质管理

房地产开发企业是指依法设立、具有企业法人资格的经济实体。未取得房地产开发资质等级证书(以下简称资质证书)的企业，不得从事房地产开发经营业务。国务院建设行政主管部门负责全国房地产开发企业的资质管理工作；县级以上地方人民政府房地产开发主管部门负责本行政区域内房地产开发企业的资质管理工作。

房地产开发企业按照企业条件分为一级、二级、三级、四级四个资质等级。各资质等级企业的条件如下：

(1) 一级资质
①从事房地产开发经营 5 年以上。

②近3年房屋建筑面积累计竣工30万 m² 以上，或者累计完成与此相当的房地产开发投资额。

③连续5年建筑工程质量合格率达100%。

④上一年房屋建筑施工面积15万 m² 以上，或者完成与此相当的房地产开发投资额。

⑤有职称的建筑、结构、财务、房地产及有关经济类的专业管理人员不少于40人，其中，具有中级以上职称的管理人员不少于20人，持有资格证书的专职会计人员不少于4人。

⑥工程技术、财务、统计等业务负责人具有相应专业中级以上职称。

⑦具有完善的质量保证体系，在商品住宅销售中实行了《住宅质量保证书》和《住宅使用说明书》制度。

⑧未发生过重大工程质量事故。

（2）二级资质

①从事房地产开发经营3年以上。

②近3年房屋建筑面积累计竣工15万 m² 以上，或者累计完成与此相当的房地产开发投资额。

③连续3年建筑工程质量合格率达100%。

④上一年房屋建筑施工面积10万 m² 以上，或者完成与此相当的房地产开发投资额。

⑤有职称的建筑、结构、财务、房地产及有关经济类的专业管理人员不少于20人，其中，具有中级以上职称的管理人员不少于10人，持有资格证书的专职会计人员不少于3人。

⑥工程技术、财务、统计等业务负责人具有相应专业中级以上职称。

⑦具有完善的质量保证体系，在商品住宅销售中实行了《住宅质量保证书》和《住宅使用说明书》制度。

⑧未发生过重大工程质量事故。

（3）三级资质

①从事房地产开发经营2年以上。

②房屋建筑面积累计竣工5万 m² 以上，或者累计完成与此相当的房地产开发投资额。

③连续2年建筑工程质量合格率达100%。

④有职称的建筑、结构、财务、房地产及有关经济类的专业管理人员不少于10人，其中，具有中级以上职称的管理人员不少于5人，持有资格证书的专职会计人员不少于2人。

⑤工程技术、财务等业务负责人具有相应专业中级以上职称，统计等其他业务负责人具有相应专业初级以上职称。

⑥具有完善的质量保证体系，在商品住宅销售中实行了《住宅质量保证书》和《住宅使用说明书》制度。

⑦未发生过重大工程质量事故。

（4）四级资质

①从事房地产开发经营1年以上。

②已竣工的建筑工程质量合格率达100%。

③有职称的建筑、结构、财务、房地产及有关经济类的专业管理人员不少于5人，持有资格证书的专职会计人员不少于2人。

④工程技术负责人具有相应专业中级以上职称，财务负责人具有相应专业初级以上职称，配有专业统计人员。

⑤在商品住宅销售中实行了《住宅质量保证书》和《住宅使用说明书》制度。

⑥未发生过重大工程质量事故。

（5）房地产开发企业资质等级实行分级审批

一级资质由省、自治区、直辖市人民政府建设行政主管部门初审，报国务院建设行政主管部门审批。

二级资质及二级资质以下企业的审批办法由省（自治区、直辖市）人民政府建设行政主管部门制定。

经资质审查合格的企业，由资质审批部门发给相应等级的资质证书。

资质证书由国务院建设行政主管部门统一制作。资质证书分为正本和副本，资质审批部门可以根据需要核发资质证书副本若干份。任何单位和个人不得涂改、出租、出借、转让和出卖资质证书。企业遗失资质证书，必须在新闻媒体上声明作废后，方可补领。企业发生分立、合并的，应当在向工商行政管理部门办理变更手续后的30日内，到原资质审批部门申请办理资质证书注销手续，并重新申请资质等级。企业变更名称、法定代表人和主要管理人员、技术负责人，应当在变更30日内，向原资质审批部门办理变更手续。企业破产、歇业或者因其他原因终止业务时，应当在向工商行政管理部门办理注销营业执照后的15日内，到原资质审批部门注销资质证书。房地产开发企业的资质实行年检制度。对于不符合原定资质条件或者有不良经营行为的企业，由原资质审批部门予以降级或者注销资质证书。

一级资质房地产开发企业的资质年检由国务院建设行政主管部门或者其委托的机构负责。

二级资质及二级资质以下房地产开发企业的资质年检由省（自治区、直辖市）人民政府建设行政主管部门制定办法。

房地产开发企业无正当理由不参加资质年检的，视为年检不合格，由原资质审批部门注销资质证书。

房地产开发主管部门应当将房地产开发企业资质年检结果向社会公布。

一级资质的房地产开发企业承担房地产项目的建设规模不受限制，可以在全国范围承揽房地产开发项目。

二级资质及二级资质以下的房地产开发企业可以承担建筑面积在25万m^2以下的开发建设项目，承担业务的具体范围由省（自治区、直辖市）人民政府建设行政主管部门确定。

各资质等级企业应当在规定的业务范围内从事房地产开发经营业务，不得越级承担任务。

企业未取得资质证书从事房地产开发经营的，由县级以上地方人民政府房地产开发主管部门责令限期改正，处5万元以上10万元以下的罚款；逾期不改正的，由房地产开发主管部门提请工商行政管理部门吊销营业执照。

企业超越资质等级从事房地产开发经营的，由县级以上地方人民政府房地产开发主管部门责令限期改正，处5万元以上10万元以下的罚款；逾期不改正的，由原资质审批部门吊销资质证书，并提请工商行政管理部门吊销营业执照。

企业有下列行为之一的，由原资质审批部门公告资质证书作废，收回证书，并可处以1万元以上3万元以下的罚款：

①隐瞒真实情况、弄虚作假骗取资质证书的。

②涂改、出租、出借、转让、出卖资质证书的。

企业开发建设的项目工程质量低劣，发生重大工程质量事故的，由原资质审批部门降低资质等级；情节严重的吊销资质证书，并提请工商行政管理部门吊销营业执照。

企业在商品住宅销售中不按照规定发放《住宅质量保证书》和《住宅使用说明书》的，由原资质审批部门予以警告、责令限期改正、降低资质等级，并可处以1万元以上2万元以下的罚款。

企业不按照规定办理变更手续的，由原资质审批部门予以警告、责令限期改正，并可处以5000元以上1万元以下的罚款。

各级住房和城乡建设行政主管部门工作人员在资质审批和管理中玩忽职守、滥用职权、徇私舞弊的，由其所在单位或者上级主管部门给予行政处分；构成犯罪的，由司法机关依法追究刑事责任。

3.3 质量、资金和成本管理

（1）质量管理

质量管理是指确定质量方针、目标和职责，并通过质量体系中的质量策划、控制、保证和改进来使其实现的全部活动。费根堡姆的定义：质量管理是"为了能够在最经济的水平上并考虑到充分满足顾客要求的条件下进行市场研究、设计、制造和售后服务，把企业内各部门的研制质量、维持质量和提高质量的活动构成为一体的一种有效的体系。"国际标准和国家标准的定义：质量管理是"在质量方面指挥和控制组织的协调的活动"。

质量管理的发展大致经历了质量检验、统计质量控制、全面质量管理三个阶段。质量管理的发展与工业生产技术和管理科学的发展密切相关。现代关于质量的概念包括对社会性、经济性和系统性三方面的认识。质量管理学建立了由内部故障成本、外部故障成本、预防成本和鉴定成本组成的质量成本的概念以及计算方法和评价方法。

（2）资金管理

资金管理是社会主义国家对国有企业资金来源和资金使用进行计划、控制、监督、考核等项工作的总称，是财务管理的重要组成部分。资金管理包括固定资金管理、流动资金管理和专项资金管理。

资金管理的主要目的是：组织资金供应，保证生产经营活动不间断地进行；不断提高资金利用效率，节约资金；提出合理使用资金的建议和措施，促进生产、技术、经营管理水平的提高。

资金管理的原则主要是：划清固定资金、流动资金、专项资金的使用界限，一般不能相互流用；实行计划管理，对各项资金的使用，既要适应国家计划任务的要求，又要按照企业的经营决策有效地利用资金；统一集中与分口、分级管理相结合，建立使用资金的责任制，促使企业内部各单位合理、节约地使用资金；专业管理与群众管理相结合，财务会计部门与使用资金的有关部门分工协作，共同管好用好资金。

(3) 成本管理

成本管理是指企业生产经营过程中各项成本核算、成本分析、成本决策和成本控制等一系列科学管理行为的总称。成本管理由成本规划、成本计算、成本控制和业绩评价四项内容组成。

成本规划是根据企业的竞争战略和所处的经济环境制定的，也是对成本管理做出的规划，为具体的成本管理提供思路和总体要求。成本计算是成本管理系统的信息基础。成本控制是利用成本计算提供的信息，采取经济、技术和组织等手段实现降低成本或成本改善目的的一系列活动。业绩评价是对成本控制效果的评估，目的在于改进原有的成本控制活动以及激励约束员工和团体的成本行为。

成本管理是企业管理的一个重要组成部分，它要求系统而全面、科学和合理，它对于促进增产节支，加强经济核算，改进企业管理，提高企业整体管理水平具有重大意义。

3.4 住宅小区物业管理

物业管理是指业主对区分所有建筑物共有部分以及建筑区划内共有的建筑物、场所、设施的共同管理或者委托物业服务企业，其他管理人对业主共有的建筑物、设施、设备、场所、场地进行管理的活动；物权法规定，业主可以自行管理物业，也可以委托物业服务企业或者其他管理者进行管理。物业管理有狭义和广义之分；狭义的物业管理是指业主委托物业服务企业依据委托合同进行的房屋建筑及其设备、市政公用设施、绿化、卫生、交通、生活秩序和环境容貌等管理项目进行维护、修缮活动；广义的物业管理应当包括业主共同管理的过程和委托物业服务企业或者其他管理者进行的管理过程。

(1) 物业管理工作的基本原则

①权责分明原则　在物业管理区域内，业主、业主大会、业主委员会、物业管理企业的权利与责任应当非常明确，物业管理企业各部门的权利与职责要分明。一个物业管理区域内的全体业主组成一个业主大会，业主委员会是业主大会的执行机构。物业的产权是物业管理权的基础，业主、业主大会或业主委员会是物业管理权的主体，是物业管理权的核心。

②业主主导原则　业主主导，是指在物业管理活动中，以业主的需要为核心，将业主置于首要地位。强调业主主导，是现代物业管理与传统体制下房屋管理的根本区别。

③服务第一原则　物理管理所做的每一项工作都是服务，物业管理必须坚持服务第一的原则。

④统一管理原则　一个物业管理区域只能成立一个业主大会，一个物业管理区域由一个物业管理企业实施物业管理。

⑤专业高效原则　物业管理企业进行统一管理，并不等于所有的工作都必须由物业管理企业自己来承担，物业管理企业可以将物业管理区域内的专项服务委托给专业性服务企业，但不得将该区域内的全部物业管理一并委托给他人。

⑥收费合理原则　物业管理的经费是搞好物业管理的物质基础。物业服务收费应当遵循合理、公平以及费用与服务水平相适应的原则。区别不同的物业的性质和特点，由业主和物业管理企业按有关规定进行约定。收缴的费用要让业主和使用人能够接受并感到质价相符，物有所值。物业管理的专项维修资金要依法管理和使用。物业管理企业可以通过实行有偿服务和开展多种经营来增加收入。

⑦公平竞争原则　物业管理是社会主义市场经济的产物，在市场经济中应当实行公开、公平、公正的竞争机制，在选聘物业管理企业时，应该坚持招标、投标制度，委托方发标，一般要有3个以上的物业管理企业投标，招标要公开，揭标要公正。

⑧依法行事原则　物业管理遇到的问题十分复杂，涉及法律非常广泛，整个物业管理过程中时时刻刻离不开法律、法规。依法签订的《物业服务合同》是具有法律效力的规范文书，是物业管理的基本依据。

（2）物业服务的分类

物业服务可分为常规性的公共服务、针对性的专项服务和委托性的特约服务三大类。

常规性的公共服务是指物业管理中公共性的管理和服务工作，是物业管理企业面向所有物业使用人提供的最基本的管理和服务。主要包括以下八项：

①房屋建筑主体的管理及住宅装修的日常监督。

②房屋设备、设施的管理。

③环境卫生的管理。

④绿化管理。

⑤配合公安和消防部门做好住宅区内公共秩序维护工作。

⑥车辆秩序管理。

⑦公众代办性质的服务。

⑧物业档案资料的管理。

针对性的专项服务是指物业管理企业面向广大物业使用人，为满足其中一些住户、群体和单位的一定需要而提供的各项服务工作。主要包括以下五项：

①日常生活类。

②商业服务类。

③文化类、教育类、卫生类和体育类。

④金融服务类。

⑤经纪代理中介服务。

⑥社会福利类。

委托性的特约服务是指物业管理企业为了满足业主、物业使用人的个别需求受其委托而提供的服务。如户内自用部位和设备的维修、室内保洁、代订机票和报纸等。

随着我国城镇住房制度改革的力度不断深化，房屋的所有权结构发生了重大变化，公有住房逐渐转变成个人所有。原来的公房管理者与住户之间管理与被管理的关系，也逐渐演变为物业管理企业与房屋所有权人之间服务与被服务关系。

在住房制度改革和城市建设发展过程中,物业管理这一新兴行业应运而生。全国物业管理企业飞速增加。它的产生和发展,对于改善人民群众的生活、工作环境,提高城市管理水平,扩大就业起着积极的作用。同时也出现了一些问题,需要通过立法、完善制度加以解决。《物业管理条例》是根据《国务院关于修改〈物业管理条例〉的决定》修订的,为的是规范物业管理活动,维护业主和物业服务企业的合法权益,改善人民群众的生活和工作环境而制定的法律条例。由国务院于2007年8月26日发布,2007年8月和2018年3月两次修订,共7章67条。

3.5 房屋修缮管理

房屋修缮管理是指物业管理企业按照一定的科学管理程序和制度及一定的维修技术管理要求,对企业所经营管理的房产进行日常维护、修缮和管理。它包括房屋日常质量安全检查的质量管理、房屋维修的施工管理和房屋维修的行政管理。物业管理的好坏,在很大程度上取决于房屋维修管理的成果。房屋维修管理是物业管理的主体工作和基础性工作,它不仅关系到物业管理的好坏,还关系到物业管理企业信誉的好坏。

(1) 房屋修缮管理的特点

①复杂性 是由房屋的多样性、个体性和房屋维修的广泛性、分散性决定的。由于每一幢房屋几乎都有独特的形式和结构,有单独的设计图纸,因此,房屋维修必须根据房屋的不同结构、不同设计和不同情况,分别制订不同的维修方案,组织不同的维修施工,这给房屋修缮管理带来了复杂性,要求房屋修缮管理也必须根据不同情况,实施不同的管理方法。同时,还要对零星、分散又广泛的房屋维修进行组织管理,这也使房屋修缮管理呈现出复杂性。

②计划性 房屋修缮过程本身就存在着各阶段、各步骤、各项工作之间一定的不可违反的工作程序。因此,房屋修缮管理必须严格按维修施工程序进行,这就决定了房屋修缮管理也必须按这一程序有计划地组织实施。

③技术性 是指房屋修缮管理活动本身具有特殊的技术规定性,必须以建筑工程专业以及相关的专业技术知识为基础,制定相应的技术管理规定和质量评定指标,并配备高素质的专业技术人员和技术工人才能较好地完成。房屋维修活动的特殊性又决定了它具有独特的设计、施工技术和操作技能,其技术水平的高低直接关系到维修工程质量的优劣。

(2) 房屋修缮管理的原则

房屋修缮管理工作必须为人民群众的生活服务,为社会经济服务。总的原则是美化城市、造福人民、有利生产和方便生活。具体来说有以下原则:

①坚持"经济、合理、安全、实用"的原则 经济,就是在房屋维修过程中,节约与合理使用人力、物力和财力,尽量做到少花钱、多修房。合理,是指修缮计划要制定得合理,要按照国家规定与标准修房,不随意扩大修缮范围。安全,就是通过修缮,使物业不倒、不塌、不破,主体结构牢固,用户住用安全,保证物业不发生伤人事件,是房屋维修的首要原则。实用,就是从实际出发,因地制宜,以满足用户在使用功能和质量上的需

求,充分发挥房屋的效能。

②采取不同标准、区别对待的原则 对于不同类型的房屋,要依据不同建筑风格、不同结构、不同等级标准,区别对待。

③维护房屋不受损坏的原则 这一原则强调的是"能修则修,应修尽修,以修为主,全面养护"。各类房屋都是社会财富的重要组成部分,及时修缮旧损房屋,对房屋注意保养、爱护使用,保持房屋正常的使用功能基本完好,维护房屋不受损坏,这是房屋维修管理工作的一项重要任务。

④为用户服务的原则 房屋修缮的目的是为了不断地满足社会生产和人民生活的需要。因此,在房屋修缮管理上,必须维护用户的合法使用权,切实做到为用户服务;建立和健全科学合理的房屋修缮服务制度;房屋修缮管理人员要真正树立为用户服务的思想,改善服务态度,提高服务质量,认真解决用户急需解决的修缮问题。

⑤修缮资金投资效果最大化的原则 房屋修缮资金的管理原则就是获得最大投资效果,少花钱,多修房,修好房。必须给各类工程维修费用确定一个合理的标准,不得随意浪费。

(3) 房屋修缮管理的意义

在物业管理的所有工作中,房屋修缮管理不仅是物业管理的主体工作和基础性工作,而且是衡量物业管理企业管理水平的重要标志,因此,房屋修缮管理在物业管理全过程中占有极其重要的地位和作用。一般来说,房屋修缮管理具有以下意义:

①确保房屋的使用价值 搞好房屋修缮管理,有利于延长房屋的使用寿命,增强房屋的住用性能,改善住用条件与质量,确保房屋的使用价值。

②增加房屋的经济价值 搞好房屋修缮管理,不仅使房屋损耗的价值得到补偿,而且可以使房屋增值,这样就可以为业主带来直接或间接的经济效益。

③提升企业的信誉价值 搞好房屋修缮管理,可以使物业管理企业在房屋的业主及使用者中建立良好的信誉和形象,从而为物业管理企业参与市场竞争打下坚实的基础。

④增加城市的社会价值 搞好房屋修缮管理,不仅可以起到美化城市环境、美化生活的作用,而且能为人民群众的安居乐业,为社会的稳定奠定基础。

3.6 房屋拆迁管理

房屋拆迁,是指因国家建设、城市改造、整顿市容和环境保护等需要,由建设单位或个人对现存建设用地上的房屋进行拆除,对房屋所有者或使用者进行迁移安置并视情况给予一定补偿的活动。

由于城市规划和专项建设工程的需要,对城市国有土地的使用权实行再分配,从而达到土地资源的合理配置,使土地利用效率最大化。这往往就需要拆除大量旧房,在原有土地上进行新的房地产开发建设。但是由于土地的地上附着物凝结了原用户的资金与劳动力,并且是原用户、住户赖以生存和生产的基本物质条件,因而在再建设过程中,拆迁工作的主持者必须对原用户、住户的损失给予适当补偿,并对其进行妥善的安置。

拆房、搬迁、还建等过程中产生了各种各样的法律关系。近十多年,各地制定了许多关于拆迁补偿和安置的地方性法规和规章。1991年3月国务院正式颁布了《城市房屋拆迁管理条例》(以下简称《拆迁条例》),标志着城市建设走上了依法拆迁的道路。

根据《拆迁条例》的规定,国家建设部主管全国的城市房屋拆工作,它的主要职责是制定房屋拆迁法规、规章、方针和政策、监督、检查和指导各地房屋拆迁工作。各省(自治区、直辖市)建委(或建设厅)和城市的房地产管理局(或者人民政府授权的其他部门,如拆迁办公室)主管本行政区域内的城市房屋拆迁工作。

房屋拆迁有以下三种形式:

①人民政府组织统一拆迁　即由人民政府或其专门委托的单位统一进行拆除、补偿和安置等工作。它是国家提倡和鼓励采用的拆迁方式。

②自行拆迁　是指拆迁人自己对被拆迁人进行拆迁安置和补偿。主要拆迁业务人员必须在拆迁主管机关进行培训,取得拆迁资格证书后才能上岗。

③委托拆迁　是指拆迁人将房屋拆迁的补偿和安置工作委托给他人进行。被委托人应当是取得房屋拆迁资格证书的单位。

拆迁补偿有以下三种方式:

①货币补偿　是通过不同的法定依据由专业的评估机构对被拆迁房屋进行专业的估价,生成有据可循的多元组成的补偿金额。

②产权置换　也被称作产权调换,根据评估方法不同,可分为两种置换方式。价值标准产权置换指的是依照法定程序,通过对被拆迁人房屋的产权价值进行评估,之后再以新建房屋的产权予以价值的等价置换。面积标准产权置换指的是以房屋建筑面积为基础,在应安置面积内不结算差价的异地产权房屋调换。

③结合型补偿　顾名思义,这种补偿方式就是指既给货币补偿又给产权置换。

由于我国城市化进程与其他诸多客观因素,造成了诸多不能够单单用货币补偿或者产权置换解决的问题,所以出现了货币补偿和产权置换相结合的补偿方式。

项目六 不动产交易市场管理

项目描述：

不动产交易市场管理部分主要介绍了不动产交易市场管理的相关内容,包括四个教学任务:不动产交易概述、不动产交易市场的特点、不动产交易市场的功能、不动产交易市场管理的内容。

知识目标：

1. 掌握不动产交易的概念。
2. 了解不动产交易市场的特点和功能。
3. 掌握不动产交易市场管理的内容。

能力目标：

会不动产交易市场管理。

任务1 不动产交易概述

本任务主要介绍不动产交易的概念、类型,以及不动产交易应遵循的原则等内容。

能力目标：

(1)能够正确描述不动产交易的概念；
(2)能够正确描述不动产交易应遵循的原则；
(3)能够对不动产交易进行正确分类。

知识目标：

(1)掌握不动产交易的概念；
(2)掌握不动产交易应遵循的原则；
(3)掌握不动产交易的分类。

不动产交易是不动产交易主体之间以不动产这种特殊商品作为交易对象所从事的市场交易活动。

不动产交易是一种极其专业性的交易。不动产交易的形式、种类很多,每一种交易都需要具备不同的条件,遵守不同的程序及办理相关手续。有些不动产权利可以自由流转,有些限制流转,有些禁止流转。

首先，按交易形式的不同，可分为不动产转让、不动产抵押和不动产租赁。

其次，按交易客体中土地权利的不同，可分为国有土地使用权及其地上不动产的交易和集体土地使用权及其地上不动产的交易。对于后者而言，现行法大多禁止或限制其交易，因此，在我国，一般而言，不动产交易仅指前者。前者还可进一步按土地使用权的出让或划拨性质的不同进行分类。

再次，按交易客体所受限制的程度不同，可分为受限交易(如划拨土地使用权及其地上不动产的交易，带有福利性的住房及其占用土地使用权的交易等)和非受限交易(如商品房性质的不动产交易等)。

最后，按交易客体存在状况的不同，可分为单纯的土地使用权交易、不动产期权交易和不动产现权交易。

不动产交易应遵循以下一般原则：

①不动产转让、抵押时，房屋所有权和该房屋占用范围内的土地使用权同时转让、抵押，即"房产权与地产权一同交易规则"。房产权与地产权是不能分割的，同一房地产的房屋所有权与土地使用权只能由同一主体享有，而不能由两个主体分别享有；如果由两个主体分别享有，它们的权利就会发生冲突，各自的权利都无法行使。在房地产交易中只有遵循这一规则，才能保障交易的安全、公平。

②实行不动产价格评估。我国不动产价格构成复杂，非经专业评估难以恰当确定，故法律规定不动产交易中实行不动产价格评估制度。不动产价格评估，应当遵循公正、公平、公开的原则，按照国家规定的技术标准和评估程序，以基准地价、标定地价和各类房屋的重置价格为基准，参照当地的市场价格进行评估。

③实行不动产成交价格申报。不动产权利人转让不动产，应当向县级以上地方人民政府规定的部门如实申报成交价，不得瞒报或者作不实的申报。实施该制度的意义在于：进行不动产交易要依法缴纳各种税费，要求当事人如实申报成交价格，便于以此作为计算税费的依据。当事人作不实申报时，国家将依法委托有关部门评估，按评估的价格作为计算税费的依据。

④不动产转让、抵押当事人应当依法办理权属变更或抵押登记，不动产租赁当事人应当依法办理租赁登记备案。不动产的特殊性决定了实际占有或签订契约都难以成为判断不动产权利变动的科学公示方式，现代各国多采用登记公示的方法以标示不动产权利的变动。我国法律也确立了这一规则，并规定：不动产转让、抵押，未办理权属登记，转让、抵押行为无效。

任务2　不动产交易市场的特点

本任务介绍不动产交易市场的定义和不动产交易市场的特点两方面的内容。

能力目标：

(1)能够正确描述不动产交易市场的定义；

(2)能够正确描述不动产交易市场的特点。

项目六　不动产交易市场管理

知识目标：
(1) 掌握不动产交易市场的定义；
(2) 掌握不动产交易市场的特点。

不动产交易市场是指有组织、有领导地建立的有形不动产交易市场。包括所有与不动产经营有关的活动，如集资建房、房屋互换、房地产信托代办、新房出售和预售、旧房的买卖和租赁，等等。

不动产作为一种商品，同其他商品一样，是价值和使用价值的统一体，只有通过市场交换才能实现其价值。但不动产商品的交易，也有其自身的特点：

①不动产交易不发生物体的空间移动；
②不动产交易市场是"多位一体"的市场；
③不动产交易市场是一种区域性市场；
④不动产交易价格具有相关性。

不动产商品不像其他商品那样，其使用价值和价值的独立性明显，不动产商品受同类商品的影响较大。一个大型旅馆的修建，将会使附近的饮食、百货商店的生意兴隆，价值上升；一个大型商场或购物中心的兴建，则会使附近的中小百货商店的生意受到很大影响，甚至会改变一些房产的用途；而火车站、长途汽车站的修建，同样会使它周围不动产的价值产生影响，等等。同时，不动产价格本身也会随着城市经济的发展，城市建筑地段地租、地价的增长，而呈向上波动的趋势。

不动产交易市场除了具有一般市场共有的特性外，还有其自身的特点。其主要特点是：

①商品的固定性　在一般市场上，商品交换都是以货币和实物的反方向流动为特征的，即货币从买主流向卖主，商品从卖主流向买主。在房地产市场上，由于房地产商品是不动产，其位置是固定的、不可移动的，所以当房地产商品发生交换时，只是发生所有权或使用权等权属关系的转移，而房地产商品本身的空间位置则是固定不变的。

②交换形式的多样性　就房屋交换而言，其产权可以出售或拍卖，其使用权可以出租或典当；就土地交换而言，其使用权可以招标、拍卖或协议成交，也可以出租或抵押。这种交换形式的多样性是房地产市场独有的，在其他任何商品市场则是不存在一的。

③流通与消费的并存性　由于房地产商品价值量大、消费周期长，其价值有的可以一次收回，有的则要分期收回。当其价值分期收回时，房地产的价值就需要较长的时间才能完全得到实现。这样，房地产被消费的过程，也正是其价值逐步实现的过程，因而形成了流通与消费的并存性，这也是其他商品交易市场所没有的。

④资金积累上的初始性　在一般市场上，只有将制造好的商品卖出去，才能将生产和经营商品的资金收回来，形成资本积累。而房地产市场则不同，它可以通过预售的方式，在房地产商品生产初期，就可以获得用以征地、开发、建设、经营房地产的资金，这就是房地产资金积累上的初始性，也是房地产市场在筹集资金上的极大优势。应当充分利用这一优势，推动房屋建设和房地产经济的发展。

任务 3　不动产交易市场的功能

本任务主要介绍不动产交易市场管理的概念、不动产交易市场管理的作用两方面的内容。

能力目标：
（1）能够正确描述不动产交易市场管理的概念；
（2）能够正确描述不动产交易市场管理的作用。

知识目标：
（1）掌握不动产交易市场管理的概念；
（2）掌握不动产交易市场管理的作用。

不动产交易市场管理，是其行政主管部门及其他有关部门代表国家和政府，根据不动产经济的客观规律和社会需求，运用行政的、经济的和法律的手段，对进入不动产市场从事不动产商品交换活动的单位和个人，对不动产商品与劳务的交易价格、契约合同、交易程序、应纳税费等各方面所进行的组织、指导、调控和监督。

不动产交易市场管理的主体是其行政主管部门，不动产交易市场管理的有关部门是工商行政、税务、物价、公安等有关部门。

不动产交易市场管理的依据是国家和地方政府的政策法规和城市建设、城市经济和居民生活对房地产的需求。

不动产交易市场管理的主要职能是对进入流通领域的房地产商品和参与商品交换活动的不动产所有者、经营者、消费者和劳务者发挥引导协调服务和监督作用。

不动产交易市场既是生产要素市场，又是商品交换市场，它是社会主义市场体系的重要组成部分。管理好不动产交易市场，对于管好整个商品市场和推动不动产经营的发展，具有十分重要的作用。

①加强不动产交易市场管理，可以建立良好的市场秩序，保护合法交易，有效地维护不动产交易双方和劳务双方的合法权益。

②加强不动产交易市场管理，可以促进不动产商品流通，发展不动产商品经济，振兴不动产业。

③加强不动产交易市场管理，可以调控不动产价格，限制不合法的交易行为，打击投机倒买、牟取暴利等违法活动。

④加强不动产交易市场管理，可以推动市场机制的发育和完善，逐步把不动产经济纳入国家计划与市场调节相结合的商品经济轨道。

任务 4　不动产交易市场管理的内容

本任务主要介绍不动产交易市场管理的范围、不动产交易市场管理的内容、不动产交易市场管理任务三方面的内容。

能力目标：
(1) 能够正确描述不动产交易市场管理的范围；
(2) 能够正确描述不动产交易市场管理的内容；
(3) 能够正确描述不动产交易市场管理的任务。

知识目标：
(1) 掌握不动产交易市场管理的范围；
(2) 掌握不动产交易市场管理的内容；
(3) 掌握不动产交易市场管理的任务。

4.1 不动产交易市场管理的范围

不动产交易市场的范围，可以从地域、空间和行为三个方面来划定。

①地域范围　就一座城市来说，凡是在本市行政区域内发生的不动产交易活动，均属于该市不动产交易市场管理的范围。

②空间范围　就一个交易案例来说，无论是在交易所，即固定场所成交的，或是在固定场所以外的空间场所成交的，均属于当地不动产交易市场管理的范围。

③行为范围　就一项交易行为来说，凡属房产的买卖、租赁、交换、抵押、典当、入股和土地的出让、转让、出租、抵押等交易行为，均属于不动产交易市场管理的范围。

概括地说，凡在一个市、县行政区域内进行不动产商品交易活动的主体和客体，均属于该市、县不动产交易市场管理的对象。所谓交易主体是指进行不动产商品和不动产交易的劳务单位和个人。所谓交易客体是指不动产商品标的物和不动产劳务对象。具体来说，下列不动产商品和不动产劳务交易行为都是不动产交易市场管理的对象。

①不动产买卖(含拍卖)。
②不动产租赁。
③不动产产权交换。
④不动产抵押(含典当)。
⑤以不动产作价投资入股。
⑥以自有不动产作价与他人合作扩建、改建。
⑦不动产转让。
⑧土地出让。
⑨土地转让。
⑩土地出租。
⑪土地抵押。
⑫土地转租。
⑬为不动产市场提供信息、咨询、中介、评估、代办等劳务的单位和个人。

4.2 不动产交易市场管理的内容

不动产交易市场管理的内容虽多，但归纳起来主要有以下六个方面：

①审核交易主体条件，检验交易客体证件　所谓审核交易主体条件，就是审查核实买方和卖方是否具备城市房屋买卖管理的暂行规定所要求的条件。具备条件者，方能买卖不动产，不具备条件者，则不能买卖不动产。所谓检验交易客体证件，就是检查验证卖方的房屋所有权证和土地使用权证。房屋所有权证与土地使用权证是权属所有人的唯一合法凭证，在颁发了土地使用证的城镇，两证均有者，才有出卖房屋和转让土地的权利。

②评估核定交易价格，审定市场劳务收费标准　评估核定交易价格，就是对成交的不动产价格，都要经不动产交易管理部门按照价格标准进行评估，并根据政府的价格政策核定双方协商的成交价格，制定劳务收费标准。对不是不动产交易管理部门而从事不动产信息、咨询、中介、评估、代办等劳务的单位和个人，要规定合理的收费标准，制止乱收费行为。

③审核鉴证买卖、转让与租赁、抵押契约合同，办理权属转移、过户和登记鉴证手续　审核鉴证契约合同，是指不动产交易双方因买卖、转让、租赁、抵押而签订的契约或合同，均要经过不动产交易管理部门审核鉴证，方属合法有效。否则，就不合法，不具有法律效力。办理权属转移过户和登记鉴证手续是指不动产交易双方所进行的买卖、转让、租赁、抵押等项活动，均要到房地产交易管理部门办理房屋所有权与土地使用权转移过户和租赁鉴证与抵押登记手续，否则就是违章，不仅不受法律保护，而且要受到处罚。

④收取契税，收益金和手续费　根据国务院、住房和城乡建设部、国家发展与改革委员会和市场行政主管部门的有关规定，凡属不动产买卖、转让、租赁、抵押等行为，均要依照有关规定，缴纳房产契税、土地收益金和立契鉴证手续费。不动产交易市场管理部门应该照章收取税费。否则，就是失职。

⑤核发中介机构与评估人员资质证件，监督市场中介活动与价格评估质量　中介机构与评估人员资质证件，是指一切从事不动产交易中介活动的机构和从事不动产价格评估的人员，均要经不动产交易管理部门资质审查，对条件合格者，发给合格证件，然后才能从事交易中介与评估活动。监督市场中介活动与评估质量，就是不动产交易管理部门对中介机构的中介活动和价格评估人员的评估质量要进行监督检查，发现非法中介或不符合评估要求者，应及时予以制止或纠正。必要时可取消其中介或评估资格。

⑥查处私下交易、隐价瞒租、投机倒买等违章违法活动　根据国务院、住房和城乡建设部和地方人民政府的规定，不准私下买卖转让不动产，不准隐瞒不动产买卖租赁价格，不准投机倒买不动产，凡是违反这些规定的均属于违章违法行为。查处这类违章违法行为是不动产市场管理的一项重要内容。

4.3　不动产交易市场管理的任务

不动产交易市场管理的主要任务是：

①建立固定的交易场所，为交易双方提供良好的洽谈空间　为了促进不动产商品流通，防止私下(黑市)交易，建立不动产流通的正常秩序，在大中城市建立市级或市、区(县)两级不动产交易市场，为交易双方提供接触、洽谈、协议的固定场所是十分必要的。

②搞好市场服务　为交易双方提供信息、行情、中介、评估、政策法规咨询、代买代卖、代办手续等多方面的方便和服务。不动产是不能移动的商品，不可能将其摆到市场上

来出售，交易双方也不便于在不动产市场上坐等买主或卖主。因而非常需要中间媒介提供信息服务或者提供代买代卖服务。由于不动产交易所涉及的政策法规和价格标准等比较复杂，又需要有关部门提供政策咨询与价格评估服务。因此，做好市场服务便成为市场管理的一项重要任务。

③组织引导不动产开发建设和经营企业进入市场，开展不动产销售、转让、出租、抵押、拍卖等经营活动　不动产市场是开展各项不动产交易和交换活动的固定场所，开辟不动产市场的目的是为了加强不动产交易的管理，促进不动产商品流通，为发展城市经济服务。因此，应当有计划、有步骤地引导不动产开发经营企业，将准备销售的不动产商品放到市场上来出售或出租，逐步把新建商品房和全部不动产商品纳入统一的不动产市场管理。

④制定市场管理法规，建立良好的市场秩序　政府管理不动产市场，要有法可依，依法管理。为此，必须及时制定市场管理法规。有了管理法规，方能做到依法管理，促进不动产商品流通，振兴不动产业。

⑤严格执法，保护合法交易，限制非法交易，打击违法活动　要建立不动产市场的良好秩序，政府主管部门必须严格执法。

对于自觉遵守政府法律，认真按政策规定进行不动产交易的，要积极给予保护；对于不按政府政策法规进行不动产交易的，要及时予以制止；对于违反政策规定进行非法交易和牟取暴利等违法活动的，要给予有力打击。只有这样，才能保护交易双方的合法权益，维护交易市场的正常秩序。

项目七 不动产权籍调查测绘软件操作说明

项目描述：

不动产权籍调查测绘软件操作说明部分主要介绍当前主流不动产权籍调查测绘软件的使用方法、操作步骤和设置等内容。

知识目标：

1. 熟悉常用不动产权籍调查测绘软件。
2. 掌握不动产权籍调查测绘软件操作步骤。
3. 掌握不动产权籍调查测绘软件设置与其在具体项目中的使用。

能力目标：

1. 会不动产权籍调查测绘软件的设置。
2. 会不动产权籍调查测绘软件的基本操作。
3. 会不动产权籍调查测绘软件具体项目应用。

1 文件菜单

文件菜单包括标准的新建工程、打开工程、关闭工程、导入工程、导出工程、打开文档、保存、另存为、退出系统，如图7-1所示。

图 7-1

1.1 文档与数据加载

1.1.1 接收下载数据

功能：接收已存在的数据源且创建到新的指定目录中。
操作方式(图7-2)：
①选择菜单"文件—接收下载数据"；

②选择标准工具栏接收下载数据按钮；

③提取已存在的数据源，创建新的工程目录。

1.1.2 新建工程

功能：系统采用工程来分类、分层管理数据文件，所以必须首先建立工程。

操作方式（图 7-3）：

①选择菜单"文件—新建工程"；

②选择标准工具栏新建文件按钮；

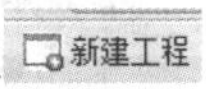

③在新建工程栏中填入信息创建新的测绘工程文件到指定目录。

图 7-2

1.1.3 打开工程

功能：打开已有的数据源。

操作方式（图 7-4）：

①选择菜单"文件—打开工程"；

②选择标准工具栏打开文件按钮；

③选取已有的数据源打开。

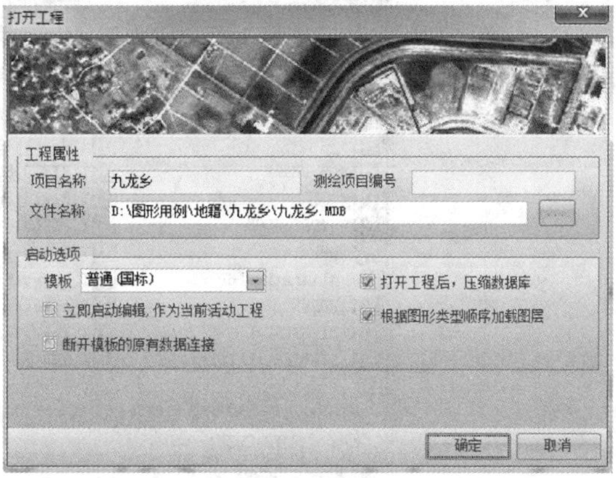

1.1.4 导入 CAD 数据

功能：将外部数据导入工程中。

操作方式（图 7-5、图 7-6）：

①选择菜单"文件—导入 CAD 数据"；

②选择标准工具栏导入 CAD 数据按钮；

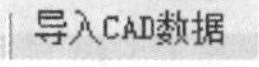

③源数据格式包括 dxf 和 dwg 两种。选择源文件后，中间数据会默认生成，不需要手动选择。目标数据可以选择导入当前工程、新建个人数据库（MDB）、新建文件数据库（GDB）和不做设定（只导出中间数据即可）四种方式。"全部到临时层"选项是指全部数据导入临时层，不做编码匹配。"执行结束，保存消息到中间数据路径下"选项是

图 7-3

图 7-4

指是否保存导入日志文件。"勾选图层"是指只导入某些层的数据，功能只在从中间文件导入目标数据时使用。其他选项可以根据具体项目来指定。

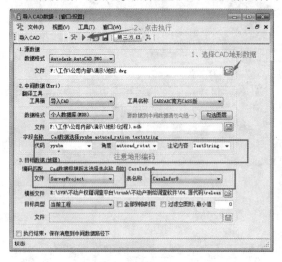

图 7-5

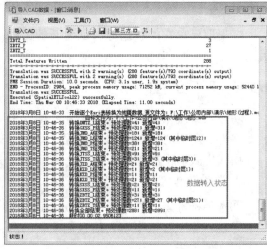

图 7-6

1.1.5 保存工程文件

功能：保存图层文件与工程文件信息一致。

操作方式：

①选择菜单"文件—保存工程文件"；

②选择标准工具栏保存工程文件按钮 保存工程文件。

1.1.6 加载数据

功能：添加数据集和图层。

操作方式（图 7-7）：

图 7-7

①选择菜单"文件—加载数据";

②选择标准工具栏加载数据按钮 ![]。

1.2 打印与地图输出

功能：导出软件中形成的地图。

操作方式(图7-8)：

①选择菜单"文件—导出地图";

②选择标准工具栏导出地图按钮 ![];

③选取图片格式和像素，导出当前页面形成的地图到选定目录中。

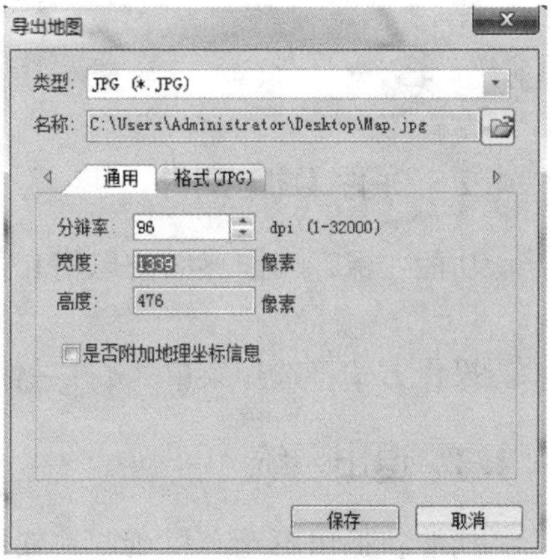

图 7-8

1.3 文档

1.3.1 打开文档

功能：打开已存在的地籍数据工程。

操作方式：

①选择菜单"文件—打开文档";

②选择标准工具栏打开文档按钮 ![]。

1.3.2 另存为

功能：将当前打开的数据换名存盘。

操作方式：

①选择菜单"文件—另存为";

②选择标准工具栏另存为按钮 ![]。

1.3.3 保存工程文件

功能：保存图层文件与工程文件信息一致。

操作方式：

①选择菜单"文件—保存工程文件";

②选择标准工具栏保存工程文件按钮 ![]。

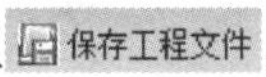

1.4 系统

1.4.1 保存 UID 文件

功能：保存当前界面的风格和摆放位置。

操作方式：选择菜单"文件—保存 UID 文件"。

1.4.2 退出系统

功能：退出不动产权籍调查软件，并关闭保存所有打开的数据文件。
操作方式：
①选择菜单"文件—退出系统"；

②选择标准工具栏退出系统按钮。

2 编辑菜单

编辑菜单包含对象编辑的所有通用功能，如图 7-9 所示。

图 7-9

2.1 编辑

2.1.1 启动编辑

功能：启动编辑。
操作方式：
①选择菜单"编辑—启动编辑"；
②选择标准工具栏启动编辑按钮。

2.1.2 保存编辑

功能：保存编辑过的数据源。
操作方式：
①选择菜单"编辑—保存编辑"；
②选择标准工具栏保存编辑按钮。

2.1.3 停止编辑

功能：停止保存所进行的编辑。
操作方式：
①选择菜单"编辑—保存编辑"；
②选择标准工具栏停止编辑按钮 。

2.1.4 绘制 Feature

功能：用不同的线类型绘制图形。
操作方式（图 7-10）：
①选择菜单"编辑—绘制 Feature"；
②选择标准工具栏绘制 Feature 按钮。

图 7-10

2.1.5 编辑工具

功能：可移动图层。
操作方式：
①选择菜单"编辑—编辑工具"；
②选择标准工具栏编辑工具按钮 ；
③选中一定范围内的图层拖拉产生新的数据。

2.1.6 画折线

功能：可画折线创建图层。
操作方式（图 7-11）：
①选择菜单"编辑—画折线"；
②选择标准工具栏画折线按钮 。

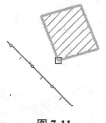

图 7-11

2.1.7 设置目标层

功能：利用编辑功能设置具体目标层。
操作方式（图 7-12）：
①选择菜单"编辑—设置目标层"；
②选择标准工具栏设置目标层按钮。

2.1.8 旋转要素

功能：将图形对象按指定基点、指定角度旋转。
操作方式（图 7-13）：
①选择菜单"编辑—旋转要素"；
②选择标准工具栏旋转要素按钮 ；

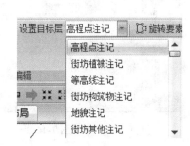

图 7-12

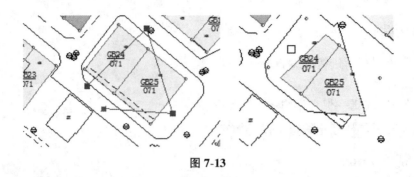

图 7-13

③指定旋转的基点;
④移动鼠标到要旋转到的位置单机鼠标左键,最后双击左键完成操作。

2.1.9 属性

功能:查看选中要素的属性。
操作方式(图 7-14):
①选中范围内的要素;
②选择菜单"编辑—属性";
③选择标准工具栏属性按钮 属性 ;
④查看选中要素的属性。

2.1.10 编辑节点属性

功能:通过"编辑节点属性"直接调整点的坐标,使节点调整更准确。
操作方法(图 7-15):
①选中范围内的节点;
②选择菜单"编辑—编辑节点属性" 编辑节点属性 。

图 7-14

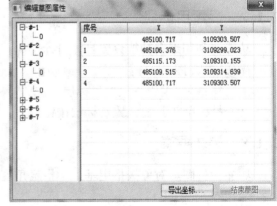

图 7-15

2.2 剪切板

2.2.1 剪切

功能：对临时层的图形进行剪切。
操作方式：
①选择菜单"编辑—剪切"；
②选择标准工具栏剪切按钮 ❌剪切 。

2.2.2 复制

功能：复制被选图形的坐标点。
操作方式：
①选择菜单"编辑—复制"；
②选择标准工具栏复制按钮 📋复制 。

2.2.3 粘贴

功能：与复制、剪切合起来使用，被复制或剪切的图形才能进行粘贴。
操作方式：
①选择菜单"编辑—粘贴"；
②选择标准工具栏粘贴按钮 📋粘贴 。

2.2.4 删除

功能：对临时层的图形进行删除。
操作方式：
①选择菜单"编辑—删除"；
②选择标准工具栏删除按钮 ❌删除 。

2.2.5 撤销

功能：对编辑结果进行回退，一次回退一步。
操作方式：
①选择菜单"编辑—撤销"；
②选择标准工具栏撤销按钮 ↩撤销 。

2.2.6 重做

功能：针对"撤销"操作，被回退后又想恢复原来的状态的图形进行重做。
操作方式：
①选择菜单"编辑—重做"；

②选择标准工具栏重做按钮 重做。

2.3 编辑二

2.3.1 取相余面（取相交面）

功能：草图与其他对象相交时分割草图，"取相交面"是取与相交对象重合部分，"取相余面"则反之。

操作方式：

①选择需要绘制草图的操作命令，如宗地变更、图斑变更、连片重建等；

②绘制草图，与其他对象相交；

③选择与草图相交的对象，如宗地、图斑、地籍子区线等；

④选择菜单"编辑—取相交面(取相余面)" 取相交面 取相余面 ；

⑤继续完成跟操作命令有关的其他操作。

2.3.2 编辑节点状态

功能：通过移动、删除定义线段的节点编辑面对象和线对象的形状。

操作方式：

①选中一实体，且设置该实体所在的图层为当前可编辑层；

②选择菜单"编辑—编辑节点状态"；

③选择标准工具栏编辑节点状态按钮 编辑节点状态 ；

④选择实体上的任一节点，对其进行拖动，以改变实体的形状。

说明：

①同增加节点一样，只有所选实体所在的层为当前可编辑层时才可操作；

②只能移动节点，不能删除节点。

2.3.3 图形替换

功能：替换新图形。

操作方式（图7-16）：

①选中图形；

②选择菜单"编辑—图形替换"；

③选择标准工具栏图形替换按钮 图形替换 。

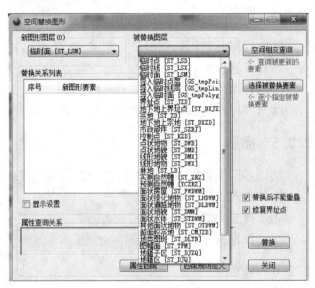

图 7-16

2.3.4 整形图形

功能：选取图形移动产生新图形。
操作方式(图 7-17)：
①选择菜单"编辑—整形图形"；
②选择标准工具栏整形图形按钮 整形图形 ；
③选取图形拖动到新地区。

2.3.5 线构面

功能：将选中的闭合线要素转换成面要素。
操作方式(图 7-18)：
①选中需要转换成面的闭合线要素；
②选择菜单"编辑—线构面"，自动将上面选择的闭合线要素转换成指定图层的面要素。

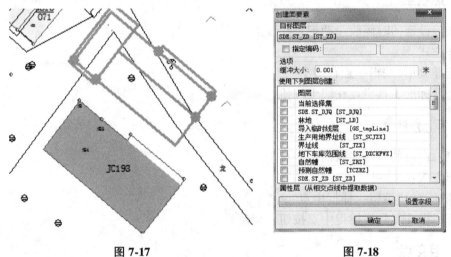

图 7-17　　　　　　　　　　图 7-18

2.4 清除

2.4.1 清除临时数据

功能：删除临时层所有的临时数据，包括点、线、面。
操作方式：
①选择菜单"编辑—清除临时数据"；
②选择标准工具栏清除临时数据按钮 清除临时数据 。

2.4.2 清除地图修饰

功能：清除地图上所有的修饰元素。这里的修饰元素是指绘制的范围面、文本、文本框等元素。

操作方式：

①选择菜单"编辑—清除地图修饰"；

②选择标准工具栏清除地图修饰按钮 清除地图修饰(Element)。

2.5 捕捉设置

2.5.1 捕捉端点

功能：设定的时候线段捕捉端点。

操作方式：

①选择菜单"编辑—捕捉端点"；

②选择标准工具栏捕捉端点按钮 捕捉端点。

2.5.2 点在线上

功能：设定的时候线段捕捉点在线上。

操作方式：

①选择菜单"编辑—点在线上"；

②选择标准工具栏点在线上按钮 点在线上。

2.5.3 捕捉中点

功能：设定的时候线段捕捉中点。

操作方式：

①选择菜单"编辑—捕捉中点"；

②选择标准工具栏捕捉中点按钮 捕捉中点。

2.5.4 相交点

功能：设定的时候线段捕捉相交点。

操作方式：

①选择菜单"编辑—相交点"；

②选择标准工具栏相交点按钮 相交点。

2.5.5 延长线上的点

功能：设定的时候线段捕捉延长线上的点。

操作方式：

①选择菜单"编辑—延长线上的点"；

②选择标准工具栏延长线上的点按钮 延长线上的点。

2.5.6 水平线与垂直线

功能：设定的时候线段捕捉水平线与垂直线上的点。
操作方式：
①选择菜单"编辑—水平线与垂直线"；
②选择标准工具栏水平线与垂直线按钮 水平线与垂直线 。

2.5.7 垂足点

功能：设定的时候线段捕捉垂足点。
操作方式：
①选择菜单"编辑—垂足点"；
②选择标准工具栏垂足点按钮 垂足点 。

2.5.8 捕捉垂直线

功能：设定的时候线段捕捉垂直线。
操作方式：
①选择菜单"编辑—捕捉垂直线"；
②选择标准工具栏捕捉垂直线按钮 捕捉垂直线 。

2.5.9 捕捉设置

功能：设置捕捉的类型和风格。
操作方式(图 7-19)：
①选择菜单"编辑—捕捉设置"；
②选择标准工具栏捕捉设置按钮 捕捉设置 。

图 7-19

3 高级编辑

高级编辑菜单所包含的内容如图 7-20 所示。

图 7-20

3.1 编辑操作一

3.1.1 线延伸

功能：将直线延伸到于参照直线相交。只要两对象的延长线相交，延伸操作均可进行。

操作方式：
①选择菜单"编辑—线延伸"；
②选择标准工具栏线延伸按钮 线延伸 ；
③选择要被延伸的直线、直线段或曲线；
④选中要延伸到的直线、直线段或曲线；
⑤延伸完毕。

3.1.2 拷贝要素

功能：可拷贝选择要素。
操作方式：
①选择需要拷贝的要素；
②选择菜单"编辑—拷贝要素"；
③选择标准工具栏拷贝要素按钮 拷贝要素 。

3.1.3 打断线

功能：将一条直线按照指定点打断分为两段。
操作方式：
①选择菜单"编辑—拷贝要素"；
②选择标准工具栏打断线按钮 打断线 ；
③在选中的线实体上选择一个点作为断点；
④打断完毕。

3.1.4 平滑线或面要素

功能：将线段或面要素按照指定的偏移量平滑。
操作方式（图7-21）：
①选择线段或面要素；
②选择菜单"编辑—平滑线或面要素"；
③选择标准工具栏平滑线或面要素按钮 平滑线或面要素 ；
④填入平滑偏移量。

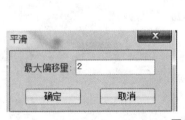

图 7-21

3.1.5 Generalize 线或面要素

功能：将线段或面要素按照指定的偏移量平移。
操作方式(图7-22)：
①选择线段或面要素；
②选择菜单"编辑—Generalize 线或面要素"；
③选择标准工具栏 Generalize 线或面要素按钮 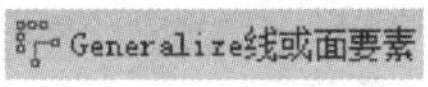 。

图 7-22

3.1.6 截断线

功能：用于截断部分线段。
操作方式(图7-23)：
①选择线段；
②选择菜单"编辑—Generalize 线或面要素"；
③选择标准工具栏 Generalize 线或面要素按钮  截断线；
④截断部分线段。

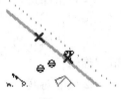

图 7-23

3.2 编辑操作二

3.2.1 分解多 part 要素

功能：将包含多个部分的草图分解成为多个草图，上文"合并"后的对象，可以用该功能重新进行分解。
操作方式：
①选择多部分要素；
②选择菜单"编辑→分解多部分要素"；
③选择标准工具栏分解多 part 要素按钮 分解多part要素。

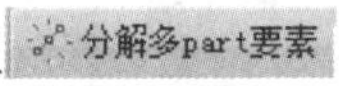

3.2.2 连接线要素

功能：连接存在公共点的线段。
操作方式：
①选择存在公共点的线段；
②选择菜单"编辑—连接线要素"；
③选择标准工具栏连接线要素按钮 连接线要素。

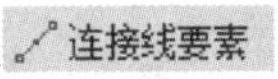

3.2.3 多边形挖孔

功能：图层中按多边形挖孔。
操作方式：

①选择指定图层;
②选择菜单"编辑—多边形挖孔";
③选择标准工具栏多边形挖孔按钮 [多边形挖孔]。

3.2.4 增加节点

功能:为线对象或面对象增加节点,以便进行编辑节点操作或其他相关操作。
操作方式:
①选中一实体,且设置该实体所在的图层为当前可编辑层;
②选择菜单"编辑—增加节点";
③选择标准工具栏增加节点按钮 [增加节点];
④点击即可在该处增加节点。
说明:
①实体所在的层设置为当前可编辑层时,对节点的操作才能进行。用户这时可以增加节点编辑;
②只能对线对象和面对象增加节点,且其所在图层必须可编辑;
③对于简单数据集,可以对所有的线对象和面对象进行增加节点操作。但对于简单数据集中的参数化对象(如圆、弧等)来说,对它们进行增加节点操作的意义不大。

3.2.5 删除节点

功能:为线对象或面对象删除节点,以便进行编辑节点操作或其他相关操作。
操作方式:
①选中一实体,且设置该实体所在的图层为当前可编辑层;
②选择菜单"编辑—删除节点";
③选择标准工具栏删除节点按钮 [删除节点];
④点击即可在该处删除节点。

3.3 编辑操作三

3.3.1 面切割

功能:切割面对象。
操作方式:
①选中一实体,且设置该实体所在的图层为当前可编辑层;
②选择菜单"编辑—面切割";
③选择标准工具栏面切割按钮 [面切割]。

3.3.2 旋转要素

功能:将图形对象按指定基点、指定角度旋转。

操作方式：
①选择要旋转的实体；
②选择菜单"编辑—旋转要素"；
③选择标准工具栏旋转要素按钮 旋转要素；
④鼠标点住所选实体出现的选择要素的图标对实体进行旋转，旋转以所选实体的中心为基点。

3.3.3 距离平移

功能：实体已中心为基点平移。
操作方式（图7-24）：
①选择要平移的实体；
②选择菜单"编辑—距离平移"；
③选择标准工具栏距离平移按钮 距离平移；
④输入要平移的角度及距离。

图 7-24

3.3.4 过点平移

功能：实体已点为基点平移。
操作方式：
①选择要平移的实体；
②选择菜单"编辑—过点平移"；
③选择标准工具栏过点平移按钮 过点平移。

3.3.5 倒圆角

功能：在两条直线的端点延伸，以倒圆角半径为尺度画一个半圆，形成倒圆角。
操作方式：
①选择菜单"编辑—倒圆角"；
②选择标准工具栏倒圆角按钮 倒圆角；
③选择第一条直线；
④选择第二条直线，选择完毕执行操作。
说明：
①选中的两条直线都必须是直线段（仅有两个端点），否则提示不能进行该操作；
②执行倒圆角操作时，超出两直线延长线的交点的部分会被自动剪除；
③先选择命令后选择操作对象。

3.3.6 倒直角

功能：在两条直线的端点延伸，形成倒直角。
操作方式：

①选择菜单"编辑—倒直角";
②选择标准工具栏倒直角按钮 倒直角 ;
③选择第一条直线;
④选择第二条直线,选择完毕执行操作。
说明:
①选中的两条直线都必须是直线段(仅有两个端点),否则提示不能进行该操作;
②执行倒直角操作时,超出两直线延长线的交点的部分会被自动剪除;
③先选择命令后选择操作对象。

3.4 编辑操作四

3.4.1 擦除

功能:删除当前所选中的实体。
操作方式:
①选择菜单"编辑—擦除";
②选择标准工具栏擦除按钮 擦除 ;
③删除当前所选中的实体。

3.4.2 对象对齐

功能:当前所选中的实体对齐。
操作方式:
①选择菜单"编辑—对象对齐";
②选择标准工具栏对象对齐按钮 对象对齐 。

3.4.3 格式刷

功能:可快速将选中对象的属性延用到其他对象上去。
操作方式:
①选择菜单"编辑—格式刷";
②选择标准工具栏格式刷按钮 格式刷 。

3.4.4 重构要素

功能:根据节点重新构造要素。
操作方式(图7-25):
①选择菜单"编辑—重构要素";
②选择标准工具栏重构要素按钮 重构要素 ;
③构造新节点构成新要素。

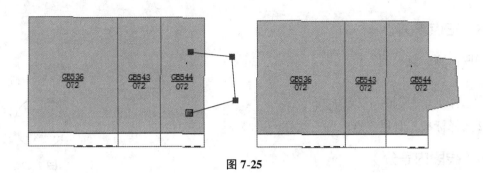

图 7-25

3.5 编辑计算操作

说明：辅助计算主要是根据长度和角度等参数通过平行、垂直、角度偏转等操作来完成对地物的绘制工作。

3.5.1 采辅助圆

说明：采辅助圆完成对地物的绘制工作。
操作方式（图 7-26）：
①选择菜单"编辑—采辅助圆"；
②选择标准工具栏采辅助圆按钮 采辅助圆 。

图 7-26

3.5.2 采辅助点

说明：采辅助点完成对地物的绘制工作。
操作方式：
①选择菜单"编辑—采辅助点"；
②选择标准工具栏采辅助点按钮 采辅助点 。

3.5.3 采辅助面

说明：采辅助面完成对地物的绘制工作。
操作方式（图 7-27）：
①选择菜单"编辑—采辅助面"；
②选择标准工具栏采辅助面按钮 采辅助面 。

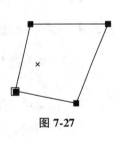

图 7-27

3.5.4 采辅助线

说明：采辅助线完成对地物的绘制工作。
操作方式（图 7-28）：
①选择菜单"编辑—采辅助线"；
②选择标准工具栏采辅助线按钮 采辅助线 。

图 7-28

3.5.5 三点求圆心

说明：画三点求圆心。

操作方式（图7-29）：

①选择菜单"编辑—三点求圆心"；

②选择标准工具栏三点求圆心按钮 三点求圆心 。

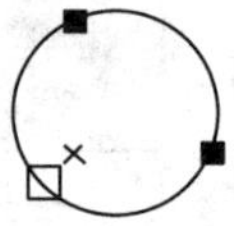

图 7-29

3.5.6 线段内等分

说明：对线要素进行内等分，依据输入的等分数，生成辅助点。

操作方式（图7-30）：

①选择菜单"编辑—线段内等分"；

②选择标准工具栏线段内等分按钮 线段内等分 。

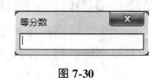

图 7-30

3.5.7 求交点

说明：可以通过画线、圆、多边形求其交点。

操作方式：

①选择菜单"编辑—求交点"；

②选择标准工具栏求交点按钮 求交点 。

3.5.8 线段外等分

说明：对线要素进行外等分，依据输入的等分数，生成辅助点。

操作方式（图7-31）：

①选择菜单"编辑—线段外等分"；

②选择标准工具栏线段外等分按钮 线段外等分 。

图 7-31

3.5.9 保存草图节点

说明：绘制过程中的节点都保存下来，在后面的绘制过程中方便应用。

操作方式：

①选择菜单"编辑—保存草图节点"；

②选择标准工具栏保存草图节点按钮 保存草图节点 。

3.5.10 内等分选择线段

说明：绘制过程中对线段进行内等分。

操作方式：

①选择菜单"编辑—内等分选择线段"；

②选择标准工具栏内等分选择线段按钮 内等分选择线段 。

3.5.11 外等分选择线段

说明：绘制过程中对线段进行外等分。
操作方式：
①选择菜单"编辑—外等分选择线段"；
②选择标准工具栏外等分选择线段按钮 外等分选择线段 。

3.5.12 停止辅助计算

说明：不需要辅助计算时，应停止辅助计算，切换至编辑状态。
操作方式：
①选择菜单"编辑—停止辅助计算"；
②选择标准工具栏停止辅助计算按钮 停止辅助计算 。

4 视图

视图菜单如图 7-32 所示。

图 7-32

4.1 地图操作一

4.1.1 全图显示

功能：不管图形显示在任何情况下，使用"全图显示"功能，图形会以全图状态显示。
操作方式：
①选择菜单"视图—全图显示"；
②选择标准工具栏全图显示按钮 全图显示 。

4.1.2 固定放大操作

功能：以固定的比例放大显示地图。
操作方式：
①选择菜单"视图—固定放大操作"；
②选择标准工具栏固定放大操作按钮 固定放大操作 ，可以使用鼠标滚轮往下方向放大。

4.1.3 固定缩小操作

功能：以固定比例缩小显示地图。
操作方式：
①选择菜单"视图—固定缩小操作"；
②选择标准工具栏固定缩小操作按钮 ![固定缩小操作]，可以使用鼠标滚轮往上方向放大。

4.1.4 比例尺

功能：将当前地图显示为设置的参考比例尺。
操作方式（图7-33）：
①选择菜单"视图—比例尺"；
②填写具体比例数据，调整比例。

图 7-33

4.2 地图操作二

4.2.1 上一视图

功能：查看上一次操作的视图范围。
操作方式：
①选择菜单"视图—上一视图"；
②选择标准工具栏上一视图按钮 ![上一视图]。

4.2.2 下一视图

功能：取消返回上一屏功能。
操作方式：
①选择菜单"视图—下一视图"；
②选择标准工具栏下一视图按钮 ![下一视图]；
说明：该功能必须和上一视图结合才有效。

4.2.3 选择要素

功能：选择指定要素。
操作方式：
①选择菜单"视图—选择要素"；
②选择标准工具栏选择要素按钮 ![选择要素]。

4.2.4 清除选择要素

功能：清除选择的指定要素。
操作方式：

①选择菜单"视图—清除选择要素";
②选择标准工具栏清除选择要素按钮 清除选择要素。

4.2.5 要素属性查看

功能：选择指定的要素查看属性。
操作方式(图 7-34)：
①选择菜单"视图—要素属性查看";
②选择标准工具栏要素属性查看按钮 要素属性查看。

图 7-34

4.2.6 放大操作

功能：放大图形。
操作方式：
①选择菜单"视图—放大操作";
②选择标准工具栏放大操作按钮 放大操作;
③支持鼠标点击放大或拉框放大。

4.2.7 缩小操作

功能：对图形进行连续的缩放。
操作方式：
①选择菜单"视图—缩小操作";
②选择标准工具栏缩小操作按钮 缩小操作;
③支持鼠标点击缩小或拉框缩小。

4.2.8 移动操作

功能：移动图形。
操作方式：
①选择菜单"视图—移动操作";
②选择标准工具栏移动操作按钮 移动操作;
③鼠标形状变为手状，按住鼠标左键拖动实现移动视图。

4.3 选项

4.3.1 显示滚动条

功能：显示滚动条。
操作方式：
①选择菜单"视图—显示滚动条";

②勾选标准工具栏显示滚动条按钮 ☑ 显示滚动条。

4.3.2 数据框属性

功能：显示数据框属性。
操作方式（图 7-35）：
①选择菜单"视图—数据框属性"；
②选择标准工具栏数据框属性按钮 数据框属性。

图 7-35

4.4 旋转地图

4.4.1 地图旋转

功能：控制地图旋转。
操作方式：
①选择菜单"视图—地图旋转"；
②选择标准工具栏地图旋转按钮 地图旋转；
③鼠标点住地图进行旋转，旋转以地图的中心为基点。

4.4.2 清除地图旋转

功能：清除先前的地图旋转。
操作方式：
①选择菜单"视图—清除地图旋转"；
②选择标准工具栏清除地图旋转按钮 清除地图旋转；
③该功能必须和地图旋转结合才有效。

4.4.3 旋转地图

功能：选择具体角度旋转地图。
操作方式（图 7-36）：
①选择菜单"视图—旋转地图"；
②选择标准工具栏旋转地图按钮。

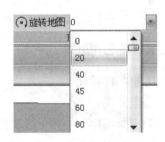

图 7-36

4.5 书签

4.5.1 书签管理

功能：对书签进行增加、删除等管理操作。
书签可以用 .bmk 文件保存下来，导入导出。
操作方式（图 7-37）：
①选择菜单"视图—书签管理"；

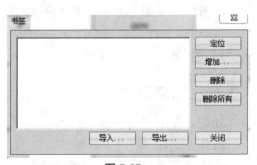

图 7-37

②选择标准工具栏书签管理按钮 书签管理…。

4.5.2 增加书签

功能：把当前地图做一个书签，方便查找定位。

操作方式（图7-38）：

①选择菜单"视图—增加书签"；

②选择标准工具栏增加书签按钮 。

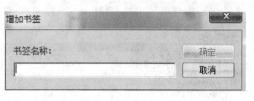

图 7-38

5 选择

选择菜单如图7-39所示。

图 7-39

5.1 旋转

5.1.1 位置选择

功能：根据要素与另一图层要素的位置关系，从一个或多个图层中选择要素。

操作方式（图7-40）：

①选择菜单"选择—位置选择"；

②选择标准工具栏位置选择按钮 位置选择…。

5.1.2 属性选择

功能：根据属性字段值进行选择的操作。

操作方式（图7-41）：

①选择菜单"选择—属性选择"；

②选择进行选择的图层，选择好后，该图层的所有字段会显示在左侧的列表框转换；

③选择方法有四种：生成新选择、添加到当前选择、从当前选择删除、从当前选择中再选择。根据需要进行选择；

④Sql语句：可以直接键盘输入或通过系统提供的快捷按钮生成。属性值可以通过"获取唯一值"按钮获得；

⑤"确定"后，会将选中的地物在地图中高亮显示，任务栏中也会显示出多少地物被选中。

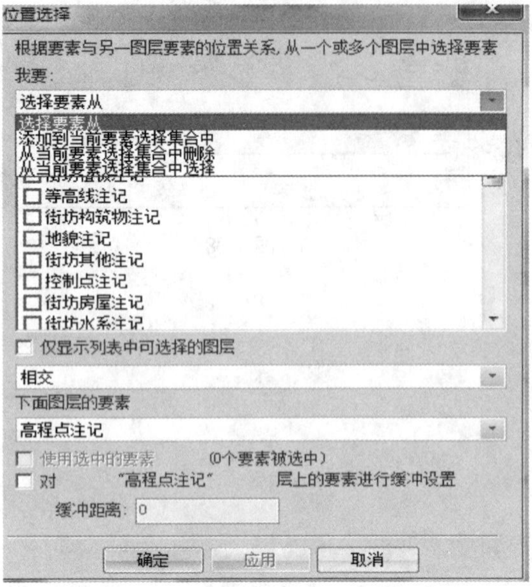

图 7-40

图 7-41

5.1.3 图形选择

功能：根据选中的元素和选择→选择选项中的设置进行选择要素。

操作方式：

①选择菜单"选择—图形选择"；

②选择标准工具栏图形选择按钮 图形选择 。

5.2 选择统计

5.2.1 查找

功能：根据表达式语句查询信息。

操作方式（图 7-42）：

①选择菜单"选择—查找"；

②选择标准工具栏查找按钮 查找 。

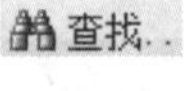

5.2.2 测量

功能：量算距离、面积、捕抓要素、统计总和。

操作方式（图 7-43）：

①选择菜单"选择—测量"；

②选择标准工具栏测量按钮 测量 。

图 7-42

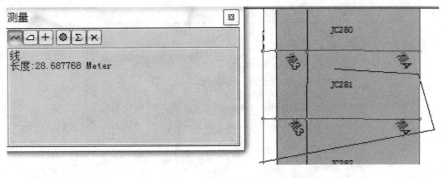

图 7-43

5.2.3 X.Y 坐标定位

功能：输入具体 X.Y 坐标定位。
操作方式（图 7-44）：
①选择菜单"选择—X.Y 坐标定位；
②选择标准工具栏 X.Y 坐标定位按钮 XY X,Y坐标定位 。

图 7-44

5.3 设置选项

5.3.1 清除选择要素

功能：清除选择要素。
操作方式：
①选择要素；
②选择菜单"选择—清除选择要素"；
③选择标准工具栏清除选择要素按钮 ∑ 清除选择要素 。

5.3.2 选择设置

功能：设置当前选择集。
操作方式（图 7-45）：
①选择菜单"选择—选择设置"；
②选择标准工具栏选择设置按钮 选择设置 。

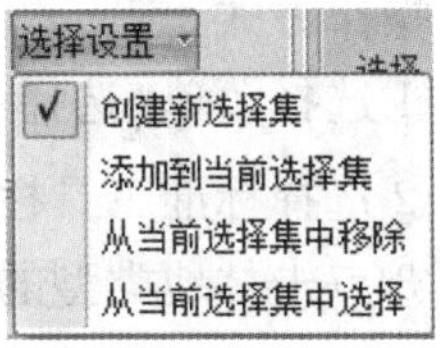

图 7-45

5.3.3 选择选项

功能：当使用选择要素工具或编辑工具通过拉框选中要素，或者使用根据图形选择工具选中要素时，要素被选中的具体情况。
操作方式（图 7-46）：
①选择菜单"选择—选择选项"；
②选择标准工具栏选择选项按钮 选择选项... 。

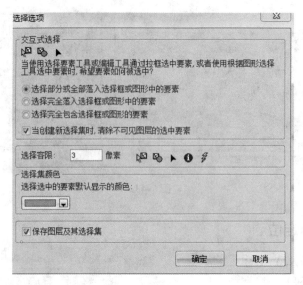

图 7-46

5.4 不动产选择

5.4.1 选择

5.4.1.1 选择宗地

功能：选中宗地类型的图层。

操作方式：

①选择菜单"选择—选择宗地"；

②选择标准工具栏选择选项宗地 选择宗地 ；

③点击宗地类型的图层选中。

5.4.1.2 选择林地

功能：选中林地类型的图层。

操作方式：

①选择菜单"选择—选择林地"；

②选择标准工具栏选择选项林地 选择林地 ；

③点击林地类型的图层选中。

5.4.1.3 选择宗海

功能：选中宗海类型的图层。

操作方式：

①选择菜单"选择—选择宗海"；

②选择标准工具栏选择选项宗海 选择宗海 ；

③点击宗海类型的图层选中。

5.4.1.4 选择地下宗地

功能：选中地下宗地类型的图层。

操作方式：

①选择菜单"选择—选择地下宗地"；

②选择标准工具栏选择选项地下宗地 选择地下宗地 ；

③点击地下宗地类型的图层选中。

5.4.1.5 选择地上宗地

功能：选中地上宗地类型的图层。

操作方式：

①选择菜单"选择—选择地上宗地"；

②选择标准工具栏选择选项地上宗地 选择地上宗地 ；

③点击地上宗地类型的图层选中。

5.4.1.6 选择自然幢

功能：选中自然幢类型的图层。

操作方式：

①选择菜单"选择—选择自然幢"；

②选择标准工具栏选择选项自然幢 选择自然幢 ；

③点击自然幢类型的图层选中。

5.4.1.7 选择预测自然幢

功能：选中预测自然幢类型的图层。

操作方式：

①选择菜单"选择—选择预测自然幢"；

②选择标准工具栏选择选项预测自然幢 选择预测自然幢 ；

③点击预测自然幢类型的图层选中。

5.4.1.8 选择地籍区

功能：选中地籍区类型的图层。

操作方式：

①选择菜单"选择—选择地籍区"；

②选择标准工具栏选择选项地籍区 选择地籍区 ；

③点击地籍区类型的图层选中。

5.4.1.9 选择地类图斑

功能：选中地类图斑类型的图层。

操作方式：

①选择菜单"选择—选择地类图斑"；

②选择标准工具栏选择选择地类图斑 选择地类图斑 ；

③点击地类图斑类型的图层选中。

5.4.1.10 选择房屋地物面

功能：选中房屋地物面类型的图层。

操作方式：

①选择菜单"选择—选择房屋地物面"；

②选择标准工具栏选择选择房屋地物面 选择房屋地物面 ；

③点击房屋地物面类型的图层选中。

5.4.1.11 选择临时要素

功能：选中临时要素类型的图层。

操作方式：

①选择菜单"选择—选择临时要素"；

②选择标准工具栏选择选择临时要素 选择临时要素 ；

③点击临时要素类型的图层选中。

选择编号：通过在下拉框中选择宗地进行查询和定位；

地籍号：在文本框中输入宗地所在的行政区代码以及宗地号进行查询和定位；

坐落：通过宗地坐落信息进行查询和定位；

老地号：通过宗地老地号进行查询和定位；

图形标识：有三个选项，有、无、忽略，"有"表示查询结果中只显示有图形数据的宗地信息；"无"表示没有图形数据的宗地信息；"忽略"表示不管有图还是无图都显示。在选择编号页，如果图形标识选择"无"，则"主号""支号"下拉框中只会显示无图的宗地号。

6 基础采集

基础采集菜单如图 7-47 所示。

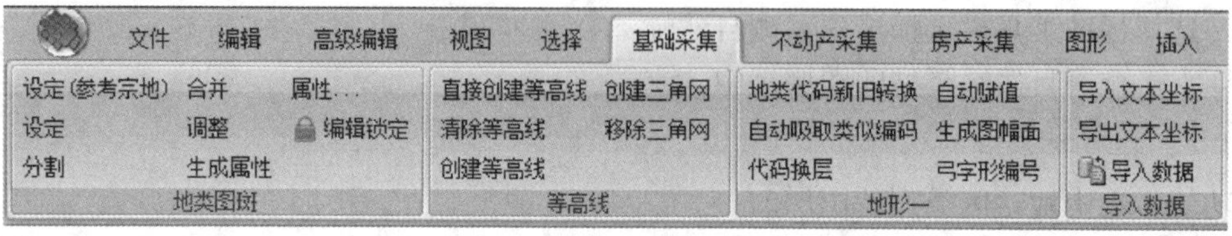

![图7-47]

图 7-47

6.1 地类图斑

6.1.1 设定

功能：设定用地层的地块。

操作方式（图 7-48）：

①与设定宗地一样，选择系统菜单的"基础采集—设定"；

②选择标准工具栏设定按钮 设定 ；

③在指定位置设置面要素；

④确定完成地类图斑的设置。

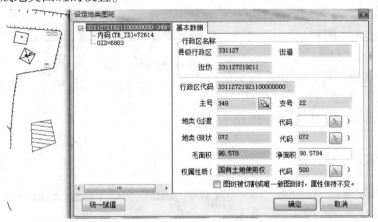

图 7-48

6.1.2 分割

功能：分割用地层的地块。

操作方式(图 7-49)：

①与设定宗地一样，选择系统菜单的"基础采集—分割"；

②选择标准工具栏分割按钮 分割 ；

③对地类图斑进行分割。

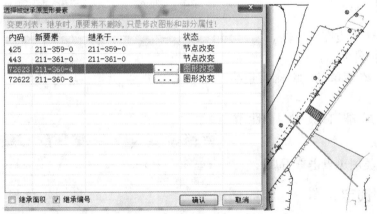

图 7-49

6.1.3 合并

功能：将多个图斑分成一个图斑。

操作方式(图 7-50)：

①与设定宗地一样，选择系统菜单的"基础采集—合并"；

②选择标准工具栏合并按钮 合并 ；

③对地类图斑进行合并。

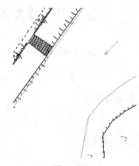

图 7-50

6.1.4 调整

功能：调整地类图斑。

操作方式（图 7-51）：

①与设定宗地一样，选择系统菜单的"基础采集—调整"；

②选择标准工具栏调整按钮 调整 ；

③对地类图斑进行调整。

6.1.5 生成属性

功能：修复属性有问题的地类图斑。

操作方式（图 7-52）：

①选择系统菜单的"基础采集—生成属性"；

②选择标准工具栏生成属性按钮 生成属性 ；

③选择地类图斑点击修复确定。

6.1.6 属性

功能：显示地类图斑属性。

操作方式（图 7-53）：

①选择系统菜单的"基础采集—属性"；

②选择标准工具栏属性按钮 属性… ；

③选择地类图斑点击查看属性。

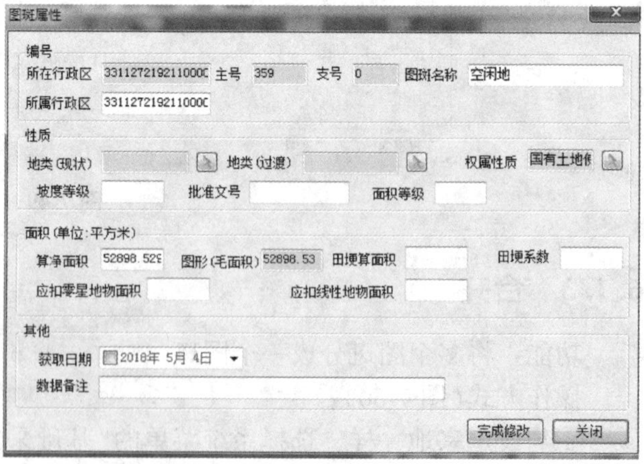

6.1.7 编辑锁定

功能：打开或关闭地类图斑自由编辑。

操作方式：

①选择系统菜单的"基础采集—编辑锁定"；

②选择标准工具栏编辑锁定按钮 编辑锁定 。

图 7-51

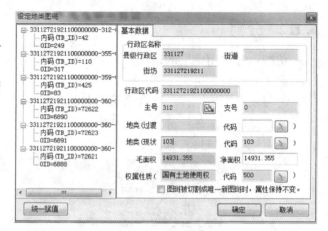

图 7-52

图 7-53

6.2 等高线

6.2.1 直接创建等高线

功能：创建等高线。

操作方式（图 7-54）：

①选择系统菜单的"基础采集—直接创建等高线"；

②选择标准工具栏直接创建等高线按钮 直接创建等高线 。

6.2.2 清除等高线

功能：清除存在的等高线。

操作方式（图 7-55）：

①选择系统菜单的"基础采集—清除等高线"；

②选择标准工具栏清除等高线按钮 清除等高线 ；

③清除等高线。

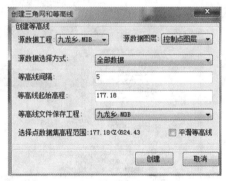

图 7-54

图 7-55

6.2.3 创建等高线

功能：导入创建等高线。

操作方式（图 7-56）：

①选择系统菜单的"基础采集—创建等高线"；

②选择标准工具栏创建等高线按钮 创建等高线 ；

③点击选择导入等高线文件。

6.2.4 创建三角网

功能：导出创建三角网。

操作方式（图 7-57）：

①选择系统菜单的"基础采集—创建三角网"；

②选择标准工具栏创建三角网按钮 创建三角网 ；

③点击导出创建三角网文件。

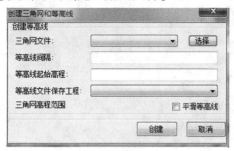

图 7-56

图 7-57

6.2.5 移除三角网

功能：移除三角网。

操作方式：

①选择系统菜单的"基础采集—移除三角网"；

②选择标准工具栏移除三角网按钮 移除三角网 ；

③点击移除三角网。

6.3 地形一

6.3.1 代码换层

功能：层之间的转换。

操作方式（图 7-58）：

①选择系统菜中单的"基础采集—代码换层"；

②选择标准工具栏代码换层按钮 代码换层 ；

③勾选和选择要转换的层名称。

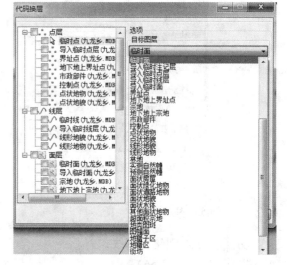

图 7-58

6.3.2 自动赋值

功能说明：对房屋的层数和结构、面积字段等进行自动赋值。

操作方式：

①选择系统菜单的"基础采集—自动赋值"；

②选择标准工具栏自动赋值按钮 自动赋值 。

6.3.3 生成图幅面

功能：设置具体数值范围生成图幅面。

操作方式(图 7-59)：

①选择系统菜单的"基础采集—生成图幅面"；

②选择标准工具栏生成图幅面按钮 生成图幅面。

图 7-59

6.4 导入数据

6.4.1 导入文本坐标

功能：导入功能是录入坐标的另外一种格式，它可以通过文本形式将所需的坐标导入到图形系统中。

操作方式(图 7-60)：

①选择"编辑—导入文本坐标"；

②在导入数据界面配置导入格式，在左侧树桩目录中选择需导入文件的目录；

③双击导入文件，自动匹配格式并显示导入信息；

④设置导入目标层，点击"确定"按钮，导入草图。

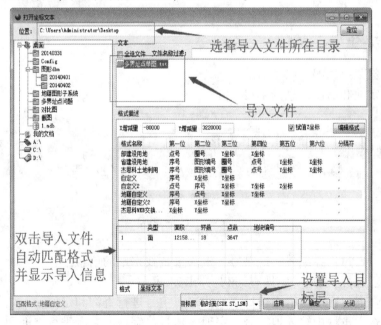

图 7-60

6.4.2 导出文本坐标

功能：将所选对象的坐标以 *.dat 或 *.txt 的格式导出到本地计算机中进行保存。支持点、线、面对象的坐标的导出。

操作方式：选择目标对象，可以是点、线、面中的其中一种，选择"编辑—导出文本坐标"，选择导出格式以及导出文件的路径，自行录入文件名称后，点击"确定"按钮，如图 7-61 所示。

6.4.3 导入数据

导入数据如图 7-62 所示。

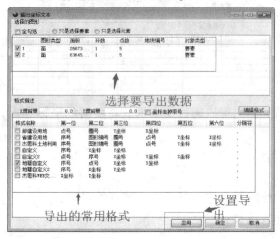

图 7-61

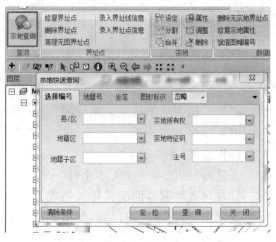

图 7-62

7 不动产采集

不动产采集菜单如图 7-63 所示。
功能：对宗地和房屋信息的采集。
操作方式：

图 7-63

7.1 查询

功能：可以通过选择编号、地籍号、坐落来查找宗地的信息。
操作方式：选择"宗地—宗地查询"，弹出界面。
选择编号：通过在下拉框中选择宗地或输入主号进行查询和定位。
地籍号：在文本框中输入地籍号、宗地老地号、宗地所有者进行查询和定位。
坐落：通过宗地坐落进行查询和定位。
宗地图形标识：有三个选项，有、无、忽略，"有"表示查询结果中只显示有图形数据的宗地信息；"无"表示没有图形数据的宗地信息；"忽略"表示不管有图还是无图都显示。在【选择编号】页，如果图形标识选择"无"，则"主号""支号"下拉框中只会显示无图的宗地号。

查询宗地时，如果是有图的，可以先点击 定位 按钮，在当前视图显示该宗地，再点击 查询 按钮，显示宗地的各项属性信息。

7.2 选择

选择菜单如图 7-64 所示。

7.2.1 选择宗地、选择自然幢、选择预测自然幢

图 7-64

功能：对宗地或房屋进行选择。
操作方式：
①点击"宗地、自然幢按钮"；
②在地籍地图界面选择宗地或自然幢，宗地或自然幢被选中后，可进行其他的操作。

7.2.2 选择临时要素

功能：对设定的宗地进行选择。
操作方式（图 7-65）：
①点击"选择临时要素"按钮；
②选中设定的宗地，选中后可进行属性录入等其他操作。

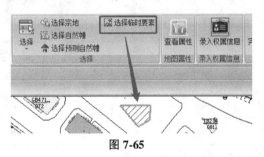

图 7-65

7.3 界址点

7.3.1 录入界址线信息

功能：对宗地进行界址点、界址线录入，最后以报表的形式输出。
操作方式：
①选择宗地，在不动产采集里进行宗地界址点、界址线信息录入（图 7-66）；
②录入界址点（图 7-67）；
③录入界址线（图 7-68）。

图 7-66

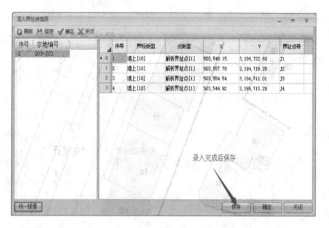

图 7-67

图 7-68

7.3.2 修复界址点、删除界址点

功能：可对宗地界址点进行删除和修复。

7.3.3 清理无图界址点

功能：删除没有对应图形的界址点属性。
注意：此操作无法撤销，需谨慎操作。

7.4 宗地

7.4.1 设定

功能：手动画图生成宗地。
操作方式：
①打开工程—添加文件，点击确定；

②在不动产采集界面点击 设定按钮；

③通过手动捕捉画好之后，在结束点双击鼠标后点击 按钮，出现如图 7-69 所示的宗地属性界面并填写宗地信息、调查权利人、调查信息，点击确定后，生成宗地。

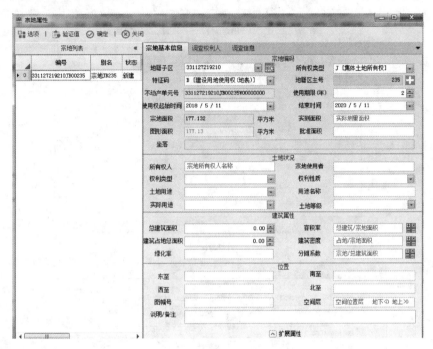

图 7-69

7.4.2 属性、查看属性

功能：对生成的宗地属性进行查看或修改录入。
操作方式：
①选择"宗地—属性/查看属性"；
②对属性进行查看或修改；
③修改信息，点击"确定"按钮。

7.4.3 合并

功能：把相邻宗地合并成一宗宗地。
操作方式：
①按住"Shift"键选择多宗相邻宗地，点击 合并按钮，出现如图 7-70 所示；
②在弹出的对话框中设置合并后宗地的属性，系统默认合并后的宗地为新宗地，如果需要继承某一宗地属性，可以进行继承设置，如图 7-71 所示。完成合并后如图 7-72 所示。

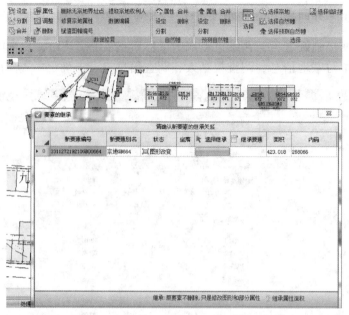

图 7-70

图 7-71

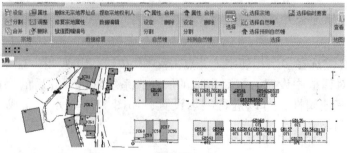

图 7-72

7.4.4 分割

功能：手动画分割线对宗地进行分割。

操作方式：

①选择"宗地—分割"，手动在宗地上画分割线，双击鼠标后，点 按钮如图 7-73 所示；

②在弹出的对话框中设置分割后宗地的属性，系统默认分割后的宗地为新宗地，如果需要继承某一宗地属性，可以进行继承设置，如图 7-74 所示。完成分割后如图 7-75 所示。

图 7-73

图 7-74

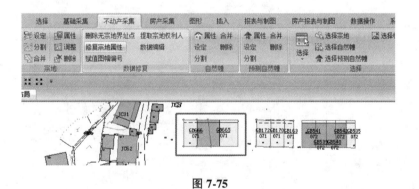

图 7-75

7.4.5 调整

功能：对宗地进行调整（图 7-76）。

操作方式：

①选择宗地—调整，通过手动捕捉把界址点调整至指定的位置，调整完毕后，双击鼠标后，点 按钮，如图 7-77 所示。

图 7-76

图 7-77

7.4.6 删除

功能：对因拆迁等原因造成需重新规划的宗地进行删除。

操作方式：

①选择宗地—删除，如果要进行多宗宗地删除，可以按住键盘上的"Shift"键进行多选，如图 7-78 所示；

②点击删除确认窗体中的"确定"按钮，即可完成宗地删除。

项目七　不动产权籍调查测绘软件操作说明

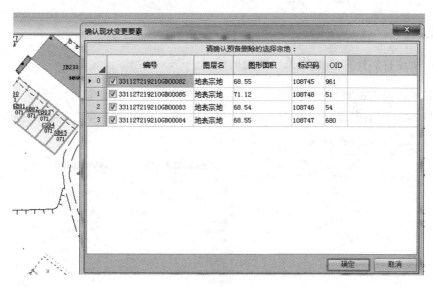

图 7-78

7.5　自然幢

7.5.1　属性

功能：查看选中自然幢的属性。

操作方式：

①点击工具栏中的 选择自然幢 ，选中要选择的自然幢点击，选中自然幢边框变蓝则表示该自然幢已被选中；

②点击 属性 按钮，可在该表上修改相关信息，点击保存即可，如图 7-79 所示。

图 7-79

· 199 ·

7.5.2 设定

功能：新建自然幢并添加相关自然幢的信息。

操作方式：点击工具栏上的 设定 ，在要求的位置画出要求的临时图形后点击 按钮则出现如图 7-80 所示窗口，填入相关信息，在户室变更中新增户室，点击保存即可。

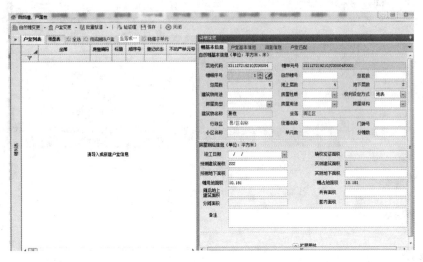

图 7-80

7.5.2.1 自然幢变更

（1）新增自然幢（无图）

操作方式：点击自然幢变更里的"新增自然幢" 新增自然幢(无图) 时，出现询问提示框，选择"是"，则出现了一个新增的无图自然幢，可修改添加相关信息（图 7-81）。

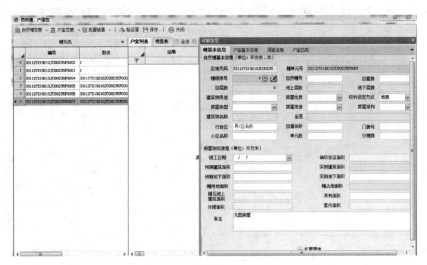

图 7-81

（2）回收自然幢不动产单元号

操作方式：

①在幢列表点击编号；

②点击"回收自然幢不动产单元号" 回收自然幢不动产单元号 时，弹出选择提示框。选择确定，则该单元号被回收（图7-82）。

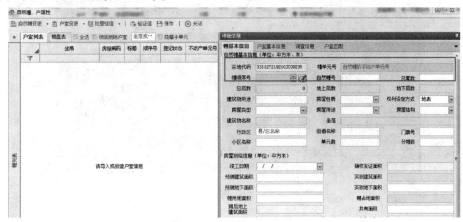

图 7-82

（3）读取幢信息（幢预转现）

操作方式：

①选择一个预测自然幢，点击自然幢里面的设定，弹出是否预转现提示框，选择是，选择要素的继承，点击确定（图7-83）；

②跳出自然幢、户属性，点击自然幢变更里的"读取幢信息（幢预转现）"，查询导入预测自然幢，根据需求选择点击确定（图7-84）；

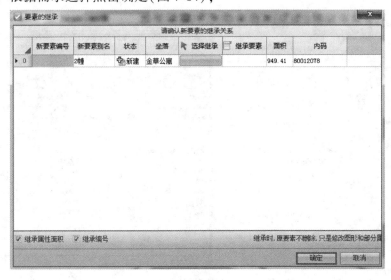

图 7-83

③弹出选择提示框，选择"是"选项，则可读取幢信息(幢预转现)(图7-85、图7-86)。

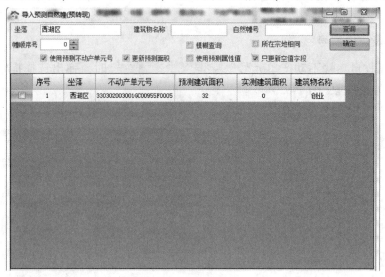

图 7-84

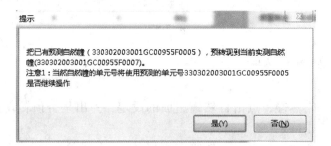

图 7-85

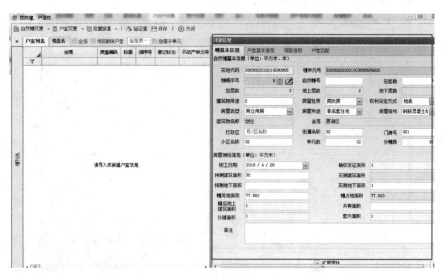

图 7-86

项目七 不动产权籍调查测绘软件操作说明

（4）图形赋值给幢

操作方式：选择一个图形点击自然幢变更里的"图形赋值给幢" 图形赋值给幢 ，弹出提示框，选择"直接使用图形"，点击确定，图形面积赋值给了幢（图7-87）。

图 7-87

（5）关联宗地

操作方式：

①选择需要被关联到宗地的自然幢，查看他的属性，点击自然幢变更里的"关联宗地" 关联宗地 ，弹出提示框，如图7-88所示；

②点击查询，查询或选择一个要落宗的宗地，点击选定；

③再点击确定，关联宗地成功。

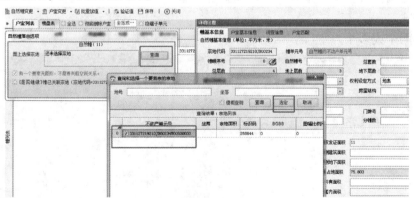

图 7-88

（6）删除自然幢

操作方式：选择需要被删除的自然幢，点击自然幢变更里的"删除自然幢" 删除自然幢 ，跳出提示框选择"是"，则被选中的自然幢会被删除（图7-89）。

图 7-89

· 203 ·

7.5.2.2 户室变更

(1) 新增户室

功能：新增户室。

操作方式：点击户室变更里的"新增户室" 新增户室 ，则出现一个新增的户室，可在该新增的户室上修改添加相关信息，点击"保存"即可(图7-90)。

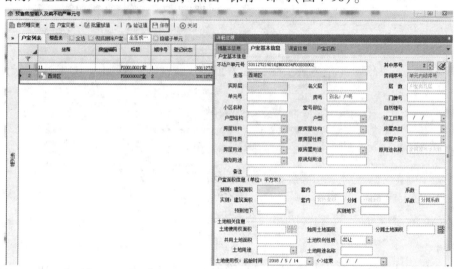

图 7-90

(2) 合并户室

功能：把两个或多个户室合并成一个新的户室。

操作方式：

①选择两个或多个户室(图7-91)；

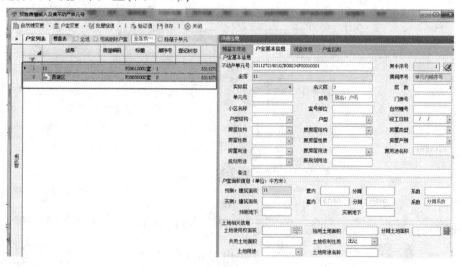

图 7-91

项目七　不动产权籍调查测绘软件操作说明

②点击"户室变更—合并户室",弹出"被合并列表"界面(图7-92);

③可选择继承的不动产单元号。有一户室继承时,选择继承的户室其不动单元号不变,只是修改其图形和部分属性,不继承的户室被删除。无户室继承,新生产一个户室,这些户室全删除;点击"确定"后完成合并,可在户室列表中查看变更记录。

图 7-92

(3)分割户室

功能:把一个户室分割成两个或多个新的户室。

操作方式:

①选择一个户室(图7-93)。

②点击"户室变更—分割户室",弹出"户室分割"界面(图7-94)。

图 7-93

不动产测绘与管理

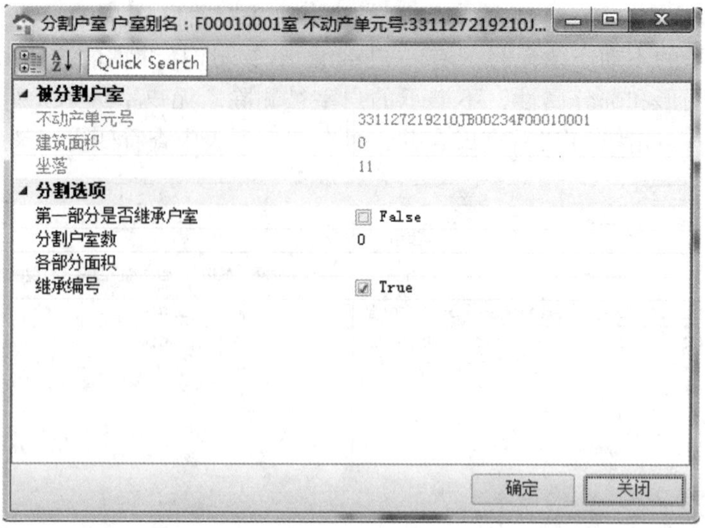

[图 7-94]

图 7-94

第一部分是否继承户室：False 表示不继承被分割户室的属性，勾选后会变成 True，表示继承被分割户室的属性。

分割户室数：表示这一户室要分成几个新户室。

各部分面积：新生产的户室面积，多户室间用","隔开，且数值加起来必须等于总的建筑面积。

继承编号：False 表示不继承被分割户室的不动产单元号，勾选后会变成 True，表示继承被分割户室的不动产单元号。

③点击"确定"，完成分割可在户室列表中查看变更记录，如不继承或新产生的户室需要补全户室基本信息（图 7-95、图 7-96）。

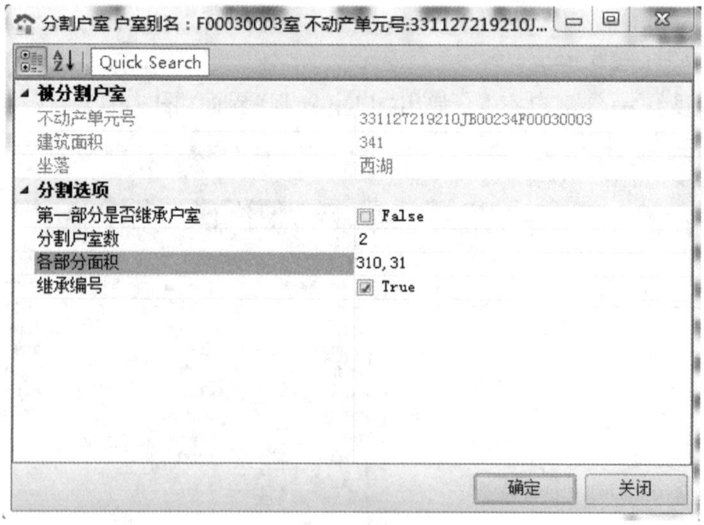

图 7-95

项目七 不动产权籍调查测绘软件操作说明

图 7-96

(4) 删除户室

功能：将错误或者不需要的户室删除；

操作方式：

①选择一个或多个户室；

②点击"户室变更—删除户室"，弹出提示界面，如图 7-97 所示；

③选择"是"将这户室删除，选择"否"，则不删除。

(5) 导入户信息（户预转现）

操作方式：点击户室变更里的导入户信息（户预转现），则跳出查询预测的户室信息界面（图 7-98），输入要查询的相关信息，点击查询"勾选预测的户室信息"，点击"确定"（图 7-99）。

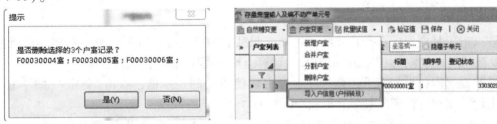

图 7-97　　　　　　　　　　　　　　图 7-98

图 7-99　　　　　　　　　图 7-100

点击"确定"后出现成功预转现的提示框,点击"确定"后则表示成功导入户信息(户预转现),如图 7-100 所示。

7.5.2.3 批量赋值

(1)计算土地使用权面积(按宗地分摊)

操作方式:

①点击工具栏里的选择宗地,选择宗地后打开宗地不动产属性;

②修改填写建筑面积,计算分摊系数,点击"确定"保存(图 7-101)。

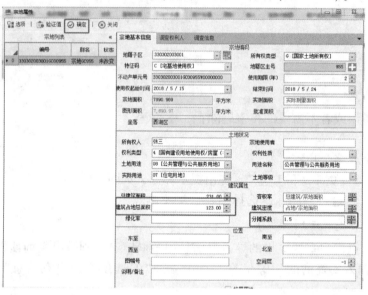

图 7-101

③点击工具栏里的选择自然幢,选择需要赋值的自然幢,打开幢及户室属性,批量选择需要被赋值的户室,点击批量赋值里的"计算土地使用权面积(按宗地分摊)"(图 7-102),弹出选择的提示框,根据需求选择选项,弹出赋值成功的提示框,点击"确定"(图 7-103),查看土地使用权,发现已被成功赋值(图 7-104)。

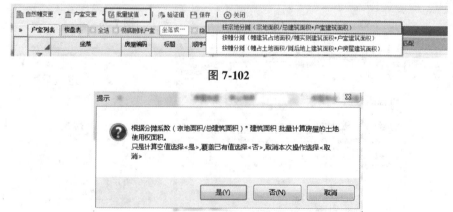

图 7-102

图 7-103

项目七　不动产权籍调查测绘软件操作说明

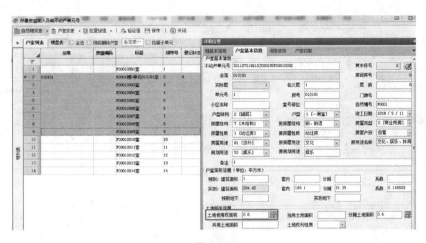

图 7-104

（2）计算土地使用权面积（按幢分摊）

• 按幢分摊（幢占地面积/幢实测面积×户室建筑面积）

操作方式：选择需要批量赋值的户室点击"计算土地使用权面积（按幢分摊）"（图 7-105），弹出提示框选择"是"（图 7-106），说明成果赋值的户室，点击"确定"即可。

图 7-105

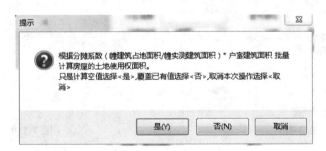

图 7-106

• 按幢分摊（幢占地面积/摊后地上建筑面积×户室建筑面积）

操作方式：选择需要批量赋值的户室点击"按幢分摊（幢占地面积/摊后地上建筑面积×户室建筑面积）"（图 7-107），弹出提示框选择"是"（图 7-108），说明成果赋值的户室，点击"确定"即可。

· 209 ·

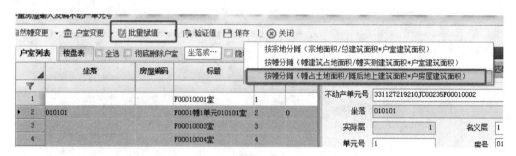

图 7-107

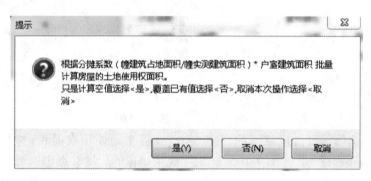

图 7-108

(3)新编户室不动产单元号

操作方式：选择需要批量赋值不动产单元号的户室，点击批量赋值里的"新编户室不动产单元号"，则跳出生成编号的提示框，点击"确定"即可(图 7-109)。

(4)回收户室不动产编号

操作方式：批量选择需要回收户室不动产编号的户室，点击批量赋值里的回收户室不动产编号，则跳出提示框，点击"是"后保存即可生效(图 7-110)。

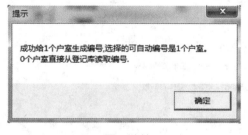

图 7-109   图 7-110

(5)导入土地使用权属性(xls)

操作方式：

①点击批量赋值里的导入土地使用权属性(图 7-111)；

项目七　不动产权籍调查测绘软件操作说明

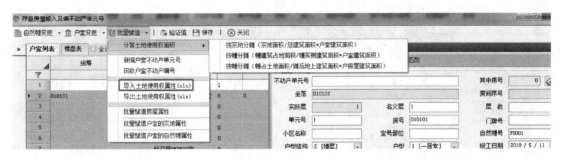

图 7-111

②打开需要导入的土地使用权属性表，点击"确定"（图 7-112、图 7-113）；

③点击继续后，弹出显示成功匹配导入户室的数据。

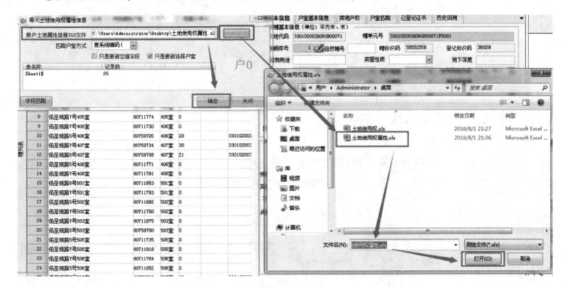

图 7-112

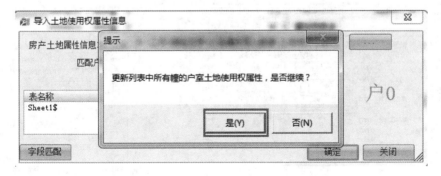

图 7-113

（6）导出土地使用权属性（xls）

操作方式：批量选择需要导出土地权属性的户室，点击批量赋值下的导出土地使用权属性，跳出导出表的路径，填写文件路径，点击"保存"即可（图 7-114）。

· 211 ·

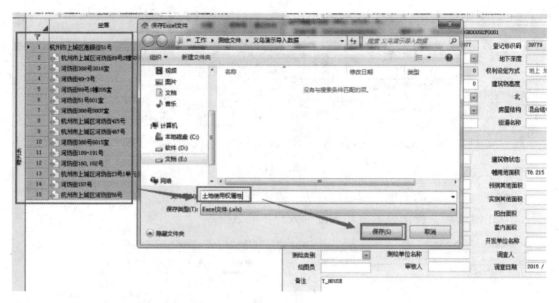

图 7-114

(7) 批量赋值房屋属性

操作方式：

①批量选择需要被赋值房屋属性的户室，点击批量户室里的批量赋值房屋属性，则跳出选择房屋属性的提示框，然后选择要被赋值的枚举值，点击"确定"（图 7-115）；

图 7-115

②点击"确定"后弹出赋值成功的提示框，点击被赋值房屋性质的户室查看它的房屋性质，发现已成功赋值（图 7-116）。

项目七 不动产权籍调查测绘软件操作说明

图 7-116

(8)批量赋值户室的宗地属性

操作方式：批量选择需要被赋值户室的宗地属性的户室，点击批量赋值里的批量赋值户室的宗地属性，则弹出是否给户室赋值的提示框(图 7-117)，根据需求选择，点击后弹出赋值成功的提示框，点击"确定"即可。

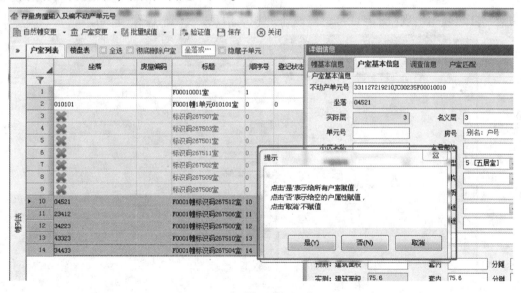

图 7-117

(9)批量赋值户室的自然幢属性

操作方式：批量选择需要被赋值户室的自然幢属性的户室，点击批量赋值里的批量赋值户室的自然幢属性，则弹出赋值的提示框，根据需求选择，点击选项，弹出赋值成功的提示框，点击"确定"即可(图 7-118)。

· 213 ·

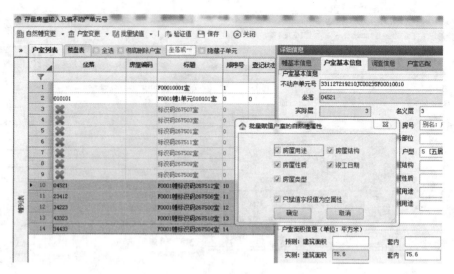

图 7-118

7.5.3 合并

功能：合并两个或两个以上的自然幢，也可修改和添加相关预测自然幢的信息。

操作方式：点击选择自然幢 选择自然幢，选择两个或两个以上的自然幢，再点击工具栏中 合并 自然幢则出现（图 7-119），修改添加相关信息，点击"保存"即可。

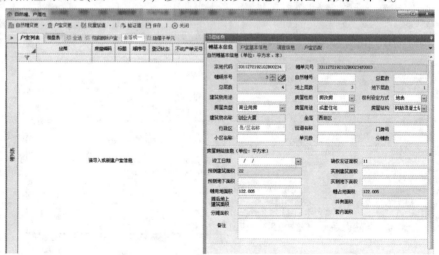

图 7-119

7.5.4 分割

功能：提供手动画线对自然幢进行分割，修改添加相关自然幢的信息。

操作方式：

①点击选择 选择自然幢，选择要分割的自然幢，点击工具栏中的分割自然幢，通过手

动捕捉画好之后，在结束点上双击鼠标后点击 按钮，如图 7-120 所示；

②点击"确定"，出现如图 7-121 所示窗口，修改添加相关信息，点击"保存"即可。

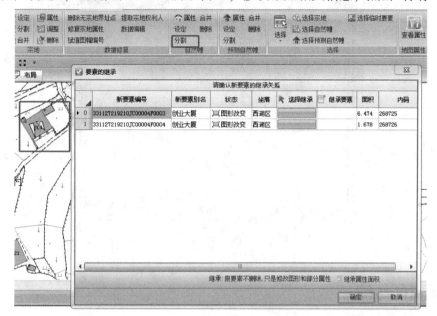

图 7-120

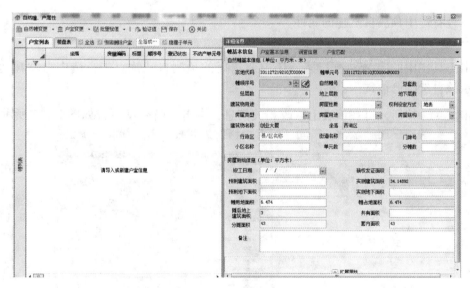

图 7-121

7.5.5 删除

功能：删除多余或不需要的自然幢。

操作方式：点击选择 选择自然幢，选择需要被删除的自然幢，再点击工具栏中的删除自然幢，如图 7-122 所示，选择"确定"则被删除。

图 7-122

7.6 预测自然幢

7.6.1 属性

功能：查看选中预测自然幢的属性。

操作方式：

①点击工具栏中的 ，选中要选择的预测自然幢点击，选中自然幢边框变蓝则表示该自然幢已被选中；

②点击 按钮，可在该表上修改相关信息，点击"保存"即可，如图 7-123 所示。

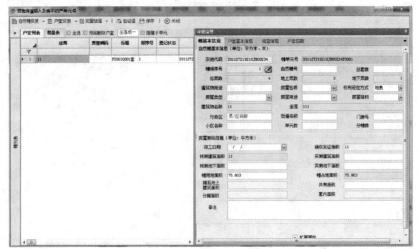

图 7-123

7.6.2 设定

功能：新建预测自然幢并添加相关预测自然幢的信息。

操作方式：

①点击工具栏上的 设定 ，在要求的位置画出要求的临时图形后点击 按钮则出现如图 7-124 所示窗口，填入相关信息，在户室变更中新增户室，点击"保存"即可。

②点击"确定"后出现如图 7-125 所示幢属性。

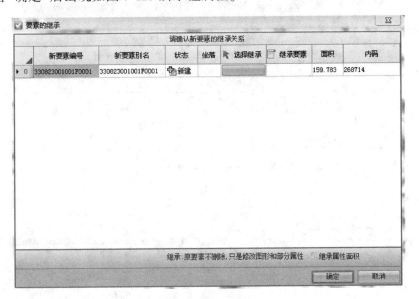

图 7-124

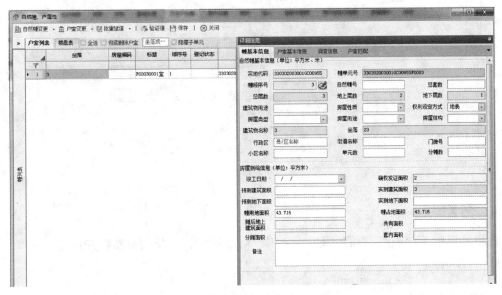

图 7-125

7.6.3 合并

功能：合并两个或两个以上的预测自然幢，也可修改和添加相关预测自然幢的信息。

操作方式：点击选择预测自然幢，选择两个或两个以上的预测自然幢，再点击工具栏中 合并 预测自然幢（图 7-126），则出现如图 7-127 所示窗口，修改添加相关信息，点击"保存"即可。

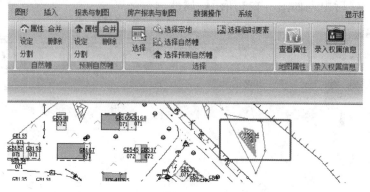

图 7-126

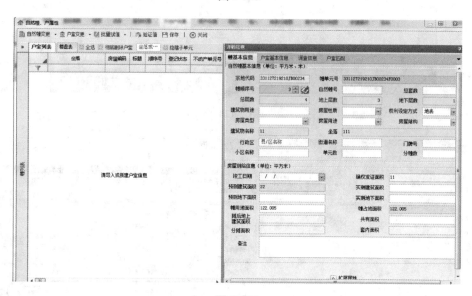

图 7-127

7.6.4 分割

功能：提供手动画线对预测幢进行分割，修改添加相关预测自然幢的信息。

操作方式：

①点击选择预测自然幢，选择要分割的预测自然幢，点击工具栏中的分割预测自

然幢，通过手动捕捉画好之后，在结束点上双击鼠标后点击按钮，如图 7-128 所示；
②点击确定，出现如图 7-129 所示窗口，修改添加相关信息，点击"保存"即可。

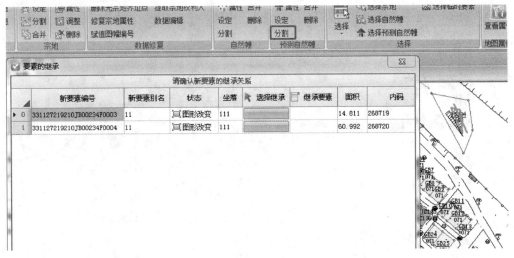

图 7-128

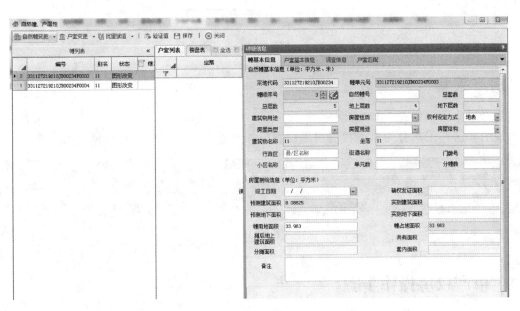

图 7-129

7.6.5 删除

功能：删除多余或不需要的预测自然幢。

操作方式：点击选择预测自然幢，选择需要被删除的预测自然幢，再点击工具栏中的删除预测自然幢，如图 7-130 所示，选择"确定"则被删除。

7.6.6 数据修复

数据修复具体操作详见 13 数据。

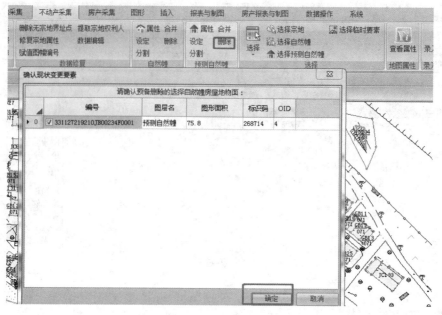

图 7-130

8 房产采集

房产采集菜单如图 7-131 所示。

说明：房产采集分为单产权房房屋设置分摊计算和多产权房房屋设置分摊计算。

图 7-131

8.1 单产权房操作步骤

8.1.1 选择宗地

功能：作为单产权房操作的第一步是选取具体操作宗地。

操作方式：

①选择系统菜单的"房产采集—选择宗地"；

②选择标准工具栏选择宗地按钮 。

8.1.2 单产权房

功能：切换到房产地图页面可编辑操作单产权房。
操作方式：
①选择具体宗地后；
②选择系统菜单的"房产采集—单产权房"；
③选择标准工具栏单产权房按钮 单产权房 ；
④切换到房产地图页面可进行操作。

8.1.3 导入 CAD 数据

功能：导入设计的 CAD 数据面结构。
操作方式(图 7-132)：
①已经切换到房产地图页面后；
②选择系统菜单的"房产采集—导入 CAD 数据"；
③选择标准工具栏导入 CAD 数据按钮 1、引入CAD数据 ；
④导入设计的 CAD 数据后，面结构显示。

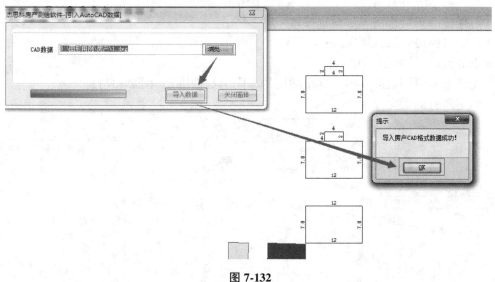

图 7-132

8.1.4 拓扑构面

功能：设置拓扑构面参数。
操作方式：
①导入 CAD 数据成功后；
②选择系统菜单的"房产采集—拓扑构面"；
③选择标准工具栏拓扑构面按钮 2、拓扑构面 ；

④设置拓扑构面参数(图7-133);
⑤若需要重新构面可再次点击拓扑构面重新构面(图7-134)。

图 7-133

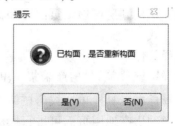

图 7-134

8.1.5　房屋层设置

功能:设置房屋楼层绑定面。
操作方式:
①拓扑构面成功后;
②选择系统菜单的"房产采集—房屋层设置"(图7-135);

③选择标准工具栏房屋层设置按钮;
④设置具体房屋层且绑定面;
⑤添加具体楼层(图7-136);
⑥先选中需要绑定的面再点绑定的层号,则层与面绑定(图7-137);
⑦绑定所有面后保存成功。

图 7-135

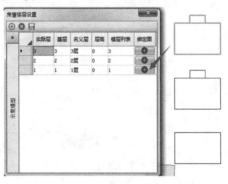

图 7-136

图 7-137

8.1.6　房屋面设置

功能:详细设置面类型。
操作方式:
①房屋层设置完成后;
②选择系统菜单的"房产采集—房屋面设置";

③选择标准工具栏房屋面设置按钮 ；

④设置快捷键对应的面类型，根据快捷键设置下拉框具体设置快捷键对应的面类型（图 7-138）；

⑤相应的面设置具体面类型、面积系数、用途、结构和分摊比例（图 7-139）；

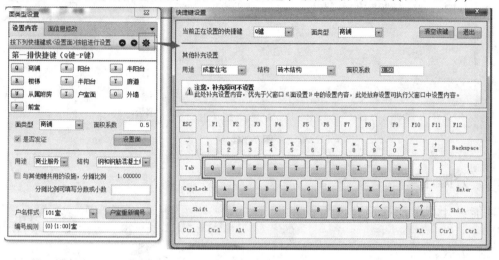

图 7-138

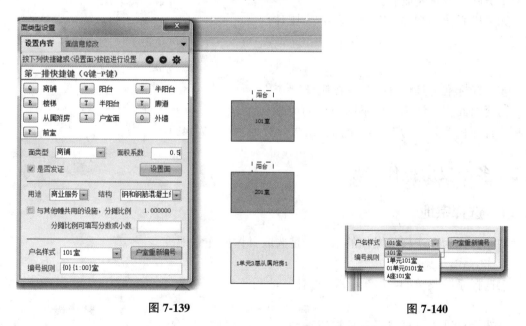

图 7-139　　　　　　　　　　　　图 7-140

⑥户名样别，第一行适用于单产权房类型，以下三行适用于多产权房类型（图 7-140）；

⑦面信息修改，选择已设置面类型的面结构在面信息修改中显示具体信息，可直接修改面类型、用途、结构、名称、户号、面积系数和是否发证后保存成功（图 7-141）。

图 7-141

8.1.7 分摊计算

功能：计算单产权房套内面积和建筑面积。

操作方式：

①房屋面设置完成后；

②选择系统菜单的"房产采集—分摊计算"；

③选择标准工具栏分摊计算按钮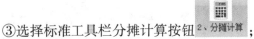；

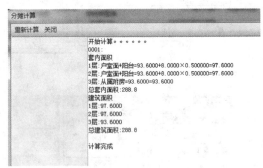

图 7-142

④套内面积：计算每层不同类型的面积之和，若面积系数不为1的需乘面积系数计算面积(图 7-142)。

8.2 多产权房操作步骤

8.2.1 选择宗地

功能：作为多产权房操作的第一步是选取具体操作宗地。

操作方式：

①选择系统菜单的"房产采集—选择宗地"；

②选择标准工具栏选择宗地按钮。

8.2.2 多产权房

功能：切换到房产地图页面可编辑操作多产权房。

操作方式：

①选择具体宗地后;
②选择系统菜单的"房产采集—多产权房";
③选择标准工具栏单产权房按钮 多产权房;
④切换到房产地图页面可进行操作。

8.2.3 导入 CAD 数据

功能:导入设计的 CAD 数据面结构。
操作方式(图 7-143):
①已经切换到房产地图页面后;
②选择系统菜单的"房产采集—导入 CAD 数据";
③选择标准工具栏导入 CAD 数据按钮 1、引入CAD数据;
④导入设计的 CAD 数据后,面结构显示。

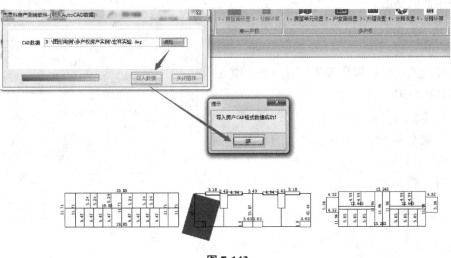

图 7-143

8.2.4 拓扑构面

功能:设置拓扑构面参数。
操作方式:
①导入 CAD 数据成功后;
②选择系统菜单的"房产采集—拓扑构面";
③选择标准工具栏拓扑构面按钮 2、拓扑构面;
④设置拓扑构面参数(图 7-144);
⑤若需要重新构面可再次点击拓扑构面重新构面(图 7-145)。

图 7-144　　　　　　　　图 7-145

8.2.5　房屋层设置

功能：设置房屋楼层绑定面。

操作方式：

①拓扑构面成功后；

②选择系统菜单的"房产采集—房屋层设置"；

③选择标准工具栏房屋层设置按钮 ；

④设置具体房屋层且绑定面；

⑤添加具体楼层（图 7-146）；

⑥先选中需要绑定的面再点绑定的层号，则层与面绑定（图 7-147）；

⑦绑定所有面后保存成功。

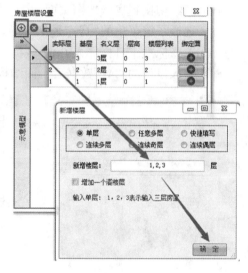

图 7-146

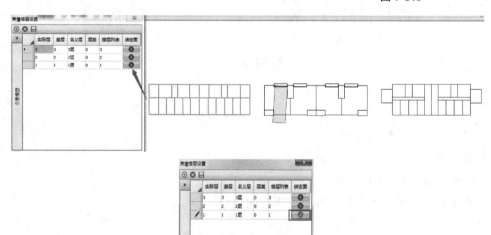

图 7-147

8.2.6 房屋单元设置

说明：房屋设置单元。
操作方式：
①房屋层设置完成后；
②选择系统菜单的"房产采集—房屋单元设置"；
③选择标准工具栏房屋单元设置按钮 ；
④设置房屋单元(图7-148)。

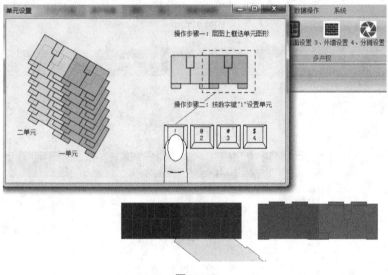

图 7-148

8.2.7 房屋面设置

功能：详细设置面类型。
操作方式(图7-149)：
①房屋单元设置完成后；
②选择系统菜单的"房产采集—房屋面设置"；
③选择标准工具栏房屋面设置按钮；
④设置快捷键对应的面类型，根据快捷键设置下拉框具体设置快捷键对应的面类型；
⑤相应的面设置具体面类型、面积系数、用途、结构和分摊比例(图7-150)；
⑥户名样别，第一行适用于单产权房类型，以下三行适用于多产权房类型(图7-151)；
⑦面信息修改，选择已设置面类型的面结构在面信息修改中显示具体信息，可直接修改面类型、用途、结构、名称、户号、面积系数和是否发证后保存成功(图7-152)。

图 7-149

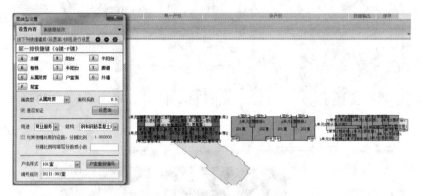

图 7-150

图 7-151

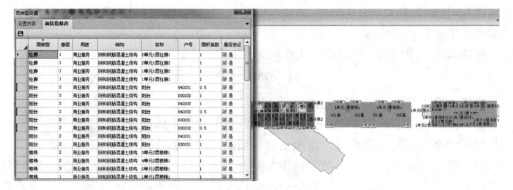

图 7-152

8.2.8 外墙设置

功能：设置外半墙宽度。
操作方式(图 7-153)：
①房屋面设置完成后；
②选择系统菜单的"房产采集—外墙设置"；

③选择标准工具栏外墙设置按钮。

图 7-153

8.2.9 分摊设置

功能：设置公共部分和户室部分。
操作方式(图 7-154)：
①外墙设置完成后；
②选择系统菜单的"房产采集—分摊设置"；

③选择标准工具栏分摊设置按钮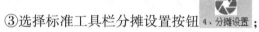；
④点击公共部分的按钮，在图形上框选公共区域图形，点击回车键完成设置；
⑤点击户室部分的按钮，在图形上框选户室图形，点击回车键完成设置。

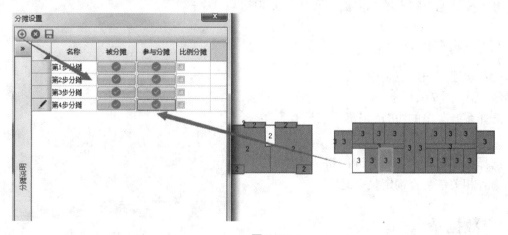

图 7-154

8.2.10 分摊计算

功能：计算分摊系数，建筑面积。
操作方式(图 7-155)：
①分摊设置完成后；
②选择系统菜单的"房产采集—分摊计算"；

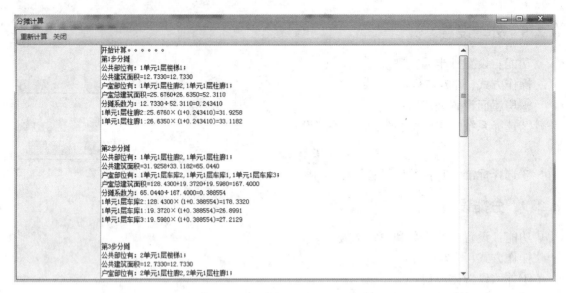

图 7-155

③选择标准工具栏分摊计算按钮 5、分摊计算;
④先按分摊设置的步骤计算分摊系数和建筑面积;
⑤再计算其他户室面的套内面积和建筑面积。

8.3 宗地查询

功能：快速查询定位宗地。
操作方式(图 7-156)：
①选择系统菜单的"房产采集—宗地查询";

②选择标准工具栏宗地查询按钮 宗地查询;
③输入相关信息查询定位宗地。

图 7-156

8.4 户数据录入

功能：录入具体房产数据。
操作方式(图 7-157)：
①选择系统菜单的"房产采集—户数据录入";

②选择标准工具栏户数据录入按钮 户数据录入;
③根据分摊计算可直接录入建筑面积和套内面积;
④可批量赋值属性。

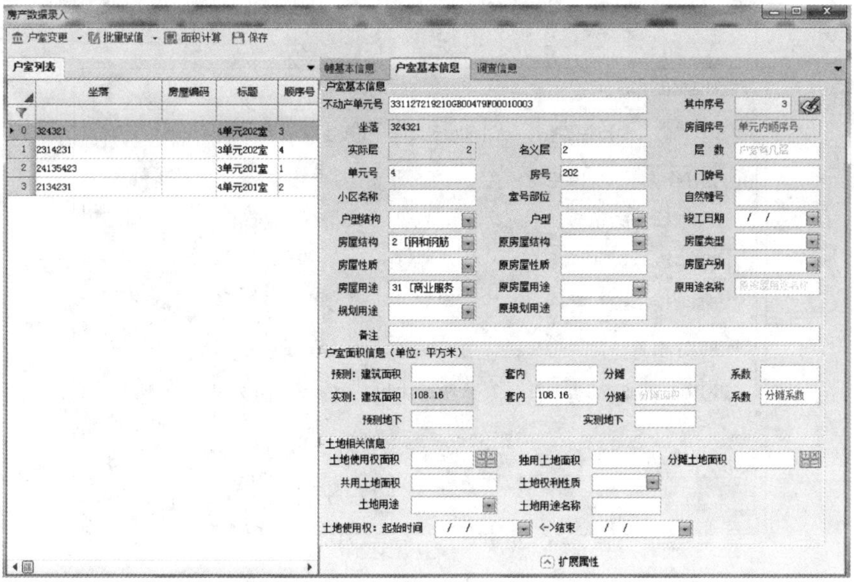

项目七 不动产权籍调查测绘软件操作说明

图 7-157

8.5 保存编辑

功能：保存编辑信息。

操作方式：

①选择系统菜单的"房产采集—保存编辑"；

②选择标准工具栏"保存编辑"按钮 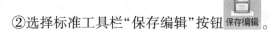 。

9 图形

先进行"文件—打开工程—添加 mdb 文件"，详情见"文件"模块操作。

9.1 分组解散

9.1.1 分组

功能：将多个注记进行分组。

操作方式：

①点击 [选择Element] 按钮；

②框选要操作的多个注记，此时"解散"按钮是置灰的；

③点击 [分组] 按钮，将框选的注记进行分组。

说明：注记分组后右击鼠标，点击"Element 属性"出现如图 7-158 所示操作页面。

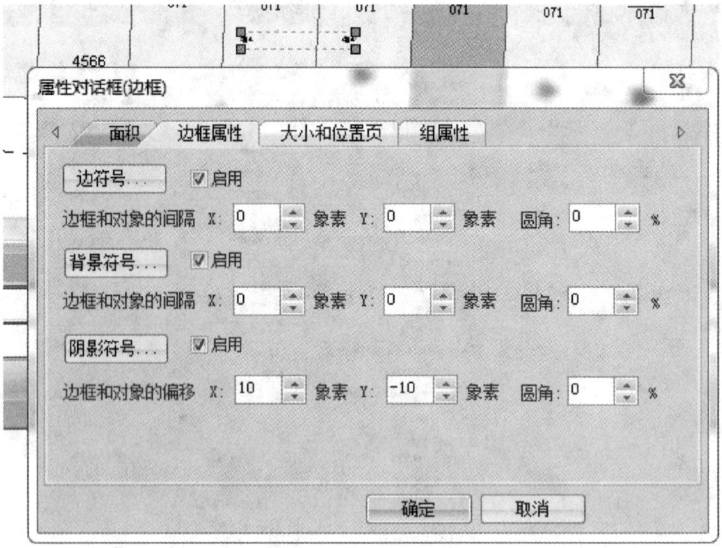

不动产测绘与管理

图 7-158

其中：

在"大小和位置页"设置大小、位置后，在面积界面就会显示面积、周长和位置，如图 7-159 所示；

点击启用"边框属性"后，可对"边符号""背景符号""阴影符号"等进行属性编辑，包括颜色、样式、宽度的修改以及预览方式和层的添加、删除、复制、粘贴等操作。

图 7-159

a. 点击"边符号"（图 7-160、图 7-161）。

图 7-160

项目七　不动产权籍调查测绘软件操作说明

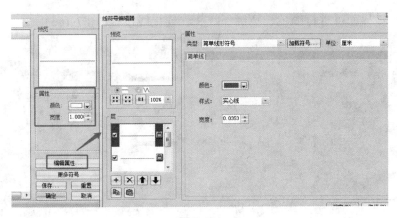

图 7-161

- 点击"简单线形符号",对线的颜色、样式、单位、宽度设置(图 7-162)。
- 点击"图片线形符号",在打开的界面选择图片,对添加的图片进行宽度、方向比、背景色、透明色进行设置(图 7-163、图 7-164)。

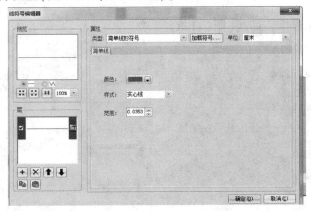

图 7-162

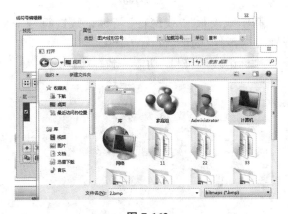

图 7-163

图 7-164

- 点击"标记线形符号",在"点线"界面对符号颜色、大小、角度进行设置(图 7-165)。

· 233 ·

在"制图线"界面可进行颜色、宽度、线头、连接线设置(图7-166)。

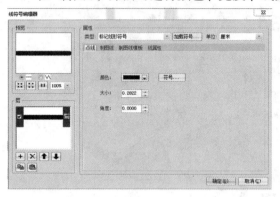
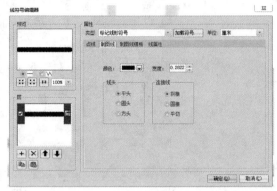

图 7-165　　　　　　　　　　　　　图 7-166

在"制图线模板"中，模板指定一个重复标记/间隔的线形样式，单击并拖动灰色"方格"设置模板的长度，单击白色"方格"指定点或短线符号，利用间隔设置模板"方格"的长度(图7-167)。

在"线属性"界面选择装饰线(图7-168)。

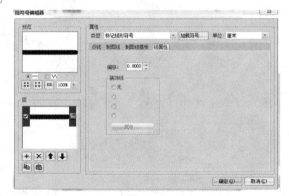

图 7-167　　　　　　　　　　　　　图 7-168

- 点击"哈稀线形符号"。其中，"制图线""制图线模板""线属性"与标记线性符号一致，"哈稀线"对其角度进行设置或者点击"符号"进行对应的设置(图7-169)。
- 点击"地图线形符号"，"地图线性符号"与"标记线形符号"功能一致(图7-170)。

图 7-169　　　　　　　　　　　　　图 7-170

b. 点击"背景符号",可对填充符号进行设置,具体可参考下面的填充符号操作,如图 7-171 所示。

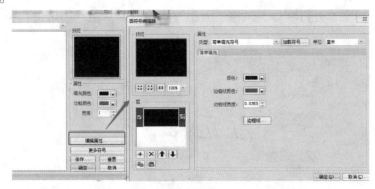

图 7-171

c. 点击"阴影符号",可对填充符号进行设置,具体可参考下面的填充符号操作,如图 7-172 所示。

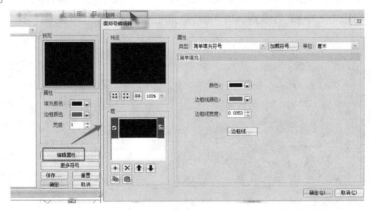

图 7-172

在"组属性"界面双击元素列表,出现属性对话框,可修改文本内容以及文本的字体、角度、字间距、行间距等(图 7-173)。也可以点击"更改符号",可预览文字以及对属性进行修改(图 7-174)。

图 7-173

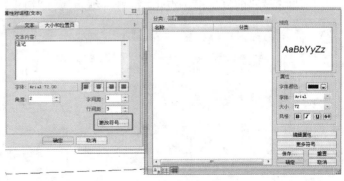

图 7-174

如果想要具体的属性操作,可点击"编辑属性"按钮,对其普通文本、格式文本、高级选项、掩膜进行操作。

普通文本:对文本进行字体、风格、大小等操作设置,在左边可进行操作预览,如图7-175所示。

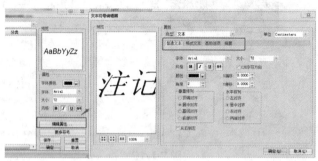

图 7-175

格式文本:在"格式文本"界面设置文本位置、文本大小写等操作设置(图 7-176)。

高级选项:勾选"文本填充样式""背景"复选框,可对其进行编辑(图 7-177)。

图 7-176

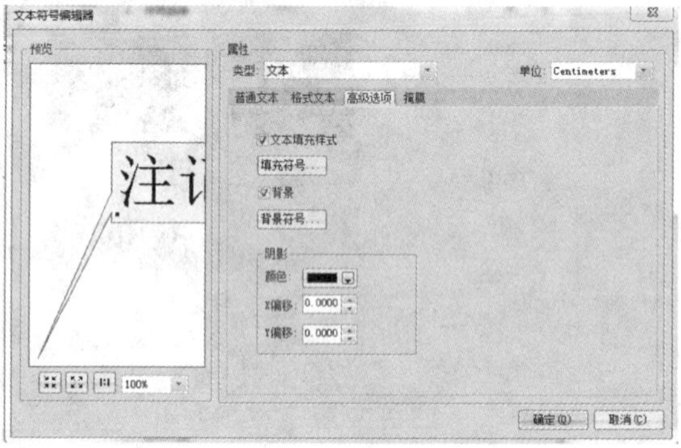

图 7-177

d. 点击"背景符号"。

● 选择"气球文本背景"。

勾选"LeaderTolerance"前复选框,对其进行设置和页边设置(图 7-178)。

勾选"符号"前复选框,点击"符号—编辑属性"(图 7-179)。

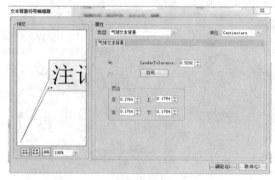

图 7-178

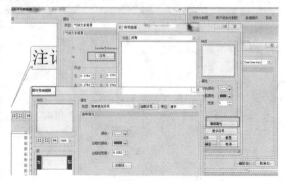

图 7-179

类型选择"简单填充符号",对符号进行简单填充(图7-180)。也可以点击"边框线"进行具体的线形设置(图7-181)。

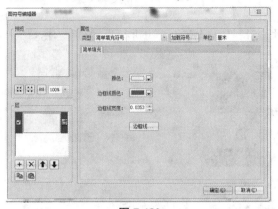

图 7-180

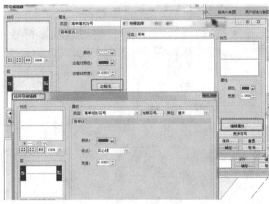

图 7-181

类型选择"图片填充符号",在打开框中选择图片文件(图7-182)。
在"图片填充"界面,可进行角度、方向比、前景色等设置(图7-183)。
在"填充属性"界面可对偏移量、间隔量进行设置(图7-184)。

图 7-182

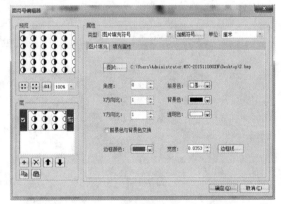

图 7-183

类型选择"点填充符号",在"点填充"界面,对其颜色、宽度进行设置。可点击"标记"和"边框线"对点符号和线性符号进行设置,也可点击网格或者随机按钮(图7-185)。

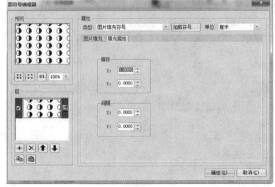

图 7-184

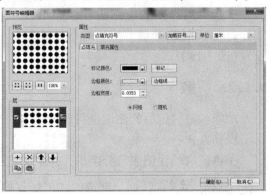

图 7-185

类型选择"线填充符号",对填充线和边框线进行设置(图7-186)。

类型选择"渐变色填充符号",对渐变色填充进行设置,也可点击"边线框",对其线形符号进行具体设置(图7-187)。

- 选择"线文本背景",可对其线形符号、填充符号、风格、页边进行设置(图7-188)。

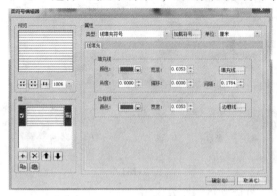

图 7-186　　　　　　　　　　　图 7-187

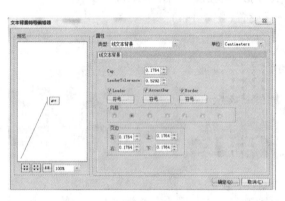 

图 7-188　　　　　　　　　　　图 7-189

- 选择"简单线文本背景",点击"符号",可进行线形符号设置(图7-189)。

在"掩膜"界面,可进行样式和符号设置,样式可选择无和中空两种,如果样式选择"中空"时,可点击符号进行填充符号设置(图7-190)。

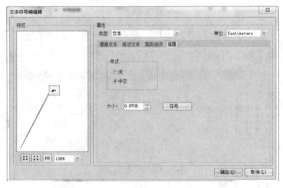

图 7-190

9.1.2 解散

功能:将分组后的注记进行解散。
操作方式:
①将框选的注记进行分组后,"解散"按钮会亮起来;
②点击 解散 按钮,框选的注记恢复原状。

9.1.3 置前

功能：针对部分重叠的注记进行置前操作。

操作方式：

①点击 ![按钮] 按钮；

②选中想要置前的注记；

③点击 ![置前] 按钮，此时选中的注记会置前。

9.1.4 置顶

功能：针对部分重叠的注记进行置顶操作。

操作方式：

①点击 ![按钮] 按钮；

②选中想要置顶的注记；

③点击 ![置顶] 按钮，此时选中的注记会置顶。

9.1.5 置后

功能：针对部分重叠的注记进行置后操作。

操作方式：

①点击 ![按钮] 按钮；

②选中想要置后的注记；

③点击 ![置后] 按钮，此时选中的注记会置后。

9.1.6 置底

功能：针对部分重叠的注记进行置底操作。

操作方式：

①点击 ![按钮] 按钮；

②选中想要置底的注记；

③点击 ![置底] 按钮，此时选中的注记会置底。

9.2 对齐

9.2.1 左对齐

功能：将多个注记进行左边对齐。

操作方式：

①点击 按钮；

②框选至少 2 个注记；

③点击 按钮，将框选的注记进行左边对齐。

9.2.2 右对齐

功能：将多个注记进行右边对齐。

操作方式：

①点击 按钮；

②框选至少 2 个注记；

③点击 按钮，将框选的注记进行右边对齐。

9.2.3 底部对齐

功能：将多个注记进行底部对齐。

操作方式：

①点击 按钮；

②框选至少 2 个注记；

③点击 按钮，将框选的注记进行顶部对齐。

9.2.4 顶部对齐

功能：将多个注记进行顶部对齐。

操作方式：

①点击 按钮；

②框选至少 2 个注记；

③点击 按钮，将框选的注记进行顶部对齐。

9.2.5 垂直居中

功能：将多个注记进行垂直居中。

操作方式：

①点击 按钮；

②框选至少 2 个注记；

③点击 按钮，将框选的注记进行垂直居中。

9.2.6 水平居中

功能：将多个注记进行水平居中。

操作方式：

①点击 ![] 按钮；

②框选至少 2 个注记；

③点击 ![] 水平居中 按钮，将框选的注记进行水平居中。

9.3 大小与间隔

9.3.1 缩放到相同高度

功能：将多个注记缩放到相同高度。

操作方式：

①点击 ![] 按钮；

②框选至少 2 个注记；

③点击 ![] 缩放到相同高度 按钮，将框选的注记缩放到相同高度。

9.3.2 缩放到相同宽度

功能：将多个注记缩放到相同宽度。

操作方式：

①点击 ![] 按钮；

②框选至少 2 个注记；

③点击 ![] 缩放到相同宽度 按钮，将框选的注记缩放到相同宽度。

9.3.3 缩放到相同大小

功能：将多个注记缩放到相同大小。

操作方式：

①点击 ![] 按钮；

②框选至少 2 个注记；

③点击 ![] 缩放到相同大小 按钮，将框选的注记缩放到相同大小。

9.3.4 水平相同间隔

功能：将多个注记水平到相同间隔。

操作方式：

①点击 按钮；

②框选至少 3 个注记；

③点击 按钮，将框选的注记进行水平相同间隔。

9.3.5 垂直相同间隔

功能：将多个注记垂直到相同间隔。

操作方式：

①点击 按钮；

②框选至少 3 个注记；

③点击 按钮，将框选的注记进行垂直相同间隔。

9.4 旋转

9.4.1 向左旋转

功能：将框选的注记向左旋转。

操作方式：

①点击 按钮；

②框选要操作的注记；

③点击 按钮，将框选的注记进行向左旋转。

9.4.2 向右旋转

功能：将框选的注记向右旋转。

操作方式：

①点击 按钮；

②框选要操作的注记；

③点击 按钮，将框选的注记进行向右旋转。

9.4.3 水平翻转

功能：将框选的注记水平翻转。

操作方式：

①点击 按钮；

②框选要操作的注记；

③点击 按钮，将框选的注记进行水平翻转。

9.4.4 垂直翻转

功能：将框选的注记垂直翻转。

操作方式：

①点击 选择Element 按钮；

②框选要操作的注记；

③点击 垂直翻转 按钮，将框选的注记进行垂直翻转。

10 插入

10.1 图形操作

图形操作菜单如图 7-191 所示。

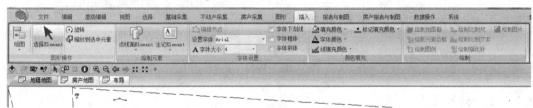

图 7-191

10.1.1 绘图

绘图的主要功能和图形模块里面的功能一样，可参考图形模块的操作（图 7-192）。

10.1.2 旋转

功能：可对选中的注记进行不同角度的旋转。

操作方式：

①点击 选择Element 按钮；

②选中要操作的注记；

③点击 旋转 按钮，将选中的注记进行不同角度的旋转。

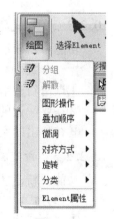

图 7-192

10.2 绘制元素

10.2.1 点线面 Element 及颜色填充

功能：可绘制不同的图形、线、点，包括绘制矩形、多边形、圆、椭圆以及绘制线和点的操作。此外,在"颜色填充"里面可对图形进行颜色的改变(图 7-193)。

图 7-193

10.2.2 注记 Element 及颜色填充

功能:可插入注记、新建沿线注记、新建插图注记、绘制多边形文本、绘制矩形文本。此外,在"颜色填充"里面可对输入的文本或图形进行颜色改变(图 7-194)。

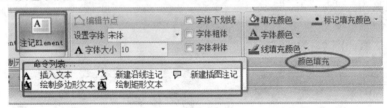

图 7-194

10.2.2.1 插入文本

功能:可插入文本。

操作方式:点击插入文本,出现 图形,可输入文本。

10.2.2.2 新建沿线注记

功能:新建沿线注记。

操作方式:

①点击新建沿线注记;

②在要注记的地方画出沿线后双击鼠标;

③在弹出的文本框中输入文本。

10.2.2.3 新建插图注记

功能:新建插图注记。

操作方式:

①点击新建插图注记;

②在要注记的地方点击鼠标;

③在弹出的文本框中输入文本。

10.2.2.4 绘制多边形文本

功能:绘制多边形文本。

操作方式:

①点击绘制多边形文本；
②在要注记的地方绘制多边形；
③双击鼠标，在弹出的文本框中输入文本。

10.2.2.5 绘制矩形文本

功能：绘制矩形文本。

操作方式：
①点击绘制矩形文本；
②在要注记的地方画出矩形；
③在弹出的文本框中输入文本。

10.3 字体设置

字体设置是针对注记进行字体设置。

10.3.1 设置字体

功能：对注记的字体进行设置。

操作方式：点击 设置字体 Arial 下拉框，可设置不同的字体。

10.3.2 字体大小

功能：对注记的字体大小进行设置。

操作方式：点击 A 字体大小 12 下拉框，可进行注记字体大小的设置。

10.3.3 字体下划线、字体粗体、字体斜体

功能：对注记进行下划线、粗体、斜体的设置。

操作方式：勾选字体下划线、字体粗体、字体斜体的复选框，注记会随之改变。

10.4 绘制

在布局界面，点击"插入"，即可进行绘制（图 7-195）。

图 7-195

10.4.1 绘制地图框

功能：绘制地图边框。
操作方式：

①点击 绘制地图框 按钮，绘制边框图后右击鼠标（图7-196）；

②点击"DataFrame属性"，在通用属性界面，进行名称、单位、参考比例等操作。在数据边框、坐标系统、注记分组、地图扩展、网格界面进行相应操作（图7-197）。

图 7-196

图 7-197

10.4.2 绘制比例尺

操作方式：

①点击 绘制比例尺 按钮（图7-198）；

②在弹出框中可进行比例尺属性编辑。

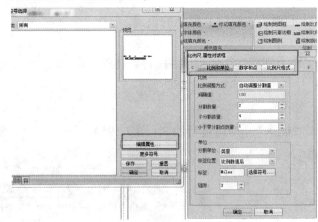
图 7-198

10.4.3 绘制图片

操作方式：

①点击 绘制图片 ；

②在弹出框选择图片；
③进行图片绘制。

10.4.4 绘制元素边框

操作方式：

①点击 绘制元素边框，在图形框画出边框；
②点击 按钮，对边框进行操作。

10.4.5 绘制比例文本

操作方式（图 7-199）：

①点击 绘制比例文本；
②点击"编辑属性"，可进行文本比例操作。

10.4.6 绘制图例

操作方式（图 7-200）：

①点击 绘制图例；

②点击 选择Element 按钮，选中图例，右击鼠标，点击 Element 属性；
③在属性界面进行图例操作。

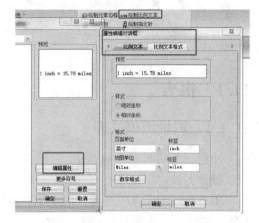

图 7-199

10.4.7 绘制指南针

操作方式（图 7-201）：

①点击 绘制指北针；
②在弹出的界面进行指南针属性编辑，点击"确定"；

图 7-200

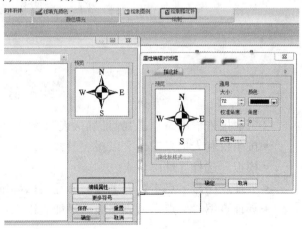

图 7-201

③点击 按钮，可对指南针进行操作。

11 报表与制图

功能：报表与制图主要是在地籍地图界面对宗地采集的信息以报表的形式输出和宗地的打印(图7-202)。

图 7-202

11.1 报表

11.1.1 界址点确认表

功能：生成界址点确认表。

操作方式：

①首先在"不动产采集"里进行宗地界址点界址线信息录入(图7-203)；录入界址点(图7-204)；录入界址线(图7-205)。

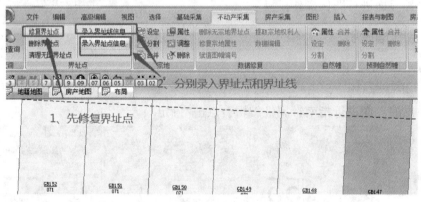

图 7-203

②宗地报告输出　点击"界址确认表"(图7-206)。

- 按照权利人批量输出　以报表形式输出所有权利人的界址表。
- 模板　选择界址确认表。
- 界址点序号　点击列表宗地，界址表以界址点序号排序。
- 界址点编号　点击列表宗地，界址表以界址点编号排序。

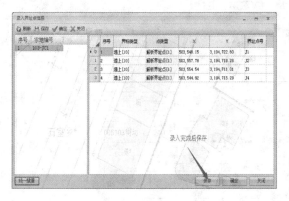

图 7-204

图 7-205

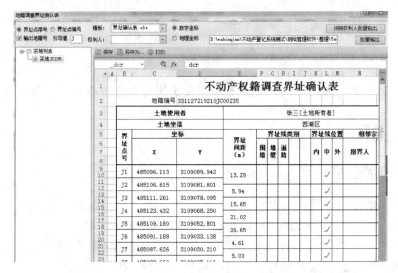

图 7-206

- 保存　界址表保存到默认路径下。
- 另存为　将界址表保存到指定的路径下。

11.1.2　不动产调查成果表

功能：进行宗地信息和户信息或界址表信息录入，并在地图地籍界面生成不动产权籍调查表。

操作方式：

①在不动产采集界面选择"宗地—属性"；

②对宗地进行信息录入后点击不动产调查成果表，如图 7-207 所示。

- 打开　可以选择其他的不动产权籍调查表。
- 保存　不动产权籍调查表保存到默认路径下。
- 另存为　不动产权籍调查表保存到指定路径下。
- 打印　打印不动产权籍调查表。
- 表最底端　多个不同的表。

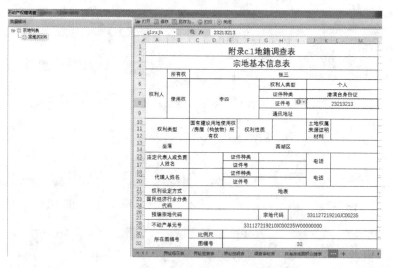

图 7-207

说明：如果宗地有多个权利人时，不动产权籍调查表会根据权利人分不同的表。

11.2 专题图

11.2.1 打印宗地图

功能：对宗地图进行打印或预览。

操作方式：点击打印宗地图，可进行相关宗地的预览和打印。

a. 尺寸与比例：在尺寸与比例界面可进行页面尺寸修改（图 7-208）。

如果是多个宗地时，双击编号，可进行权利人转换（图 7-209）。

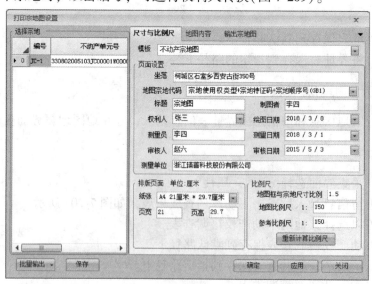

图 7-208

图 7-209

- 模板　选择不同的模板。
- 坐落、权利人　户数据录入时填写户相关信息，双击编号时，坐落和权利人会相应显示。
- 纸张　可选择不同的纸张大小。
- 页宽、页高　可自行填写。
- 比例尺　可自行填写。

b. 地图内容：可进行宗地及注记，图层标注、输出图层的选择与修改(图 7-210)。

图 7-210

- 字体大小　可填写字体大小。
- 外边线宽度　距离外边的宽度。
- 宗地颜色、字体颜色　可选择颜色。

- 图层标注　可勾选也可不勾选，当勾选"不修改宗地边界"时，浏览的宗地图不会显示宗地边界。
- 输出图层　可勾选也可不勾选。
- 彩色地图改为黑白　勾选时，浏览的图片是黑白色。

c. 输出宗地图：可预览图片，也可创建图片进行保存。点击浏览图片后，再点击应用，即可预览宗地图（图7-211）。

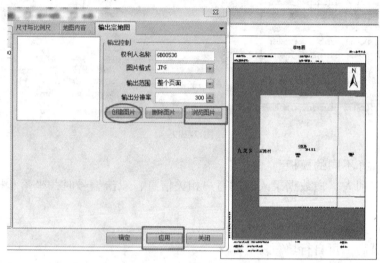

图 7-211

11.2.2　打印农用地调查表

功能：此功能与打印宗地图一致（图7-212）。

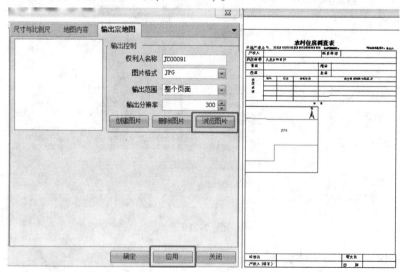

图 7-212

12 房产报表与制图

房产报表与制图主要是对房产地图生成注记和对房产采集的信息进行获取，并以报表形式输出。

12.1 生成注记和地图整理

功能：对单产权或多产权房产地图生成注记。
操作方式：
①先点击地图平铺；
②点击标注设置，设置样式名称字体、颜色等，点击确定按钮（图 7-213）。

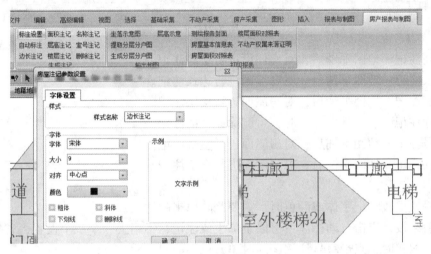

图 7-213

- 样式名称　选择不同的注记样式。
- 字体　为注记选择字体。
- 大小　为注记选择大小。
- 对齐　选择注记的对齐方式。
- 颜色　注记颜色。
- 粗体、斜体、下划线、删除线勾选后可在示例里面浏览。

③设置好后，再点击其他注记，例如设置名称注记大小、颜色等后，再点击"名称注记"，如图 7-214 所示，房屋层面就会显示设置的名称，如图 7-215 所示（其他注记也是一样的操作）。

- 面积注记　地图平铺后，对房屋面进行面积注记。

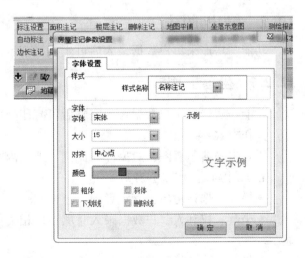

图 7-214

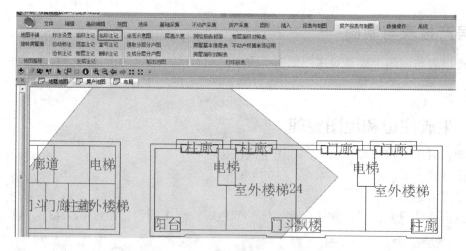

图 7-215

- 层高注记　地图平铺后，对房屋面进行层高注记。
- 边长注记　地图平铺后，对房屋面进行边长注记。
- 楼层注记　地图平铺后，对房屋面进行楼层注记。
- 删除注记　进行其他注记时，可删除原来的注记。
- 室号注记　地图平铺后，对房屋面进行室号注记。
- 自动注记　地图平铺后，对房屋面进行全部注记。

说明：
①如果要更改注记字体或颜色时，需要删除原来的注记；
②一般来说，点击自动标注就可以全部生成注记，不用去一个一个设置，省掉麻烦；
③多产权房时，点击室号注记，同时单元也会一起显示。

12.2 输出地图

功能：房产采集户数据录入后可生成坐落示意图、生成分层分户图、层高示意图。

12.2.1 坐落示意图

功能：房产采集户数据录入完整后可打印坐落图。
操作方式：
①点击坐落示意图，对尺寸与比例、地图内容进行设置，如图 7-216 所示。
a. 尺寸与比例(图 7-217)
- 模板　选择房屋坐落示意图。
- 坐落、权利人　户数据录入时填写户相关信息，双击编号时，坐落和权利人会相应显示。
- 纸张　可选择不同的纸张大小。
- 页宽、页高　可自行填写。
- 比例尺　可自行填写。

项目七 不动产权籍调查测绘软件操作说明

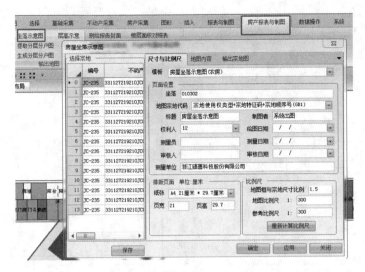

图 7-216

图 7-217

b. 地图内容
● 字体大小　可填写字体大小。
● 外边线宽度　距离外边的宽度。
● 宗地颜色、字体颜色　可选择颜色。
● 图层标注　可勾选也可不勾选，当勾选"不修改宗地边界"时，浏览的宗地图不会显示宗地边界。
● 输出图层　可勾选也可不勾选。
● 彩色地图改为黑白　勾选时，浏览的图片是黑白色。
②输出宗地图　点击创建图片，选择保存的路径进行保存，或者点击浏览图片，点击"应用"，如图 7-218、图 7-219 所示。

· 255 ·

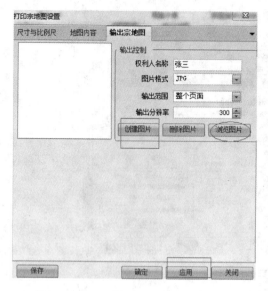

图 7-218

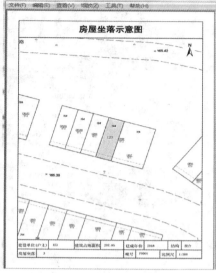

图 7-219

12.2.2 提取分层分户图

功能：对分层分户图进行保存。

12.2.3 生成分层分户图

功能：可以直观地看到房产分层分户图，然后进行保存或打印（图 7-220）。

操作方式：点击分层分户图按钮，会自动生成分户图，可对图片进行放大、放小等操作。

- 图层　可对宗地进行图层设置。
- 生成图片　对分户图进行大小、方向、分辨率设置并保存。
- 保存图片　保存到默认路径。
- 调整指南针　点击 ![icon]，对指南针进行调整。
- 放大　点击 ![icon]，对分户图进行放大，支持 3D 鼠标功能，向前滚动可实现原地放大。

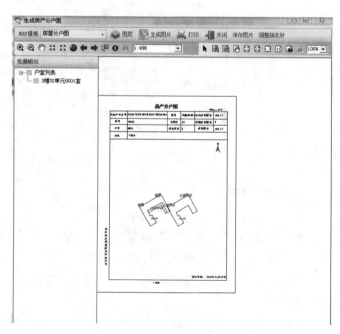

图 7-220

- 缩小　点击 ▢，对分户图进行缩小，支持 3D 鼠标功能，向前滚动可实现原地缩小。
- 固定放大　点击 ▢，以固定的比例放大显示地图，可以使用鼠标滚轮往下方向放大。
- 固定缩小　点击 ▢，以固定比例缩小显示地图，可以使用鼠标滚轮往上方向缩小。
- 按比例放大　点击 ▢，按一定比例放大。
- 按比例缩小　点击 ▢，按一定比例缩小。
- 前一视图　点击 ▢，查看前一次操作的视图范围，系统可自动保存最近 20 次的图形范围，使用该功能可快速回退视图范围。
- 后一视图　点击 ▢，取消返回上一屏功能，该功能必须和前一视图结合才有效。
- 平移　点击 ▢，鼠标形状变为手状，在绘图区按住鼠标左键并拖动鼠标实现图形的平移；支持 3D 鼠标功能，按住鼠标中键进行拖动也可实现平移功能。

12.2.4　层高示意图

功能：可直观地看到层高示意，如图 7-221 所示。

操作方式：

①在房产采集中设置房屋层时，设置层高；

②点击层高示意，可直观看到房屋层高示意，并可对层高进行保存、打印。

12.3　打印报表

功能：房产采集录入户数据后输出测绘报告封面、楼层面积对照表、房屋基本信息表、不动产权属来源证明、房屋面积对照表，可对其进行保存和打印。

12.3.1　测绘报告封面

测绘报告封面如图 7-222 所示。

图 7-221

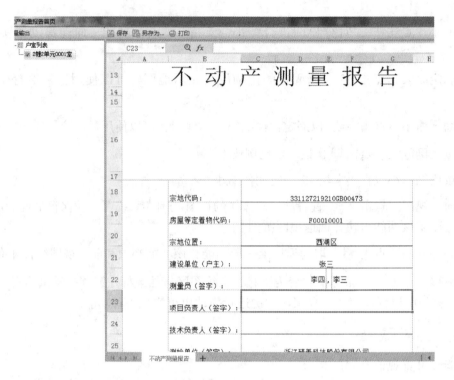

图 7-222

12.3.2 楼层面积对照表

楼层面积对照表如图 7-223 所示。

层次	层建筑面积	层套内面积	层阳台面积	层飘楼面积	层门廊面积	层门斗面积	层柱廊面积	层公用面积	层室外楼梯面积	层高
1	126.82	0.00	0.00	0.00	0.00	0.00	0.00	0.00	0.00	4
2	133.64	0.00	6.82	0.00	0.00	0.00	0.00	0.00	0.00	3.5
3	133.64	0.00	6.82	0.00	0.00	0.00	0.00	0.00	0.00	3.2
4	104.76	0.00	6.96	0.00	0.00	0.00	0.00	0.00	0.00	3
合计	498.86									

不动产单元号：330802005103GB50587F00010003
房屋结构：混合　　建筑面积：498.86　（m²）
房屋坐落：柯城区石室乡西安古街500号

图 7-223

12.3.3 房屋基本信息表

房屋基本信息表如图 7-224 所示。

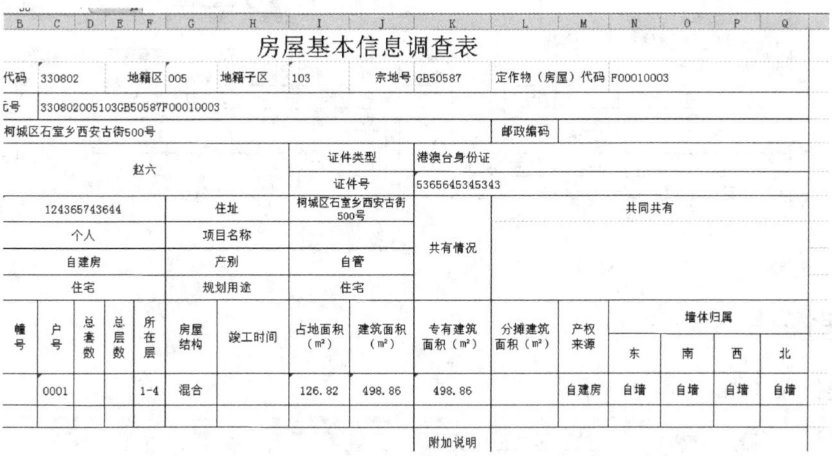

图 7-224

12.3.4 不动产权属来源证明

不动产权属来源证明如图 7-225 所示。权利人最多显示 2 个。

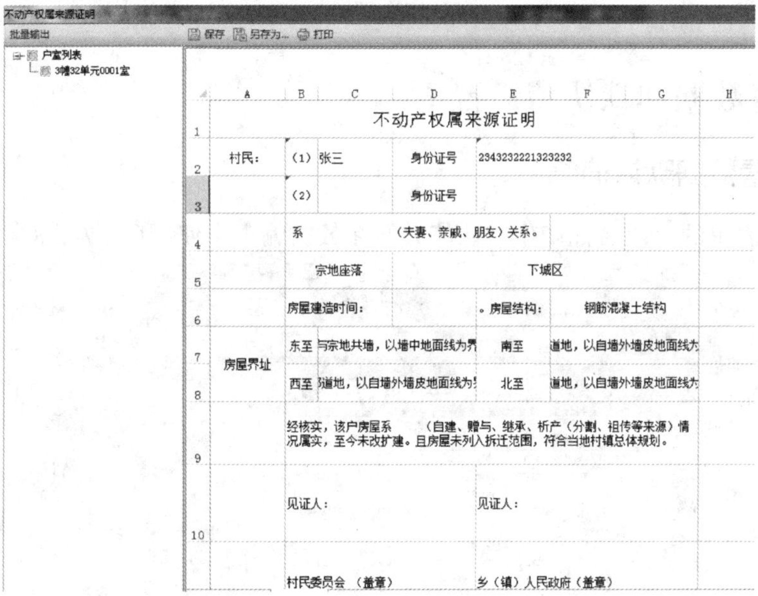

图 7-225

12.3.5 房屋面积对照表

房屋面积对照表如图 7-226 所示。

图 7-226

13 数据操作

数据操作菜单如图 7-227 所示。

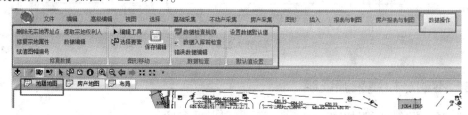

图 7-227

13.1 修复数据和默认值设置

13.1.1 设置数据默认值

功能：使表里的字段名称产生默认值方便在数据编辑中使用（图 7-228~图 7-230）。

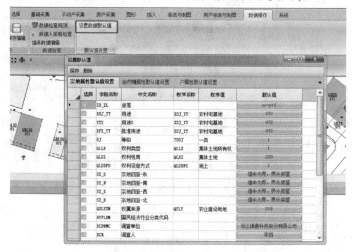

图 7-228

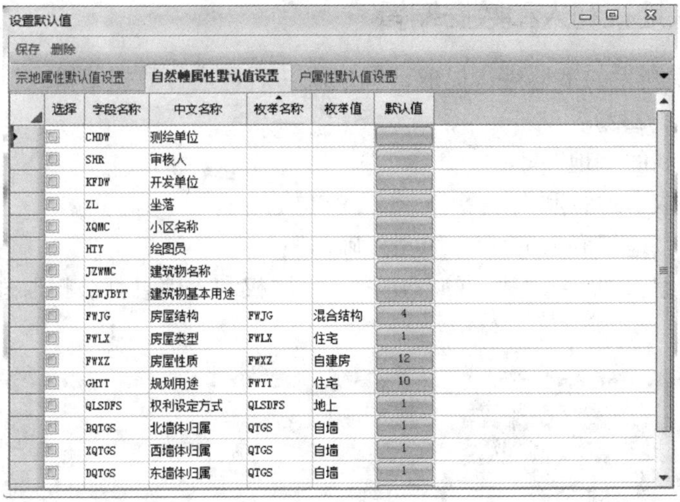

选择	字段名称	中文名称	枚举名称	枚举值	默认值
	CHDW	测绘单位			
	SHR	审核人			
	KFDW	开发单位			
	ZL	坐落			
	XQMC	小区名称			
	HTY	绘图员			
	JZWMC	建筑物名称			
	JZWJBYT	建筑物基本用途			
	FWJG	房屋结构	FWJG	混合结构	4
	FWLX	房屋类型	FWLX	住宅	1
	FWXZ	房屋性质	FWXZ	自建房	12
	GHYT	规划用途	FWYT	住宅	10
	QLSDFS	权利设定方式	QLSDFS	地上	1
	BQTGS	北墙体归属	QTGS	自墙	1
	XQTGS	西墙体归属	QTGS	自墙	1
	DQTGS	东墙体归属	QTGS	自墙	1

图 7-229

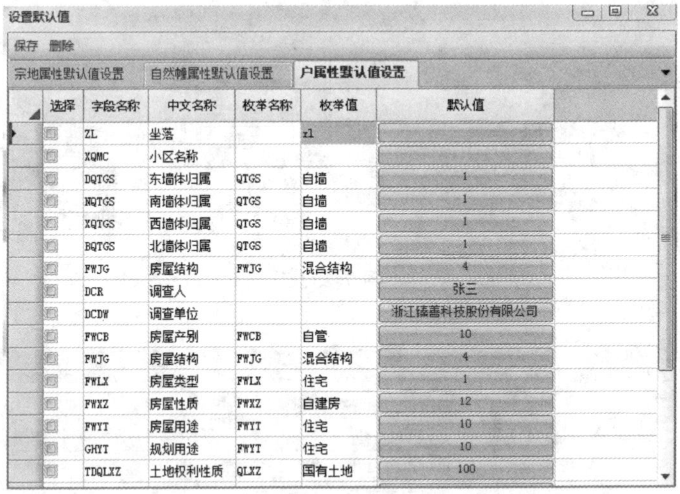

选择	字段名称	中文名称	枚举名称	枚举值	默认值
	ZL	坐落		zl	
	XQMC	小区名称			
	DQTGS	东墙体归属	QTGS	自墙	1
	NQTGS	南墙体归属	QTGS	自墙	1
	XQTGS	西墙体归属	QTGS	自墙	1
	BQTGS	北墙体归属	QTGS	自墙	1
	FWJG	房屋结构	FWJG	混合结构	4
	DCR	调查人			张三
	DCDW	调查单位			浙江臻善科技股份有限公司
	FWCB	房屋产别	FWCB	自管	10
	FWJG	房屋结构	FWJG	混合结构	4
	FWLX	房屋类型	FWLX	住宅	1
	FWXZ	房屋性质	FWXZ	自建房	12
	FWYT	房屋用途	FWYT	住宅	10
	GHYT	规划用途	FWYT	住宅	10
	TDQLXZ	土地权利性质	QLXZ	国有土地	100

图 7-230

操作方式：在设置界面输入枚举名称、枚举值、默认值，点击保存，默认值设置成功，如图 7-231 所示。

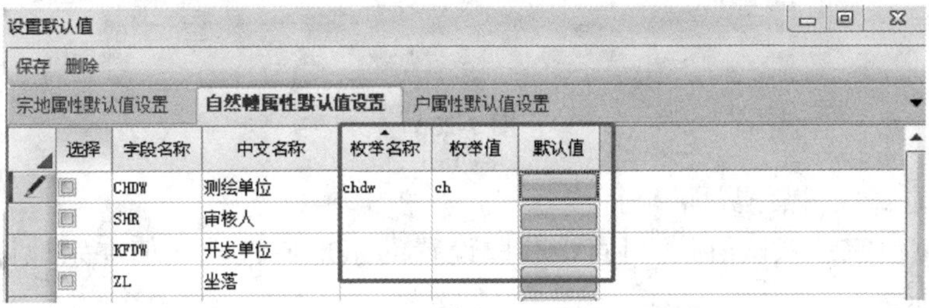

选择	字段名称	中文名称	枚举名称	枚举值	默认值
	CHDW	测绘单位	chdw	ch	
	SHR	审核人			
	KFDW	开发单位			
	ZL	坐落			

图 7-231

13.1.2 提取宗地权利人和数据编辑

功能：对有权利人的宗地进行提取，提取成功后可进行数据编辑或错误数据编辑。

操作方式（图 7-232）：

①点击"有权利的宗地"；

②再点击"提取宗地权利人"；

③提示"提取宗地权利人完成"，点击"确定"；

④点击"数据编辑"后，宗地、幢、房屋、房屋权利人信息都被提取过来，可进行数据的编辑（图 7-233）。

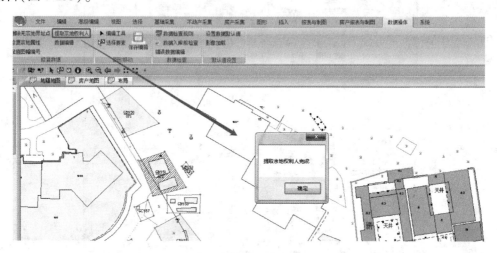

图 7-232

图 7-233

a. 在"宗地属性"操作界面

• 点击"赋值宗地默认值"，可直接获取设置的宗地属性默认值在宗地详细信息界面，如图 7-234 所示。

• 点击"提取宗地权利人"，宗地权利人信息界面会获取到权利人信息（图 7-235）。

项目七　不动产权籍调查测绘软件操作说明

图 7-234

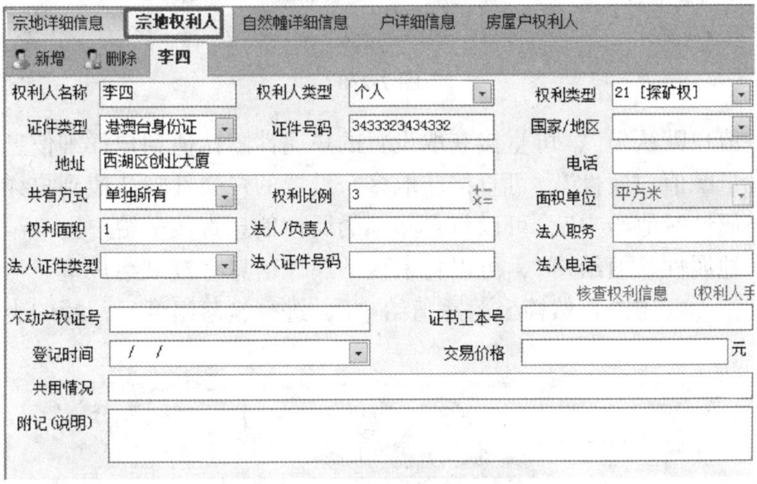

图 7-235

- 点击"提取宗地四至"，宗地详细信息会获取到四至信息（图 7-236）。
- 点击"获取户中的权利人"，房屋户权利界面会获取到户权利人信息（图 7-237）。

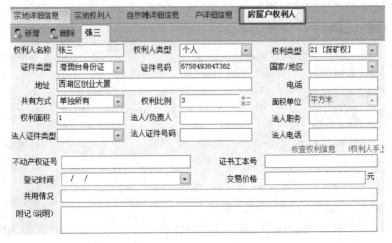

图 7-236

图 7-237

b. 在户室属性编辑界面

- 点击"赋值自然幢默认值",可直接获取设置的自然幢属性默认值到自然幢详细信息(图7-238)。

图 7-238

- 点击"赋值户默认值",可直接获取设置的户属性默认值到户详细信息。
- 点击"批量赋值户属性",可直接获取多个设置的户属性默认值到户详细信息。
- 点击"幢属性赋值给户",可以将自然幢的属性信息直接赋给户室。
- 点击"宗地属性赋值给户",可以将宗地的属性信息直接赋给户室。
- 选择户室后,点击"自然幢坐落赋值给户",进行坐落组合后,幢的坐落就赋值给了户(图7-239)。

图 7-239

13.1.3 删除无宗地界址点

功能:删除没有宗地的界址点。

13.1.4 修复宗地属性

功能:将属性不完整的宗地进行修复。
操作方式(图7-240):
①选择一块或多块宗地;
②点击修复宗地属性;
③会提示修复宗地完成。

图 7-240

13.1.5 赋值图幅编号

功能:将宗地属性赋值图幅编号。
操作方式(图7-241):
①选择宗地;
②点击"赋值图幅编号",提示赋值完成;
③点击"属性",选择的宗地图幅编号被赋值(图7-242)。

图 7-241

项目七 不动产权籍调查测绘软件操作说明

图 7-242

13.1.6 错误数据编辑

功能：将提取到的宗地信息进行错误修改（图 7-243）。

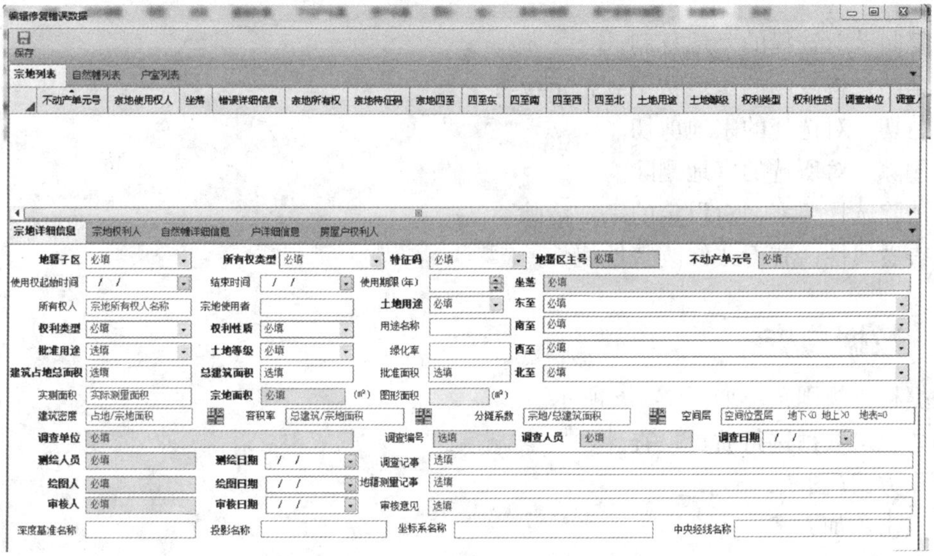

图 7-243

13.2 图形移动

功能：对所选宗地进行图形移动和选择。
操作方式：

①点击编辑工具按钮 ▶编辑工具 ；
②框选出想要移动的宗地，移动到想要移动的位置；
③操作后点击保存编辑按钮。

说明：

①选择宗地后右击鼠标；
②选择宗地后，点击缩放到选择，可放大选择的宗地并进行操作（图7-244）。

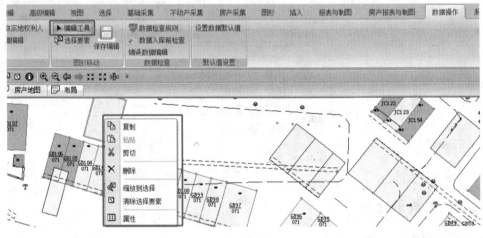

图 7-244

- 复制　对选择的宗地复制。
- 粘贴　将复制的宗地粘贴到指定位置。
- 剪切　对选择的宗地剪切。
- 删除　对所选的宗地删除。
- 清除选择要素　对设定的宗地清除。
- 查看属性　查看或修改宗地属性。

13.3 数据检查

数据检查规则菜单如图 7-245 所示。
功能：对数据进行质量检查。
操作方式（图 7-246）：

①点击添加方案；
②导入规则；
③点击启用，启用后就可对数据进行检查。

项目七　不动产权籍调查测绘软件操作说明

图 7-245

说明：如果要导出所有的规则，点击导出所有。如果要导出选择的规则，点击导出选择。

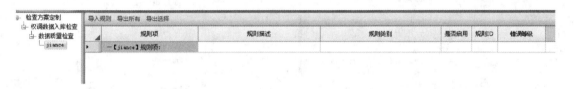

图 7-246

14　系统

14.1　符号管理器

功能：可以设置不同的符号。

以 ERS HomeLand Security 为例。

操作方式：

①点击"更多符号"，选择 ERS HomeLand Security（图 7-247）；

②点击"Marker Symbols"，双击符号"Bomb"/右击点击"属性"（图 7-248），在符号编辑器进行设置（图 7-249），包括符号类型、大小、角度、颜色等设置，点击"确定"后，符号设置成功（图 7-250）。右击鼠标后可对字符进行新建、剪切、复制、删除、重命名操作。

说明：

①点击"符号编辑器" 按钮，对符号进行放大预览，点击 按钮，对符号进行缩小预览，点击 ，对符号进行 1∶1 预览；

②在层界面点击 按钮，添加多个符号，点击 按钮，对符号进行删除，点击 按钮，对多个符号可相互转换，点击复制粘贴 按钮，可对符号进行复制与粘贴；

③在属性框下，可选择不同的类型，并对符号进行字体、大小、颜色、角度、偏移进

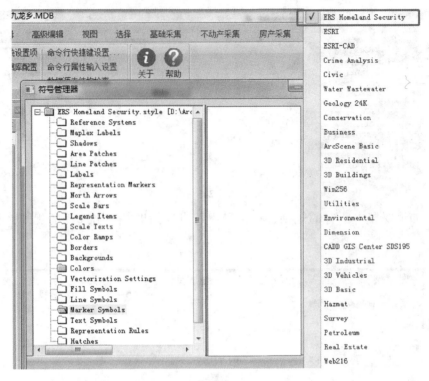

图 7-247

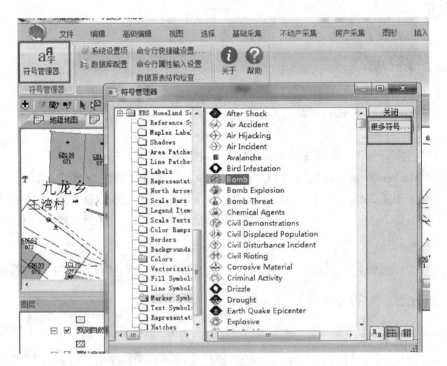

图 7-248

项目七　不动产权籍调查测绘软件操作说明

图 7-249

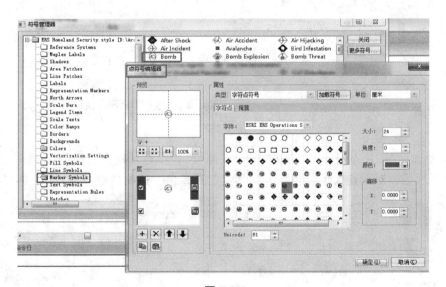

图 7-250

行设置。

a. 类型选择"简单点符号"，对单位、颜色、样式、大小、偏移量设置，同时，也可勾选边框线，对边框线颜色、大小进行设置(图 7-251)。

掩膜样式有两种，一种是"无"，一种是"中空"，选择中空时，可点击"符号"，对中空颜色、宽度进行设置(图 7-252)。

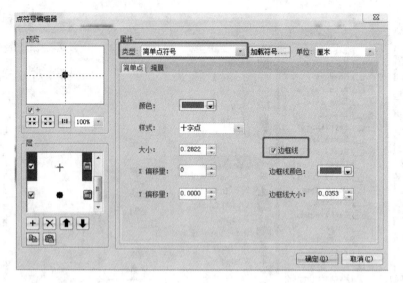

图 7-251

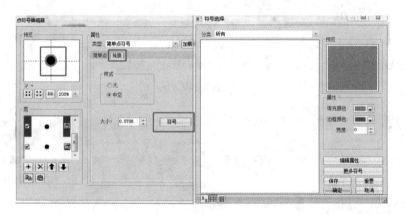

图 7-252

b. 类型选择"图片点符号",点击"图片点符号",在打开框中选择图片(图 7-253)。添加图片后,对图片大小、角度、偏移量、背景色、透明色进行设置(图 7-254)。

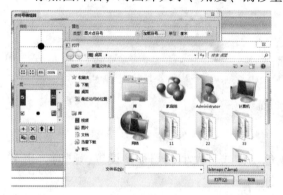

图 7-253

图 7-254

c. 类型选择"字符点符号",字符点符号与简单点符号一样,可对字体、大小、角度、颜色、偏移角度进行设置(图 7-255)。

d. 类型选择"箭头点符号",对其颜色、长度、宽度、偏移量、角度进行设置,如图 7-256 所示。

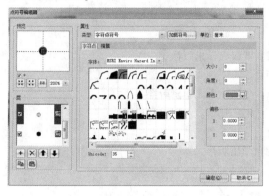
图 7-255

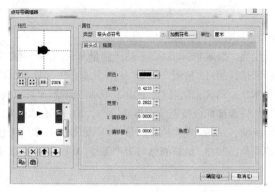
图 7-256

14.2 系统设置项

功能:对数据进行系统默认设置(图 7-257)。

操作方式:在"系统环境""业务规则""非地表宗地""其他"四个界面进行系统设置及设置相关内容。

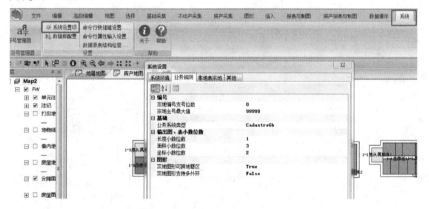
图 7-257

14.3 帮助

14.3.1 关于

功能:可查看该软件的相关信息。

14.3.2 帮助

功能:可查看用户操作手册。

参考文献

蓝悦明,康雄华,2008. 不动产测量与管理[M]. 武汉:武汉大学出版社.
廖元焰,2011. 房地产测量[M]. 北京:中国计量出版社.
杨本壮,刘武,徐兴彬,2016. 不动产测绘[M]. 北京:中国地质大学出版社.
自然资源部职业技能鉴定指导中心,2019. 不动产测绘[M]. 郑州:黄河水利出版社.
李天文,2019. 现代地籍测量[M]. 北京:科学出版社.
谭立萍,2013. 地籍测量与房产测绘[M]. 沈阳:东北大学出版社.